清华大学建筑 规划 景观设计教学丛书

温榆河流域景观规划

刘海龙 庄优波 赵智聪 编著

中国建筑工业出版社

图书在版编目（CIP）数据

温榆河流域景观规划 / 刘海龙，庄优波，赵智聪编著 . — 北京：中国建筑工业出版社，2022.9
（清华大学建筑规划景观设计教学丛书）
ISBN 978-7-112-27478-9

Ⅰ.①温…　Ⅱ.①刘…②庄…③赵…　Ⅲ.①河流—流域规划—景观设计—研究—北京　Ⅳ.①TV212.4

中国版本图书馆 CIP 数据核字（2022）第 097213 号

本书是 2020 年清华大学区域景观规划课程的教学与研究成果。具体以北京市温榆河流域为对象，通过系统研究流域景观生态、景观水文、自然保护地体系、社区与文化、城镇体系与基础设施、旅游游憩、经济产业方面的结构、功能、演变与特征，总结流域的综合价值与挑战威胁，探讨温榆河流域对北京乃至更大区域可持续发展的意义，研究提出流域发展目标、战略、结构、分区策略，并选择重点片区和节点完成景观规划设计。本书可以为类似地区的景观规划、国土空间规划、城乡发展管理、区域研究、生态环境治理等相关工作提供参考。

责任编辑：张鹏伟
责任校对：王　烨

清华大学建筑　规划　景观设计教学丛书
温榆河流域景观规划
刘海龙　庄优波　赵智聪　编著
*
中国建筑工业出版社出版、发行（北京海淀三里河路9号）
各地新华书店、建筑书店经销
北京雅盈中佳图文设计公司制版
北京中科印刷有限公司印刷
*
开本：889 毫米 ×1194 毫米　1/20　印张：13³/₅　字数：513 千字
2023 年 12 月第一版　2023 年 12 月第一次印刷
定价：**168.00** 元
ISBN 978-7-112-27478-9
（38980）

本书编委会

主编：刘海龙　庄优波　赵智聪

编委：张益章　王　茜

参编：龚　宇　宫　宸　程　飘　邵　元　王璐源
　　　朱彦怡　彭　尚　武　宁　焦晓阳　袁吉仙
　　　王　晓　季　雨　晓　娟　黄静丽　曹天昊
　　　原　茵　彭家园　曾子轩　王方邑　李傲雪
　　　姚久鹏　伦玉昆

序
Preface

　　"区域景观规划"是清华大学建筑学院景观学系的研究生核心课程，是三个系列 Studio 课程（场地规划－城市景观设计－景观规划）中的第三个，也是尺度最大的一个。其主要目的是基于"整体、系统"的观念来理解各种因素综合作用下的大尺度区域景观的形成与塑造方式，培养大尺度景观分析的方法，了解国内外景观规划理论发展动向，学习景观规划程序和方法，并培养独立思考与合作研讨等方面的能力。

　　这门课程从 2005 年开始，已经持续近 20 年时间，共培养了近 400 名研究生。研究地段包括北京三山五园、周口店、首钢后工业场地、黑龙江五大连池、福州江北城区水系、北京历史水系、清华校园、河北崇礼冬奥区域、白洋淀等，涵盖世界遗产、棕地更新、城市水系、湿地修复等多个风景园林学的重要实践领域。课程强调打通规划与设计，大约三分之二的时间用于规划教学，三分之一的时间用于设计教学。要求学生在规划阶段考虑设计的可实施性，在设计阶段以规划为前提条件。同时引入英国 AA 建筑联盟学院和日本千叶大学的师生参与教学过程。

　　"区域景观规划"教学成果的陆续集结出版，一方面可以将清华大学景观学系在此方面的多年探索向社会进行汇报展示，另一方面也为推动该领域的教学与学术研究发展做出积极贡献。本课程的教学成果也被纳入《清华大学建筑　规划　景观设计教学丛书》，将为人居环境学科教育事业的发展发挥积极作用。

　　借此机会，向支持清华大学景观教育的前辈、同事、同学们致以衷心感谢！

杨锐

2022 年 2 月 18 日

前言
Foreword

　　随着习近平总书记于 2018 年提出"长江共抓大保护，不搞大开发"，2019 年提出"黄河流域生态保护和高质量发展"战略，河流与流域生态修复治理已成为国家生态文明建设的重要研究方向与任务。北京境内从西到东有大清河、永定河、北运河、潮白河、蓟运河五大水系，其中四条水系发源于北京境外，只有北运河发源于本市。而北运河流域人口 1300 多万，占全市总人口的 70% 以上；流域内经济总量约占全市 80% 以上，承载着北京市中心城及多个重点新城的发展；同时流域还承担着中心城区 90% 的排水任务。因而北运河流域对北京的社会、经济发展和环境质量具有举足轻重的作用。

　　温榆河是北运河水系的上游干流河道，发源于燕山南麓山区，是北京市最古老、最重要的天然河道之一，被认为是唯一发源于北京境内的保持常年有水流淌的河流，被称为北京的"母亲河"。北京历史上的元白浮泉、明十三陵皇家陵寝区、清三山五园皇家园林区等重要文化景观和遗产，都位于温榆河流域内。温榆河具体由东沙河、北沙河、南沙河三条支流于沙河水库汇合而成，至通州北关闸止，全长 48km，流域面积 2478km²，具体流经北京市昌平、海淀、顺义、朝阳、通州 5 区，总体处于北京市中心城区上游，是北京外环水系的重要组成部分，历史上兼有灌溉、漕运等功能，当下具有防洪、排水、生态、游憩及景观等多种功能。进入当代，温榆河流域内的海淀区和昌平区是北京高新技术产业基地、高等教育和科研机构云集地；昌平、顺义是北京重点建设的新城；朝阳区为中央商务区；通州为北京城市副中心；而 2008 年奥运会主场馆区也位于温榆河流域。因此，作为上游区域的温榆河流域的社会经济发展和生态环境状况对北京中心城区具有重要影响，对下游通州城市副中心的防洪安全、水环境质量也起着关键作用。近 30 年来，温榆河流域内城镇化进程迅速，承载了大量经济与社会活动，人口骤增，企业密集，水环境水生态质量不佳，防洪排涝压力大，滨河游憩质量不高，需要从市域 - 流域 - 片区 - 节点多尺度综合研究"环境 - 社会 - 经济 - 文化"协调发展对策，以保障北京城市总体可持续发展目标的实现。

　　《北京城市总体规划（2016—2035 年）》提出"建设国际一流的和谐宜居之都"，构建"一核一主一副、两轴多点一区"的城市空间结构。尤其强调大幅度提高生态规模与质量，保护和修复自然生态系统，维护生物多样性，提升生态系统服务能力；强化城市韧性，减缓和适应气候变化；保障生态安全，提高城市生态品质；培育生态文化，增强全民生态文明意识，实现生活方式和消费模式的绿色转型等内容。《北京城市总体规划（2016—2035 年）》还具体提出构建"一屏、三环、五河、九楔"的市域绿色空间结构，包括将风景名胜区、森林公园、湿地公园、郊野公园、地质公园、城市公园等具有休闲游憩功能的近郊绿色空间纳入全市公园体系，以及新建温榆公园等一批城市公园，加强河湖水系及周边环境综合整治，提高水系连通性，恢复河道生态功能，构建流域相济、多线连通、多层循环、生态健康的水网体系等具体举措。风景园林学（Landscape Architecture）是人居环境科学的支撑学科之一，河流与流域是其重要的研究与实践对象。区域景观规划作为清华大学景观学系系列 Studio 的核心课程，2020 年，区域景观规划课程面向国家战略需求与北京总规要求，基于国土空间规划等最新行业动向，以温榆河流域为对象开展区域景观的综合教学与研究。

目录

一、"流"与"域"概念溯源

"流"在中国古代辞书《说文解字》中被解释为："从沝（zhuǐ）、㐬（liú）。㐬，突忽也。""㐬"，取顺而下之意，合水流动的本义；"突忽"是急速，可从水流汹涌的角度解释。因此"流"即为"水行"，即水的移动，泛指液体移动；引申指流传、传播；后引申为品类、派别、等级。而"域"在《说文解字》中被解释为："邦也。从口从戈，以守一。一，地也。"因而"域"指一定疆界/范围之内的地方，可以是自然因素确定，如流域；也可以是人为因素确定，如市域、镇域等，以及一般性的"区域"、"地域"、"领域"、"异域"等。可见，"流"与"域"相结合，指与水的移动和运行规律有关的一定疆界/范围。

人类自古"逐水而居"，以河流为主要形式的水的流动对人类社会经济生产乃至聚居起着决定性作用，不仅提供关键性的生产和生活资源，也约束着人们的活动疆域和聚居规模，并塑造着观念、习俗、文化乃至制度。[1] 中国古代对水的运行分布规律及受其影响的空间疆界的认知早已有之，流域观念可谓源远流长，最早记述可追溯至《禹贡》《山海经》。而历史流域研究集大成者是《水经注》，以河流流域系统为对象，认识到"水为万物之先"，对流域自然与人文进行系统的整理与分析，形成涉及广泛的历史流域体系。[2]

中国古代许多人居环境建设思想及实践都包含着基于流域条件进行选址、营建、调控的智慧（图1）。战国时期的文献《管子·度地篇》记载"故圣人之处国者，必于不倾之地，而择地形之肥饶者，乡山左右，经水若泽，内为落渠之写，因大川而注焉"，可见**山地环绕之势是流域的基本形态，兼具排水与取水之用是流域的主要功能**。如安徽西递村四面皆山、二水环绕的格局奠定了耕读传家与人文鼎盛之基础；四川都江堰工程扼岷江出山口并分内外江而造就成都盆地天府之国；以及森林、水系、梯田和村寨"四素同构"的哈尼梯田文化景观；"八水五渠"的隋唐长安区域理水与都城营建体系，都是农业文明时代基于流域水文单元实现区域经济开发、社会治理、文化塑造目标的体现。因而，**中国古代的"流域"既描述一个山环水绕的自然地理区，也定义一个由水利、农业、漕运等决定的基本经济区，或指向一个有独特风土、习俗、人居特征的地域文化区**。在地理学中，历史流域是研究热点之一，涉及自然、历史、社会、文化、管理、水利等多学科领域，旨在揭示人类发展与历史流域的耦合关系，以及流域历史演变中自然灾害、文化和经济、人一地关系、生态安全等方面的规律以及多因素的相互作用，具有综合性、历史演变性、空间相对稳定性、应用性等特征。[2]

参考文献

[1] 马向明，陈洋，陈艳，李苑溪. 河流健康视角下的区域空间治理创新："流域空间"与"流空间"的关系再构 [J]. 风景园林，2020，27（8）：49-54.

[2] 王尚义，李玉轩，马义娟. 地理学发展视角下的历史流域研究 [J]. 地理研究，2015，34（1）：27-38.

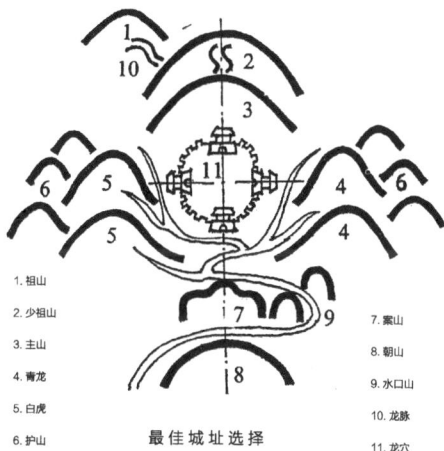

1. 祖山
2. 少祖山
3. 主山
4. 青龙
5. 白虎
6. 护山
7. 案山
8. 朝山
9. 水口山
10. 龙脉
11. 龙穴

最佳城址选择

图1　风水与环境选择模式

二、"流域"+"规划"的意义

流域因"流"而成"域","流域规划"作为以地表水文单元为规划对象和范围的大尺度规划，与其他类型规划相比，其目标、内容与手段有着鲜明的特征。狭义的流域规划是以水资源的开发、利用及解决灾害、污染、生态等相关涉水问题为核心的专业技术性规划类型；广义的流域规划则拓展到与水有关的社会、经济、文化问题并与空间和土地利用紧密相关的综合性规划类型，也被称为流域治理或流域管理。总体而言，针对"流域"开展规划的意义体现在如下三个方面。

1. 流域作为规划边界

如何确定边界，一直都是规划的重要问题。边界的意义在于界定规划的范围，使规划对象保持相对完整。而规划边界的确定，也与规划目标、内容及方法有关。

流域在水文学里指地球表面由自然分水岭或人工分水线所包围的封闭区域，降落在其内的雨水所形成的地表/地下径流向同一个出口，也被称为汇水区、集水区等。因此，以流域作为规划边界的首要意义在于保持水文过程及其相关自然过程与功能的连续性与完整性（图2），使之不受人为的行政边界所限制，为规划提供一个整体性逻辑，有助于减少政策实施的碎片化。

2. 流域作为研究单元

理查德·福尔曼（Richard Forman）将景观定义为镶嵌体——当地生态系统或土地利用相互混合以类似的形式重复出现的地域综合体。研究这种镶嵌结构及相互作用，应基于自然地理与人类改变的叠加关系，通过"单元"来描述景观的结构。在生态规划及自然资源管理等领域，广泛提倡根据生态单元或生物地理单元来制定规划与管理政策，而非传统的政治和行政边界。

流域包括了一条河溪所有干支流的汇水范围，构成了自然水循环的地球空间响应单元。同时，流域作为地球构造内营力作用下形成的地表基本轮廓，以及外营力和人类活动共同修饰而形成的清晰物理边界（分水岭），构成了地球陆地生态系统运行的基本空间生态单元，是生态系统的最佳自然分割。[4] 在流域复合生态系统中，水是推动生态系统相互作用的首要媒介，如营养盐等物质通过水完成循环过程，

类似还包括土壤、动植物及人类生产运输等过程。因此，流域既是由水文、生物及人类活动所定义的综合性地域景观单元，也是分析生态过程-格局-功能的基本空间单元，以及资源管理和环境治理的实施单元。

3. 流域作为分析工具

流域提供了一种根据自然水文单元对区域景观进行组织的工具。通过流域能够有效划分景观层次，呼应规划中的尺度变化——从局部小集水区（catchment）到小流域（watershed）再到更大盆域（basin），从而便于有效地评估景观。流域自然生态特征一般包括气候、水文、土壤、动植物、养分等，人为特征主要包括土地利用、水利工程、人居聚落等活动。基于流域的视角能够综合分析自然过程受人为干扰的程度及差异。

国际上不少研究都以流域作为分析工具。如Tangtham（1996）、O'Keefe（2012）等认为流域定义了水文过程、污染物和其他要素的流动[5、6]；Farnia（2001）强调流域具有显著的多尺度特征以及功能单元嵌套结构，是自然资源管理和规划的有用工具[7]；Metzger和Muller（1996）认为借助流域概念可以将自然资源规划的物理-生物层，与社会经济-政治单位相叠加，提供一种综合的分析与管理方法[8]；J.S. Hariding等人（1998）指出通过分析流域的演变，包括自然和人类活动导致的变化，可以清晰看到自然与人为叠加影响下的景观改变及土地利用历史。[9]

综上可见，流域无论被作为规划边界、界定研究单元，还是发挥分析工具的作用，都具有重要的意义。

三、流域规划的发展演变

"流"可理解为"过程驱动力"，"域"则作为"空间响应对象"。景观生态学认为，"过程"是由能量和物质在景观要素之间的流动引起的，即"流"（flow）是过程的外在表现形式，受景观格局的影响和控制。流域水文过程是核心驱动力，引发流域内的物质、能量相互关联而形成完整的"生态圈"，经济社会联系亦十分紧密，要求流域规划要围绕"水"核

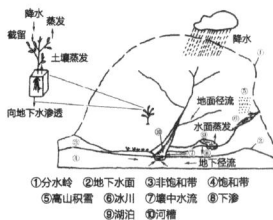

图2 流域及水—土—植系统的水文循环
来源：《水文学原理》，芮孝芳，2004

①分水岭 ②地下水面 ③非饱和带 ④饱和带
⑤高山积雪 ⑥冰川 ⑦壤中水流 ⑧下渗
⑨湖泊 ⑩河槽

参考文献

[3] Selman, P. 2006. Planning at the Landscape Scale. Routledge Publisher, New york, USA, 214p.

[4] 赵斌. 流域是生态学研究的最佳自然分割单元[J]. 科技导报, 2014, 32（1）: 12.

[5] Tangtham, N. 1996. Watershed Classification: The Macro Land-Use Planning for the Sustainable Development of Water Resources. Advances in Water Resources Management and Wastewater Treatment Technologies Workshop. Suranaree University of Technology, Bangkok, 24p.

[6] O'Keefe, T. C., Elliott, S. R. and Naiman, R. J. 2012. Introduction to Watershed Ecology. Watershed Academy Web Documents, Environmental Protection Agency, USA, p.1-37.

[7] Farina, A. 2001. Landscapes and Their Ecological Components. The Living World, Vol. 4, p.435-448.

心要素进行资源配置，并且从"域"的空间性出发进行战略部署。[11] 因此，"流"从水文过程开始，拓展到更广的生态、社会、经济过程，影响着"域"的内在机制与外在形态。即"流"过程影响着"域"空间的结构 – 功能并使之日趋复杂，"流"的变化影响着对"域"的定义，决定了流域规划的类型演变及特征。

1. 流域规划——由水文过程定义的自然与生态空间管控

西方学者编著的《水文学史》中记载了 17 世纪定量水文学的诞生，其标志就是法国自然科学家皮埃尔·佩罗德（Pierre Perrault，1608—1680 年）为测算塞纳河河槽水量而分析其集水面积，以及埃德默·马里奥特（Edme Mariotte，1620—1684年）为分析第戎地区河溪流量而测算年总降水量所依据的集水区（图 3）。[12] 这是定量化认识河川径流量与集水区（流域）的科学关系的开端，由此水文学研究与自然地理空间分析之间建立起紧密的关联性。"流"——汇水区内的水文过程，与周边地形地貌、土壤等物理结构、要素等形成空间响应关系，促进了对"域"的认识——由水文过程所定义的自然地理空间。

水文学发展到 20 世纪 50 年代，水文模型日趋成为研究复杂水文现象的重要工具。经过经验性与概念性阶段，到 80 年代分布式水文模型已基于地理信息系统能够描述复杂的流域下垫面条件、水文过程及水文特性的空间变异性。[13] 水的流动会对各种生态过程产生影响，如降水与径流多寡、蒸发量大小及日照差异等影响流域内部及跨流域的资源特征，进而影响动植物分布、人类土地利用等。水文学、生态学的发展以及交叉，使对流域水文过程与相关生态过程的关系的认识更加深入。20 世纪 90 年代提出的生态水文学十分重视流域尺度上生物过程与物理过程的关联性，并为景观水文学和淡水生物保护等的结合提供途径，是一次重要的模式转变。[14] 流域二元水循环理论强调现代人类活动密集地区的水循环服务功能、循环结构和参数、循环路径及驱动力等呈现越来越强的"天然 – 人工"二元特性（图 4）。[15] 这些理论方法都为聚焦于水文过程的流域规划提供了更多科学支撑。

生态规划范式于 20 世纪 50 至 60 年代逐步形成，在理论、方法和技术上都十分重视流域的作用。麦克哈格在《设计结合自然》中强调流域是由水统一起来的单元，适合采用生态规划方法，叠图技术作为生态规划的核心手段也广泛应用于流域规划。针对波托马克河流域，通过分析其气候、地质、自然地理、水文、土壤、植物群落、野生动物、水资源、矿物资源等，研究流域对农业、森林、游憩、城市等的适宜性，提出多种土地利用及其兼容程度。伍德兰兹（Woodlands）项目（图 5）重点解决暴雨径流问题，通过保护森林，降低开发对流域水文的影响，成为后来低影响开发（LID）的先驱。从流域角度进行生态分区，保护重要的水文过程以及生态敏感区域，成为流域规划的核心内容。[16]

自 20 世纪 80 年代，流域规划侧重于水资源管理与水环境修复目标。美国环境保护局（EPA）1991 年制定了流域保护方法框架，其目标是保护受威胁的水体和修复被污染的水体，而使流域水质达标，水资源得到保护，如通过日最大负荷（TMDL）方法来对点源、面源污染进行限制。20世纪 70 年代欧洲共同体提出保护环境的共同政策框架，此后制定《欧盟水框架指令》（Water Framework Directive，WFD）呼吁综合流域管理，提出了研究流域累积影响的战略。[17、18] 新西兰早在 1941 年的《水土保持与河道控制法》中就提到以自然流域为边界进行水系统综合管理，后在 1991 年的《自然资源管理法》中提出制定流域综合管理规划（ICMP），统一上下游对水质、水量的管理，并且为地区建设规划提供决策依据，评估雨水排放许可、自然资源利用许可等。[19、20]

2. 流域规划——社会经济过程影响下的空间治理

流域作为地球表面的一种空间单元，不可避免会与行政区划等其他分区类型模式叠加。水的流动会影响流域上下游、左右岸的资源分布、社会结构、经济布局乃至文化利益关系，因此流域不仅成为自然科学研究的对象，也成为社会管理科学关注的对象。在 19 世纪的法国，流域被看作一个社会概念。1865 年法国将国土按水文分为 10 个流域分区。1881 年至 1894 年美国地质调查局将美国西部干旱区划分为 200~300 个水文单元（即流域），并根据自然资源而非区县行政体系设计治理方案，包括

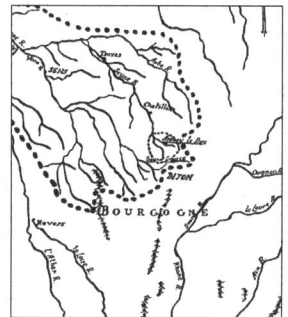

图 3　马里奥特研究的流域范围

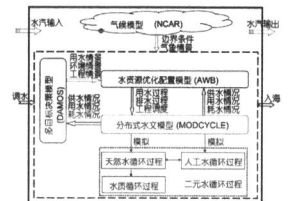

图 4　流域二元水循环概念模型系统

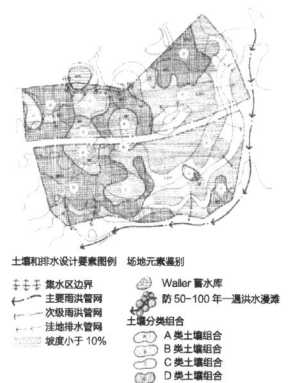

土壤和排水设计要素图例　　场地元素通别
集水区边界　　　Waller 蓄水库
主要雨洪管网　　防 50-100 年一遇洪水漫溢
次级雨洪管网
注地排水管网　　土壤分类组合
坡度小于 10%　　A 类土壤组合
　　　　　　　　B 类土壤组合
　　　　　　　　C 类土壤组合
　　　　　　　　D 类土壤组合

图 5　伍德兰兹（Woodlands）项目生态规划

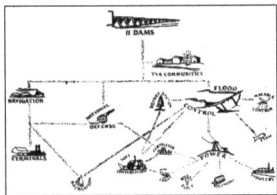

图6 田纳西河流域规划理念图示

参考文献

[8] Metzger, J. P. and Muller, E. 1996. Characterizing the Complexity of Landscape Boundaries by Remote Sensing.Landscape Ecology, 11（2）, p.65-77. Gregersen 等人（1987 年）

[9] J. S. Harding, E. F. Benfield, P. V. Bolstad, G. S. Helfman, E. B. D. Jones. Stream Biodiversity: The Ghost of Land Use Past[J]. Proceedings of the National Academy of Sciences of the United States of America, 1998, 95（25）.

[10] 朱江, 詹浩, 杨箐丛. 流域治理视角下的国土空间规划探讨—以大理白族自治州国土空间规划为例 [J]. 规划师, 2020（19）: 34-39.

[11] 王启轩, 任健. 我国流域国土空间规划制度构建的若干探讨——基于国际经验的启示 [J], 城市规划, 2021, 45（2）: 65-72

[12] [加] Asit K.Biswas 著, 刘国维译. 科学出版社, 2007

[13] 杨大文, 杨汉波, 雷慧闽. 流域水文学 [M]. 清华大学出版社, 201408.

[14] David Harper, Maciej Zalewski, Nic Pacini 编, 严登华等译, 生态水文学: 过程、模型和实例——水资源可持续管理的方法 [M]. 中国水利水电出版社, 2012

[15] 秦大庸, 陆垂裕, 刘家宏, 等. 流域 "自然 - 社会" 二元水循环理论框架 [J]. 科学通报, 2014, 59: 419-427

生产及土地和水权界定。[18] 这些都使得流域逐步从自然地理单元、水文循环单元、生态功能单元，向社会组织单元、经济开发单元及规划管理单元转变。2016 年 7 月 2 日修正的《中华人民共和国水法》指出，中国对水资源实行流域管理与行政区域管理相结合的管理体制。因而 "流" 的概念从水文循环过程拓展至更为广泛的经济社会文化过程，"域" 的定义也被拓展——**受社会经济过程所影响的空间单元**。

20 世纪 20 至 30 年代，美国区域规划学会（Regional Planning Association of America, RPAA）针对由什么构成了区域这一问题，在风景园林师、规划师、地理学家中组织讨论：区域是否意味着一个排水盆地（drainage basin）、流域（watershed）、自然地理区划（physiographic province）甚至一个文化群体（culture entity）或政治团体（political unit）？这实际提出了以流域作为综合性区域规划对象的议题。20 世纪 60 年代生态规划范式形成后，流域作为大面积区域的多功能性（multiple use）、持续产出（sustained yield）和承载力（carrying capacity）等被用作规划和管理准则。[16]

在国际上，流域规划常被看作一项水资源或水环境专项规划，利益相关方分析经常影响着规划的走向。通过将流域视作一种 "方式" 而非 "对象"——先识别各利益方共同面临的问题，再形成问题导向的研究思路，将水资源与社会经济问题及空间规划结合起来。这也成为世界范围内流域规划的重大转变。美国田纳西河流域综合开发治理（图6）就是面向流域环境、经济、社会综合问题的最具代表性的流域规划案例。

美国田纳西河长 1600km，流经美国东南部 7 个州，流域面积 106190km²，属亚热带季风性湿润气候，四季分明，降水丰沛，年降雨量 1200~1500mm，降雨集中在 1~4 月份，常常导致洪涝灾害。流域东部为阿巴拉契亚山脉，上中游河谷狭窄，落差达 700 多米，水力资源丰富。流域内 1914 年发现铜矿，大规模砍伐森林冶炼导致污染，同时移民大量涌入过度开垦土地，造成土壤肥力下降，农作物产量降低。总体而言，20 世纪 20~30 年代的田纳西河流域洪水肆虐、土地荒芜、人口外迁，堪称制约美国社会经济发展的 "重症区"。田纳西河流域治理从 19 世纪 30 年代至今，可以分为 3 个阶段：

（1）起步期（20 世纪 30~50 年代）：将整个流域作为一个规划单元，制定综合流域规划，把资源看成互相联系的统一体，强调统一开发，互相促进，发挥整体最大效益，统筹兼顾对水的不同需求。该阶段有效控制了洪水，并最大限度地发展航运，同时建立国家公园与国家森林保护区，预留大面积土地用于生态恢复，大力植树造林并调整农林牧业结构，控制水土流失。

（2）运营巩固期（20 世纪 50~70 年代）：基本完成流域水灾害和水土流失问题治理，生态保护修复工作已见成效，森林覆盖率恢复至 60%，水电开发利用取得巨大效益，战后已成为全美最大电力供应商与最大造纸企业，但此时水电开发已基本达到极限（90%），开始发展火电、核电。同时随着生态恢复和社会经济改善，旅游游憩活动大规模发展起来。

（3）成熟期（1975 年至今）：水资源管理已趋于成熟，实现森林良性经营，1997 年森林覆盖率已达85%。经济产业已比较稳定，居民收入达到全美平均水平。经过流域生态修复，国家公园、州立公园、野生动物保护地、国家森林及风景道、游憩区已系统建立起来，风景园林师在其中发挥举足轻重的作用。[16]

田纳西河流域治理的经验表明：以流域为单元开展水资源与能源开发、环境及经济、社会综合管理，是有力的区域规划与治理工具。田纳西河流域管理局（TVA）作为管理机构，通过管理模式和机制创新，并应时而变，有效保证了流域治理与开发的长期稳定。

3. 流域规划——被技术与产业打破的空间动态协同

近现代交通运输技术与科技信息产业的大规模发展，强烈改变着地区的传统景观格局、生态结构及经济模式。基于水文、生态过程甚至社会、文化过程的传统 "流" 驱动力，逐步让位于由各类基础设施定义的，包含经济流、技术流、信息流的新的 "流"。人类的生产生活也从早期对自然河流水系的依附关系，逐步跳脱并与之相分离[1]，形成了新的 "域"——**已被技术与产业过程打破的动态变化复合空间**。

"流空间"（space of flows）的概念由美国

社会学家曼努尔·凯斯泰尔（Manuel Castells）于 1989 年提出，用于表述全球信息网络的物质或非物质组成部分。"流空间"网络中的各类节点附着于地理空间所形成的"地方空间"（space of places），凝聚了人类历史、文化和物质要素，形成以经济效率为导向的现代网络，越来越超脱于传统的地理和文化因素的束缚。传统的"地方空间"被"流空间"所取代，而依附于前者的自然环境意识与历史文脉也在新网络中被边缘化，甚至被丢弃。[1]

对当代人地关系的紧张，通常会从人类活动扩张导致对自然空间侵蚀的角度进行讨论。但实质是其背后作为核心驱动力的各种"流"的不断转变，影响了作为承载场所的"域"的变化。流域景观处于不断被打破重组的动态演变之中——从传统农耕生产生活体系到现代工业生产生活体系，产生了结构、形态、能级、驱动力等的不匹配，也形成了碰撞、磨合、叠加、替代与并置的空间关系与状态。以中国云南杞麓湖流域为例，经济迅速发展和城镇化进程加快，导致建设用地趋向分散，围湖造田、修坝等人类活动导致水域面积不断减少，流域土壤性质、植被覆盖、水文生态过程受到干扰和破坏，加剧流域整体景观格局的破碎化。[21]

可见，"域"作为一定疆界／范围之地，因"流"驱动力的变化，需要对"域"不断做出新的定义与诠释。当代流域呈现为动态演替中的自然－社会－文化－经济复合型景观，会产生多重边界、多层逻辑、多元机制——从由水文过程所决定的自然与生态空间，到社会经济文化空间，再到与水文过程相关但已脱离其束缚的、被信息、技术与产业过程所重新定义的动态复合空间。因而流域规划也需要新的认识论与方法论——从单纯聚焦于水资源开发利用的水利型流域规划，到纳入了生态修复、生物多样性保护等内容的生态型流域规划，再拓展到包含社会、经济、基础设施、信息物流等内容的综合战略性流域规划。

国内外流域规划，大体经历了从水土灾害防治、水污染控制、水质恢复到流域生态系统保护和修复，再到面向整体人与自然和谐共生的流域综合治理等阶段。[10] 我国 20 世纪 50 年代编制的七大流域规划，很大程度上侧重于水资源供给和洪涝灾害防治；80 年代末的各流域规划修编拓展到发电、灌溉、航运等方面，也涉及水土和生物资源利用和保护问题；21 世纪后随着流域社会经济和生态环境等变化，2013 年七大流域的"流域综合规划"修编更注重生态环境保护和综合管理；2019 年流域规划作为专项规划被纳入国土空间规划体系。[11] 而自 2013 年提出"山水林田湖生命共同体"理念，2016 年提出"长江大保护"战略，2019 年提出"黄河流域高质量发展"战略，2021 年 12 月 26 日通过《中华人民共和国长江保护法》，一系列新举措都强调了以流域为单元开展系统化保护修复、综合治理和高质量发展的思路。

因此除水文生态属性方面的协同，流域规划需要同时协调经济、社会、产业问题，并落实在空间与管理措施上。

四、国土空间规划背景下的流域规划

根据中国 1997 年发布的《江河流域规划编制规范》，流域规划是以江河流域为范围，以研究水资源的合理开发和综合利用为中心的长远规划，是区域规划的一种特殊类型，是国土规划的重要方面。在 2019 年 5 月发布的《关于建立国土空间规划体系并监督实施的若干意见》中，"相关专项规划是指在特定区域（流域）、特定领域，为体现特定功能，对空间开发保护利用作出的专门安排，是涉及空间利用的专项规划"。那么，流域规划如何从解决水资源开发利用的特定问题，进入到空间开发保护利用并发挥空间规划与协调作用？流域规划如何从水利、环境等专业性规划的范畴，纳入更多生态、社会、经济、景观、游憩考量，走向更为综合性的国土空间规划？这里从概念到方法予以探讨。

（1）"流域空间"概念的界定与统筹。"空间"是一个有多重内涵的概念，在不同专业领域和应用场景中有一定差异。中国自 20 世纪末引入流域空间管控理念，至今已逐步形成以流域控制单元为代表，包含水源地保护区等基于管理的分区体系，以及以水功能区为代表，包括生态功能区划、水生态功能分区、水环境功能区划等基于生态环境和使用功能的分区体系。但以上体系由于对象、依据及原则存在差异，在空间分区、目标指标、管控措施等方面并不统一，流域空间管控处于多套体系并行的状态[23]，也并没有对水体及周边土地利用及空间要

参考文献

[16] 恩杜比斯，F.（Ndubisi, Forster）陈蔚镇，王云才. 生态规划历史比较与分析——Ecological planning: a historical and comparative synthesis [M]. 北京：中国建筑工业出版社，2013.

[17] 刘琰，郑丙辉. 欧盟流域水环境监测与评价及对我国的启示 [J]. 中国环境监测，2013，29（4）：162-168.

[18] GIAKOUMIS T, Voulvoulis N.The transition of EU water policy towards the water framework directive's Integrated River Basin management paradigm[J]. Environmental Management, 2018, 62（5）：819-831.

[19] Che, W., tian, F., Li, J., & Zhang, Y.（2012）. introduction to aspx Auckland modern storm water management（I）: Relevant legislation and plans. Water & Wastewater engineering, 48（3），30-34.

[20] 杨正，赵杨，车伍，陈伟，李贞子，俱晨涛. 新西兰流域综合管理规划概况及对中国实践的启示 [J]. 景观设计学，2019，7（4）：28-41.

[21] 张舒瑾等. 面向国土空间规划的流域景观时空分异特征及驱动因子研究 [J]. 生态经济，2020，10（36）：219-227.

[22] 文宇立，谢阳村，徐敏，路瑞，王东. 构建适应新国土空间规划的流域空间管控体系 [J]. 中国环境管理，2020，12（5）：58-64.

[23] 王小兵. 国内外"流域规划"对比与国土空间规划结合的思考 [J]. 低碳世界，2021，11（5）：164-165.

素形成直接管控，其空间指导性不足[24]。相对而言，流域空间对水文过程的响应及需求，是开展流域空间规划的基础之一。如何使水文过程的空间性，与作为流域本底的山、林、田、城等要素及社会、经济、文化等过程的空间性有效统筹，是流域规划走向国土空间规划需要解决的重要问题。

（2）流域规划的边界协调与管理实施。 传统规划大多依照行政区划进行，主要是出于与事权的一致性，但在保证资源对象的完整性、水文-生态过程的连续性、水-土要素的相互关联性等方面可能不足。现实中各类规划在空间乃至管理权限上彼此割裂，是国土空间规划实现多规合一需要解决的核心问题。针对流域边界与行政边界并存的问题，流域规划应保持各类型边界的可协调性更好地发挥综合协调作用。

从世界实践来看，流域因跨国、跨地域及受多部门、多学科影响，多方参与十分必要。流域范围越大，涉及更多权属、体制、利益关系，面对的问题就越复杂。虽然流域国土空间规划目标是对空间进行管控，但应将"刚性"控制手段与政策及管理措施的"弹性"手段相结合。在叠加水文、生态及社会、经济、文化过程时保留一定缓冲，通过立法、政策、金融等方式发挥作用。建立统一的管理机构或构建协商平台，有助于在利益相关方之间达成共同目标，对流域进行协同管理，避免流域规划的破碎化与空洞化。

（3）综合协调人与自然关系的流域景观规划。 流域作为面状空间，其规划实施需要落实到更小的尺度上。通过划分小流域，并对生态、生产、生活、基础设施等各类空间细分，能够识别出关键空间"节点"，解决特定问题及可操作性。如在自然度较高的流域，保护地体系的建立、生态廊道及节点的恢复是关键；在人工化、城镇化程度高的流域，污染防治、防洪减灾、雨洪管理、休闲游憩等节点成为关键。风景园林学（Landsacpe Architecture）基于对人与自然关系的系统分析与规划设计实践优势，能够在流域规划中发挥出更大的作用。

国土空间规划背景下的流域规划，应从以水资源开发利用为主要目标的专业性规划，走向以空间保护利用为目标的综合性区域规划。虽然水文过程的连续性仍然是流域规划的重要基础，但流域山水林田湖草沙的关联性与流域空间、土地与人居环境的整体性已成为流域规划的核心目标。风景园林学视角及理论方法的引入，包括流域景观结构分析及其内在生态与文化过程与功能的评估，能够实现以流域为单元、将流域自然文化景观综合体视为一个整体来开展综合性区域空间规划的目标，从而实现流域功能的健康与综合可持续发展。一些成熟的大尺度景观分析方法及规划模型，包括生态敏感性、适宜性、生态安全格局及可辩护规划、情景规划、多利益方参与等，都能够大极提高流域研究及流域规划的科学性与可操作性。本次教学研究，即是基于上述对流域及流域规划的概念与理论发展的认知，针对温榆河流域这一处于首都近郊的快速城市化地区的分析、思考与规划研究。

课程简介
Course Introduction

课程目的 / Objectives

区域景观规划是景观学系系列 Studio 课程的第三个，主要关注大尺度区域景观的认知、研究、规划与设计。该课程的主要目的是：

·建立大尺度景观分析、评价的整体思路与系统方法。

针对地域自然文化综合景观系统，分析其自然与人文因素综合作用下的景观形成与演变过程，掌握从多角度进行问题识别和驱动因子分析的能力。

·了解国内外景观规划理论发展动向，掌握大尺度景观规划方法。

研究国内外景观规划理论前沿，学习"调查 / 分析—评价 / 研究—规划 / 设计（概念－目标－战略－结构－规划－设计等）—公共参与—管理 / 实施"的多步骤景观规划方法。

·通过本课程将风景园林多方面理论知识融会贯通。

结合景观生态学、景观水文学、景观地学、植物景观规划设计等专业理论课，将多方面知识应用于本课程中，研究流域规划、生态修复、河流景观规划、自然保护地规划及旅游游憩规划设计等方法内容，使理论与实践相结合。

·基于实际选题，锻炼发现、分析与解决问题的专业能力。

围绕规划选题，通过实地调研、访谈、文献等多样化方式，深入到现实环境、社会、经济的核心，锻炼发现、分析、解决问题的能力；训练规划设计师的批判性思维与创新思维；鼓励自由探索，提出新的见解和方法，推动专业发展。

师资介绍 /Teacher Faculty

刘海龙

清华大学建筑学院景观学系副教授，博士生导师，特别研究员

主要研究方向为景观水文学、区域景观规划、流域治理与生态修复、自然与风景河流保护、遗产地体系规划与生态网络。开设研究生课程"景观水文"、"风景园林规划设计（三）、（四）"；本科生课程"区域与景观规划原理"、"景观水文学"、"风景园林设计（4）（湿地／河道景观设计）"。主持 3 项国家自然科学基金项目，参与多项国家与行业标准编制，包括《城市绿地规划标准》（GB/T 51346—2019）、《绿色小城镇评价标准》（CSUS/GBC06—2015）、《绿色建筑应用技术图示》（15J904）等。发表论文 60 多篇。任住房和城乡建设部海绵城市建设技术指导专家委员会委员、国际景观生态学会（IALE）会员、美国风景园林师协会（ASLA）国际会员、美国河流管理学会（RMS）会员、中国风景园林学会（CHSLA）会员、中国水利学会城市水利专业委员会（CHES）委员等。

庄优波

清华大学建筑学院景观学系副教授、博士生导师、特别研究员
清华大学国家公园研究院副院长

主要研究方向为国家公园与自然保护地、遗产保护与规划、景观生态学原理应用于规划设计。开设研究生课程"景观生态学"、"风景名胜区规划与设计"。作为第二主编完成我国第一部国家级规划教材《国家公园规划》。作为项目负责人和主要参与人在一系列国家公园、自然保护地和世界遗产地中开展保护管理规划实践探索，并深度参与我国世界自然遗产申报咨询、培训和保护管理规划评审工作。任国家林业和草原局世界遗产专家委员会副秘书长、中国联合国教科文组织全委会咨询专家、住房和城乡建设部风景园林标准化技术委员会委员、国际景观生态学会中国分会理事、中国风景园林学会理论与历史专业委员会秘书组成员、《中国园林》和《风景园林》杂志特约编辑。

赵智聪

清华大学建筑学院景观学系助理教授
清华大学国家公园研究院院长助理

主要研究方向包括国家公园与自然保护地、风景园林遗产保护、景观规划、文化景观。开设本科生课程"风景园林遗产保护"、"风景园林设计（6）"、"走进风景和园林"，研究生课程"风景园林规划设计（三）、（四）"。主持国家自然科学基金、中国博士后科学基金、北京市自然科学基金等多项国家及省部级课题，参与国家社会科学基金重大项目、国家发展和改革委员会委托课题、国家林业和草原局委托课题多项。参与撰写的专著与教材包括《国家公园规划》《中国国家公园规划编制指南研究》，发表论文 40 余篇。担任中国风景园林学会理论与历史委员会青年委员，《风景园林》杂志特约编辑。

课程组织 /Organization

本课程共 16 周，教学以周为单位可分为 3 个阶段。具体安排适时灵活调整。

1. 第一阶段，1 ～ 5 周，流域现状分析与专题研究

学习方式为文献阅读、案例研究、数据分析、专题制图等；要求采用分组学习的方式，从温榆河流域到北京市域乃至更大尺度上选择研究专题，制定研究计划和方案，依靠网络收集数据和资料，开展研究并形成阶段专题研究报告，定期交流汇报。具体专题研究内容包括：（1）流域景观生态；（2）流域景观水文；（3）自然保护地体系；（4）流域社区与文化；（5）流域城镇体系与基础设施；（6）流域旅游游憩；（7）流域经济产业。

2. 第二阶段，6 ～ 8 周，流域概念规划

（1）流域综合评价：采用 SWOT 等对之前专题研究结论予以"定性 + 定量"总结，做到有理有据，使结论更有说服力；（2）流域规划定位，需要提出规划概念，并进行解析和论证；（3）案例研究（选做，需论证案例与温榆河流域的相关性）；（4）流域规划目标，分总体目标、分项目标、分期目标等；（5）流域规划战略，每条战略需做扼要阐释；（6）流域规划结构，包括总体结构、规划分区（需提出分区管理政策）；（7）专项规划，包括专项结构；（8）选择重点规划片区与设计节点，需提出选择理由、区位分析、面积规模、主要定位。

3. 第三阶段，9 ～ 16 周，流域片区景观规划与节点设计，包含规划环境影响分析

针对"概念规划"中提出的重点片区，（1）分析其规划定位，论证片区在流域生态、文化、经济等方面的重要性，是否通过其改变对流域总体目标、规划定位 / 概念的实现发挥关键性作用；（2）划出片区范围，确定片区面积规模，明确片区边界，建议依托道路、河道、地形、小流域或行政区界确定，面积按 150km² 左右；（3）片区现状分析，包括现状土地利用、生态环境、城镇体系、文化遗产等分析，提出目前存在的关键问题，应与前阶段流域专题研究与概念规划清晰关联；（4）规划结构与布局，包括空间结构、功能布局、土地利用、道路交通、社区 / 村镇调控、生态修复、游憩体系等，重点阐述通过上述改变如何体现流域总体目标及规划定位 / 概念。

*:

1）研究范围

根据研究需要分如下层次：（1）研究范围：北京市域与更大国土尺度；（2）专题研究与概念规划范围：温榆河流域尺度，上游分水岭至通州北关闸，共 2478km²，需在所有图上标出作为基本研究边界；（3）行政区范围，此次课程涉及昌平、海淀、朝阳、顺义、通州五区行政区边界，部分分析内容在流域边界基础上也要在标出行政区边界；（4）规划片区与节点设计范围：各组根据自身规划目标和结构选择确定。

2）上课方式

采用"雨课堂"等在线远程教学组织方式进行专题讲座授课、分组讨论和课程汇报；各阶段的讲座和汇报内容全体师生需参加；分组讨论、辅导分组进行。

教学大事记 / Chronology

主要阶段

● 流域分析、专题研究
【表述模型、过程模型、评价模型】

● 流域概念规划
【改变模型】

课程内容

讲座 1：景观规划导论（刘海龙）
（1）景观规划理论；（2）课程介绍、教学安排、布置任务；（3）课程分组，明确专题方向和查阅文献资料。

讲座 2：黄河流域人居环境时空特征及其演变研究方法（党安荣）
小组第一次汇报：尽可能用图、数据、照片等表达；案例研究每人一个，说明选择视角和对专题对应的研究内容。

讲座 3：景观规划评价（庄优波）
小组第二次汇报：尽可能用图、数据、照片等表达。

流域分析与专题研究汇报：以小组为单位
（1）深入分析规划目标、定位；提出概念规划层面的流域景观框架和战略性空间结构。
（2）深化提炼专题研究、案例研究结论来支持概念规划。

讲座 4：国家公园与自然保护地体系（赵智聪）
了解研究区各方面信息，收集资料。

流域概念规划汇报，确定规划片区和设计节点

课程任务

①在北京城市总体规划中，影响温榆河流域的内容与条文有哪些？对其定位与未来发展有何影响？

②基于相关资料与数据，分析温榆河流域景观的历史演变过程与规律，其自然 / 人工驱动力包括哪些？温榆河流域现状景观要素、结构与综合特征？如水文格局、生态系统、自然遗产、文化遗产、用地布局、道路交通、村镇发展等。

③温榆河流域景观结构关系与功能运转如何？是否健康且良好？现状存在哪些关键问题？存在的机遇或挑战有哪些？涉及哪些利益方？

上述 3 个问题贯穿第一阶段，并思考需要开展哪些专题研究来论证、支撑和评估这些任务与问题？

④温榆河流域对北京的意义？基于上述定位、历史、现状、问题等方面，判断温榆河流域的发展目标？

⑤从温榆河流域现状到发展目标之间，会有哪些关键发展策略？在空间上和时间是如何体现的？如何反映在流域景观结构、生态、产业、经济格局上？概念规划方案是否是唯一的？各个方案分别基于什么价值观与立场？

⑥是否存在对流域生态过程、社会服务、经济发展具有关键性影响的片区？如何识别这些关键性的片区，作为潜在的重点设计地段，起到拉动性的"抓手"作用？

上述 3 个问题贯穿第二、三阶段，联系流域分析、专题研究、概念规划及片区规划与场地设计，并会前后反复。

主要阶段	课程内容	课程任务
流域片区景观规划 【改变模型】	**讲座5：温榆河/清河流域水安全战略（方坤）** 分组辅导	⑦这些关键性的片区和空间节点的未来目标定位、关键问题、战略、空间结构规划是什么？其具体土地利用布局、道路交通、村镇发展等需要作出什么改变，来实现上述目标？ ⑧如何从环境承载力、生态敏感性和建设适宜性等景观评价方法出发，支持上述规划改变？如何使规划改变更加量化，增强对规划实施的指导性？
规划环境影响分析 【影响模型】	各组完成规划环境影响分析 分组辅导	⑨不同规划方案各自有什么优势与劣势？各自会带来什么样的影响？包括环境、社会和经济等方面。为什么要在多方案中进行优选？如何基于规划环境影响分析来指导多方案的优选，或者为之提供依据，来获得最可接受的方案？如何实现兼顾保护目标和发展目标的发展模式？
节点设计 【改变模型、决策模型】	分组辅导 最终成果制作	⑩如何通过设计来推动决策，并使规划目标的实现更具体化，使规划理念更形象化，更具说服力？规划最初提出的问题及分析，是否通过最终的设计方案或其他形式得到了清晰的表达，使规划战略更可操作？哪种表达方式，便于被各方理解、接受并且推动实施？
课程综合成果汇报		

含流域分析、专题研究结论；流域概念规划；流域片区景观规划；规划环境影响分析；节点设计。

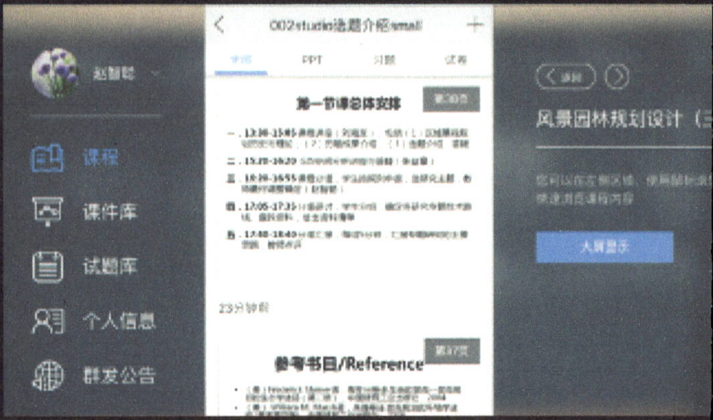

课程
课件库
试题库
个人信息
群发公告
第一节课总体安排
23分钟前
参考书目/Reference
风景园林规划设计（
大屏显示

益章 张
焦晓阳
武宁

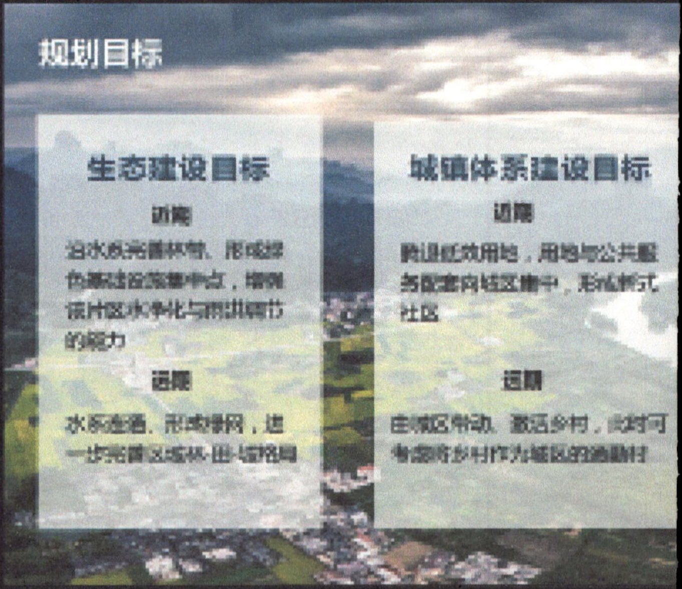

规划目标
生态建设目标
城镇体系建设目标

历史变迁 HISTORICAL CHANGES
2001
2006
2010
2016
2019

流域人居环境

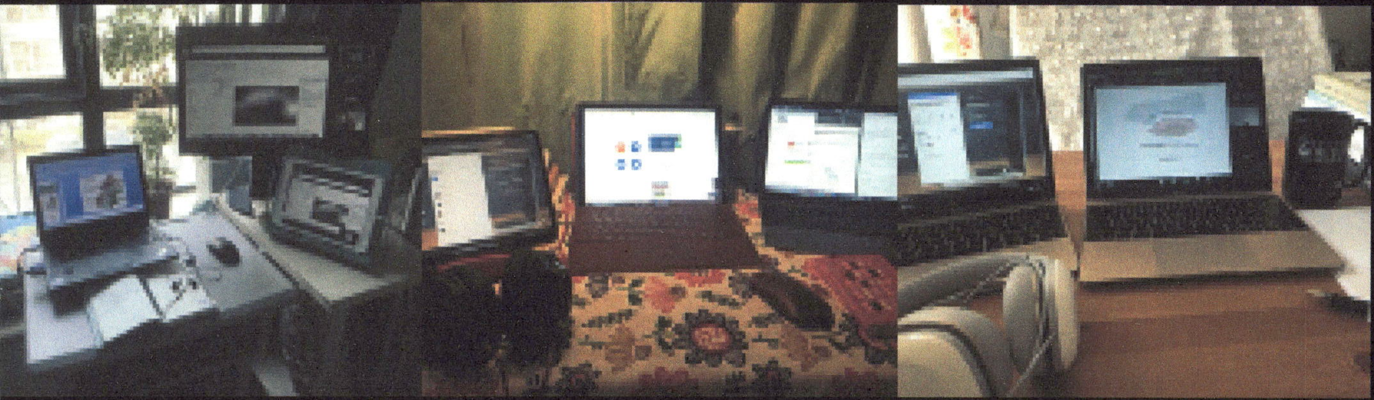

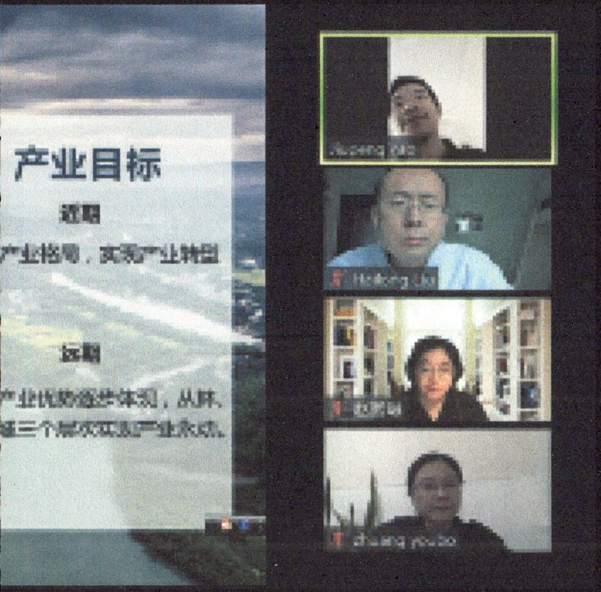

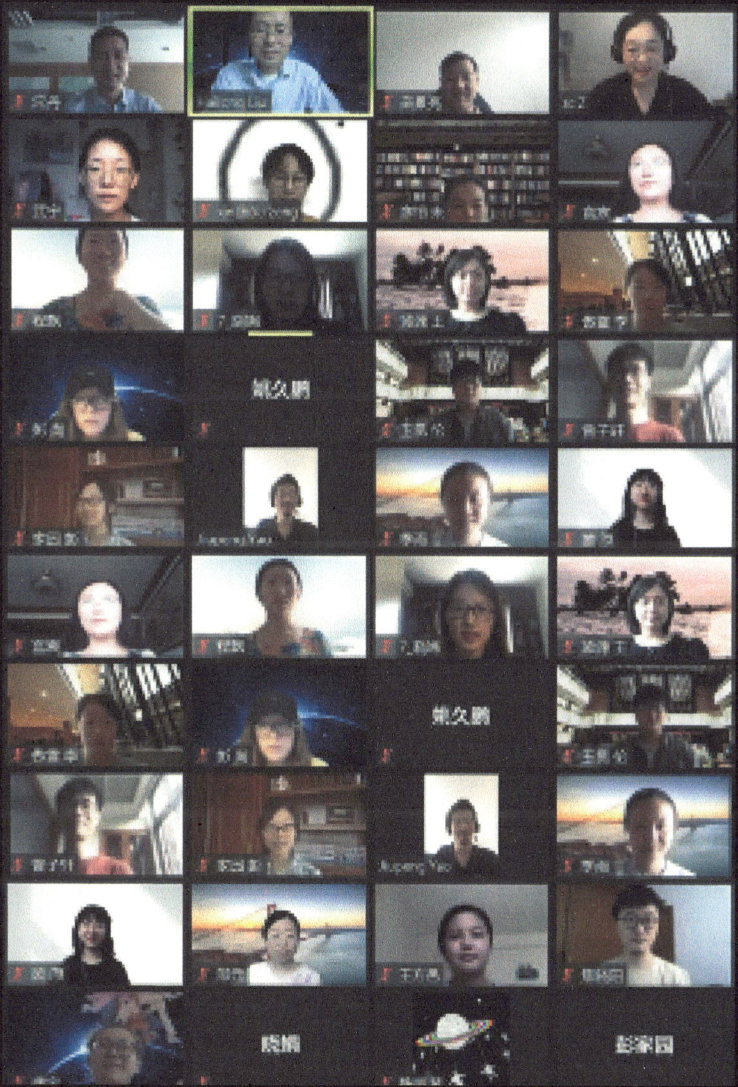

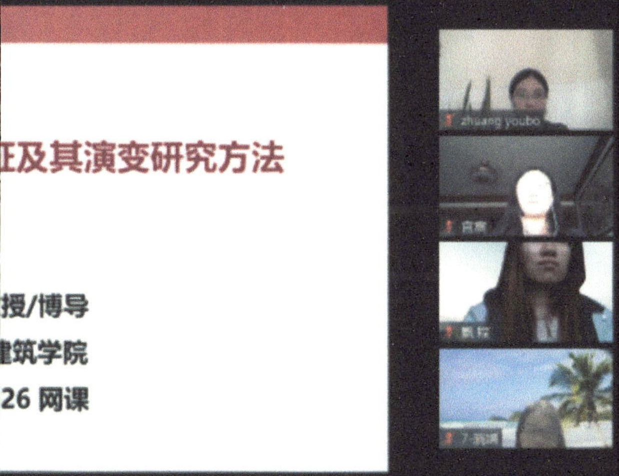

*本学期受到疫情特殊情况影响，全程采取线上教学。

流域分析研究
Watershed Analysis and Research

总体研究框架
Analysis Framework

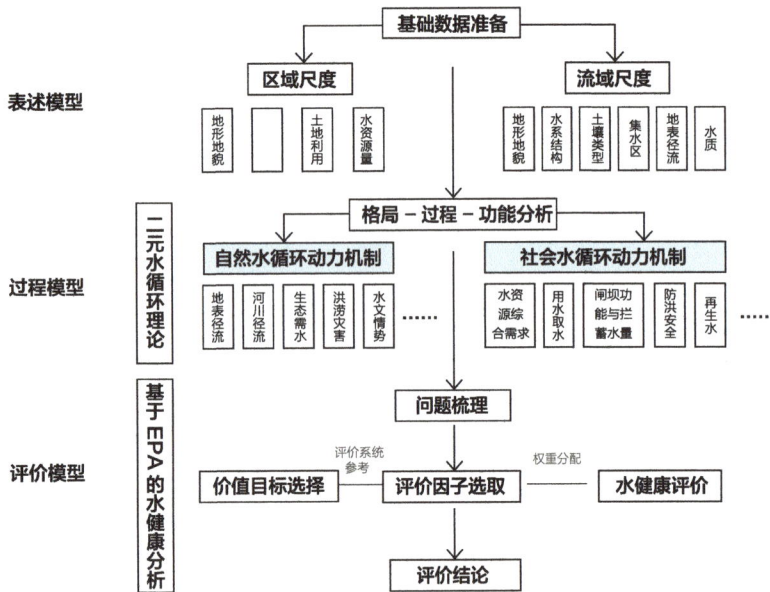

流域表述模型
Representation Models of Wenyu River

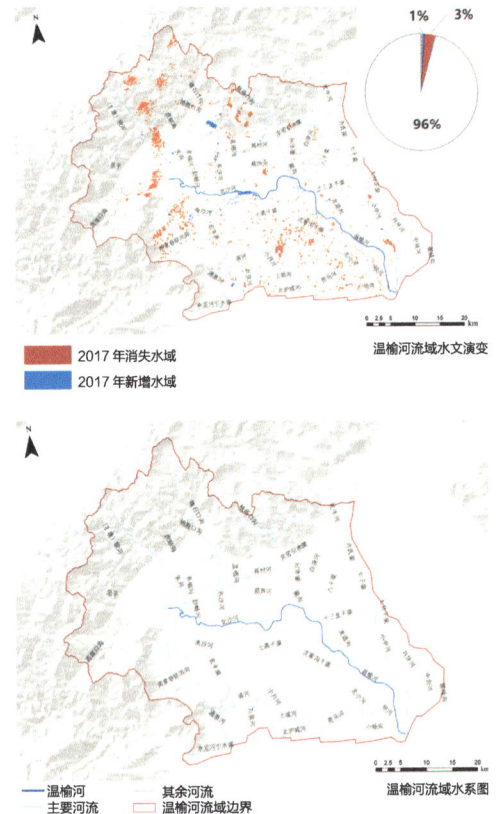

温榆河流域水文演变

2017 年消失水域
2017 年新增水域

温榆河
主要河流

其余河流
温榆河流域边界

温榆河流域水系图

根据《北京水务统计年鉴》，温榆河流域内有主要河流 20 条，其余河渠 194 条，总长 1106km。

随着土地利用的变化，温榆河流域水域面积明显减少，原有池塘逐渐消失。2017 年水域相较 1987 年消失 3%（红色），增加 1%（蓝色）。水域面积减少影响到生物栖息地，面临威胁的物种数量逐渐增加。

温榆河流域水文状况整体呈现出明显的自然－人工二元水循环状态关系。

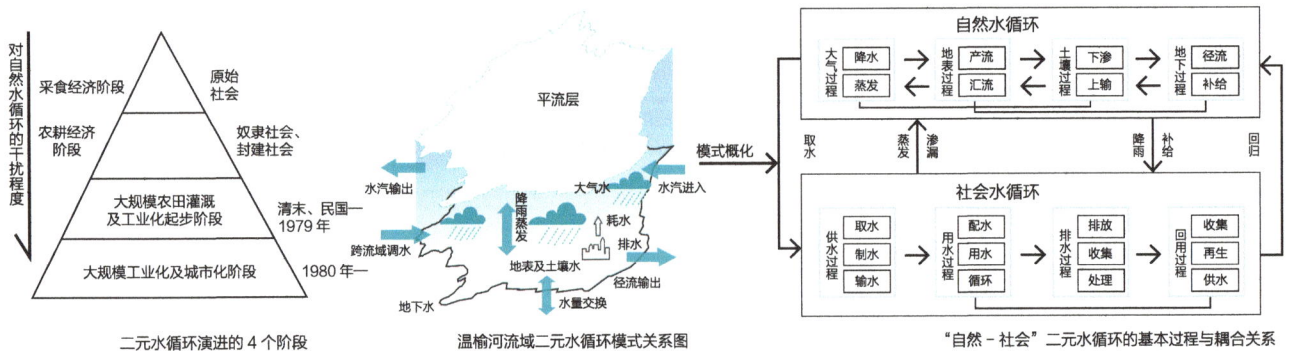

二元水循环演进的 4 个阶段

温榆河流域二元水循环模式关系图

"自然－社会"二元水循环的基本过程与耦合关系

（改绘自：[1] 秦大庸, 陆垂裕, 刘家宏, 王浩, 王建华, 李海红, 褚俊英, 陈根发. 流域 "自然－社会" 二元水循环理论框架 [J]. 科学通报, 2014, 59（Z1）: 419~427.
[2] 王浩, 贾仰文, 杨贵羽, 周祖昊, 仇亚琴, 牛存稳, 彭辉. 海河流域二元水循环及其伴生过程综合模拟 [J]. 科学通报, 2013, 58（12）: 1064~1077.）

流域过程模型——自然水循环
Process Models of Wenyu River

温榆河流域自然水循环包含了降水、地表径流、地下水、河川径流与生态基流等过程。但水资源供给不足、分布不均，需借助再生水与南水北调水，实施人工补水，自然与人工水循环需相互结合，满足流域用水需求。

温榆河流域降水为 500~700mm，天然降水与下垫面共同作用形成地表产－汇流过程，也同时是河道补水的来源之一。根据文献，选择 Tennant（蒙大拿法）得到的最小生态需水量 3080 万 m³ 作为参考，发现温榆河流域河道最低生态需水总量为 7.1 亿 m³，而自然水资源供给量仅为 5.8 亿 m³，需通过人工水循环补水。

此外，地形高程与土地利用是地表径流与淹没风险区分布的决定因素。流域内地表径流受土地利用影响明显，山区地表径流少，平原区温榆河南岸地表径流较集中；而淹没区主要位于下游通州区，也就是温榆河流域的出水口所在。

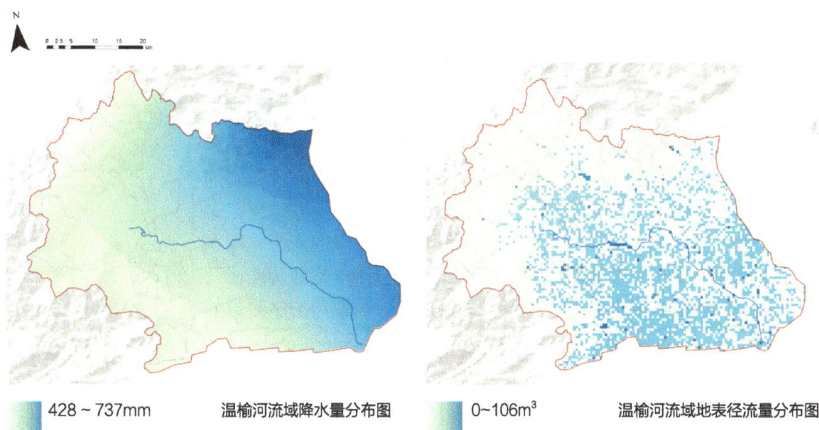

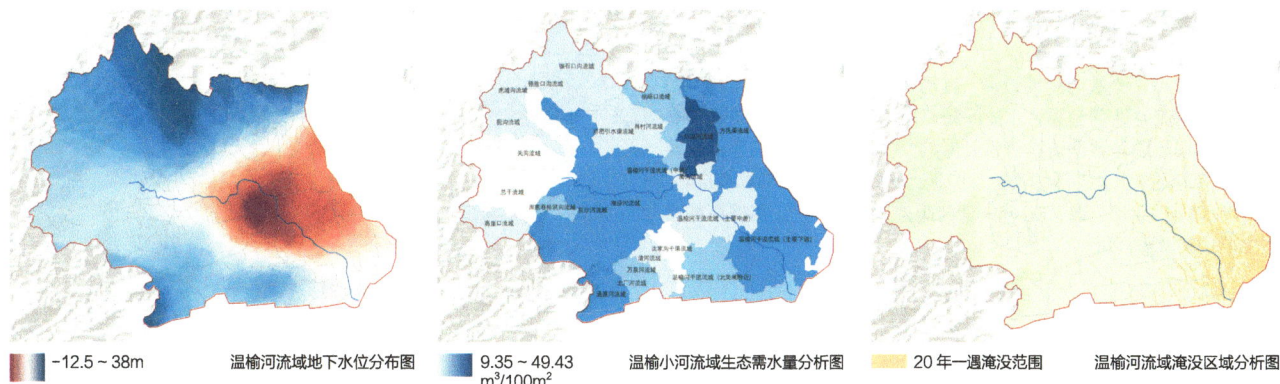

428 ~ 737mm   温榆河流域降水量分布图

0~106m³   温榆河流域地表径流量分布图

-12.5 ~ 38m   温榆河流域地下水位分布图

9.35 ~ 49.43 m³/100m²   温榆小河流域生态需水量分析图

20 年一遇淹没范围   温榆河流域淹没区域分析图

流域过程模型——人工水循环
Process Model—Artificial Water Cycle

温榆河流域人工水循环存在水资源供需不平衡、水质污染较严重及雨洪调蓄量不足等问题：

水资源综合需求分析：温榆河流域水资源需求较大，流域上游以生态需水与农业需水为主，主要是西北侧山区与平原河流两侧的农业用地、绿地与湿地；下游工业用水与生活用水量比重较大，对于温榆河下游整体水循环产生了一定的影响。同时温榆河流域用水存在小范围集中式分布效应，如三山五园区，整体水资源调控还有待平衡。供水量较用水量存在 3.11 亿 m³ 差量，需要再生水等其他水源弥补。

水质分析：河流点源污染集中在城镇建设密集区域，主要污染源为生活污水，流域内污水处理厂主要分布在城镇建设密集区域，排污口集中在温榆河干流下游段；非点源污染集中在平原地区，农用地类型污染负荷最高，其次不透水面产生的污染也较多。

水利工程：流域内闸坝较多，其功能包括雨洪调节、控制河流流速，河水流动性弱会导致水质问题，其中干流中游小流域受影响最大；堤坝阻隔导致河流连续性受影响，生态功能普遍不足，需要提高上下游河流水文连通性及生态护岸比例；蓄滞洪区总量 4924.7 万 m³，其与 10 年一遇、20 年一遇降雨总量还有差距，需提高蓄滞洪区面积与调蓄容量。

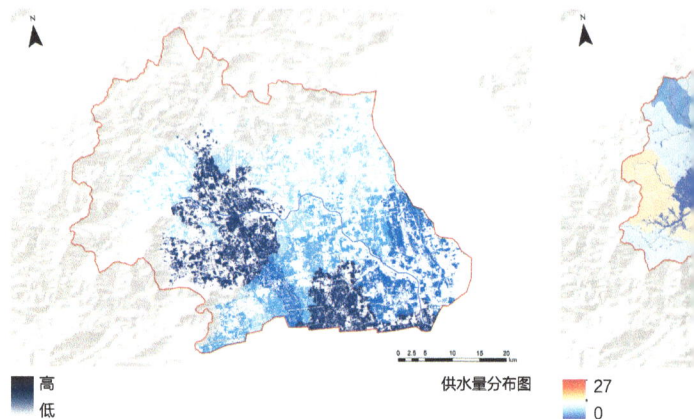

供水量分布图

高
低

27
0

水质分析图

无数据　　　三类水
五类水　　　二类水
四类水　　　一类水

0
0~0.006
0.006~0.02

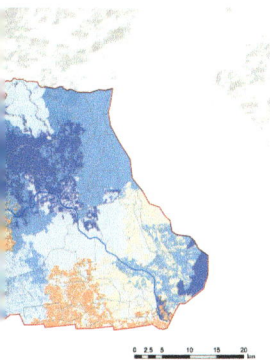

用水量分布图

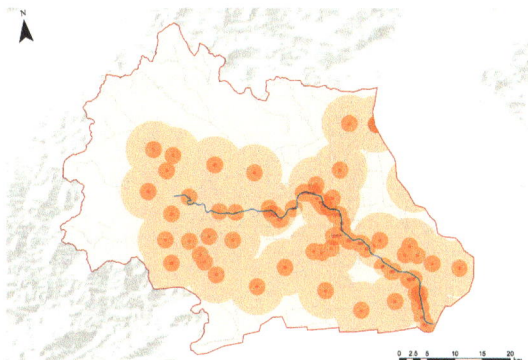

点源污染影响分布图

0	5
1	6
2	7

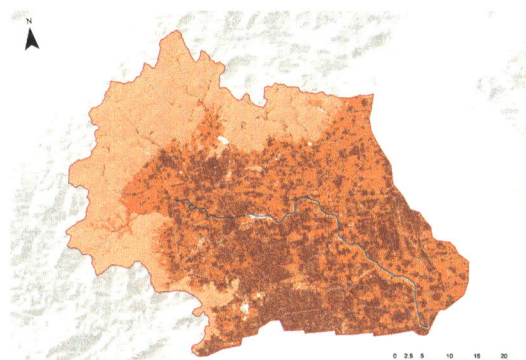

非点源污染负荷分布图

0	0.99~13.42
0~0.49	13.42~126.75
0.49~0.99	

闸坝密度分析图

0.021~0.056
0.056~0.16

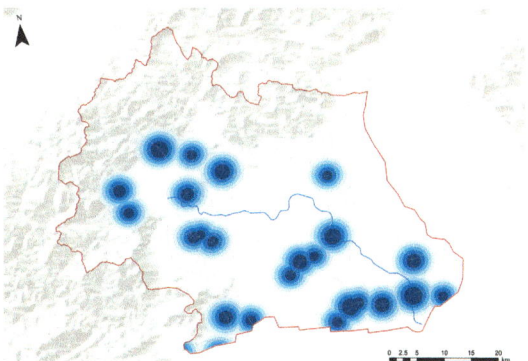

蓄滞洪区影响范围分析图

0	5
1	6
2	7

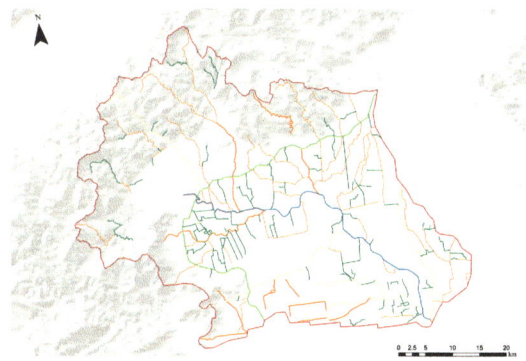

软质堤防面积图

187~1965720	5896787~7862321
1965720~3931254	7862321~9827855
3931254~5896787	

温榆河流域水文健康评估
Hydrological Health Assessment of Wenyu River Watershed

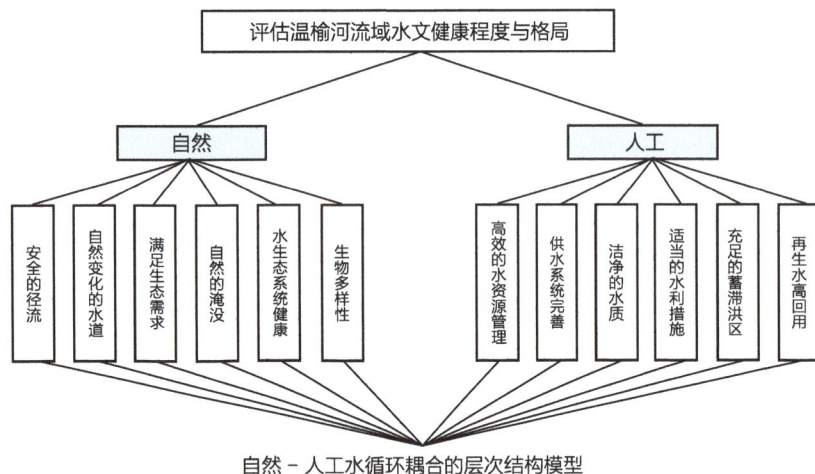

评估温榆河流域水文健康程度与格局

自然

安全的径流 / 自然变化的水道 / 满足生态需求 / 自然的淹没 / 水生态系统健康 / 生物多样性

人工

高效的水资源管理 / 供水系统完善 / 洁净的水质 / 适当的水利措施 / 充足的蓄滞洪区 / 再生水高回用

自然－人工水循环耦合的层次结构模型

二元水循环耦合 +EPA 水文健康评估
Dual Water Cycle Coupling + EPA Hydrological Health Assessment

采用 EPA 准则层，利用目标与自然－社会二元耦合关系对指标层进行修正，指标层以健康性程度为指标进行 5 级分级：

1 非常不健康；

2 不健康；

3 一般；

4 健康；

5 非常健康

流域水文健康评估结论

温榆河流域总体水文健康状况中等偏好，健康程度较集中呈正态分布，水文健康程度较好区域（分值 3~3.68）面积占比为 4.2%，中等程度（分值 2.4~3）占比 80%，较差区域（分值 0~2.4）占比 15.8%。

浅山小流域与山前平原区整体水文健康程度较高，且与山区形成明显界限，并向平原区逐渐过渡，其原因与保护地分布、人口密度、水资源供给、河网密度、土地利用、风景审美等因素相关。

温榆河中上游平原区有部分面状区域水文健康状况很高，其原因与河网密度、植被覆盖度、生态需水、蓄滞洪区、风景审美相关。

北部山前平原区整体水文健康程度较高，并向平原区逐渐过渡，其原因可能与生态需水、生物多样性、风景审美因素相关。

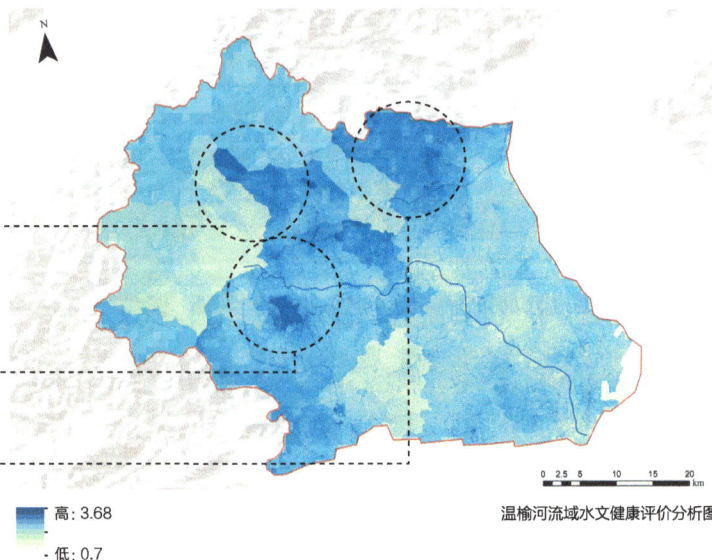

高: 3.68

低: 0.7

温榆河流域水文健康评价分析图

小流域水文健康评估
Hydrological Health Assessment of Small Watershed

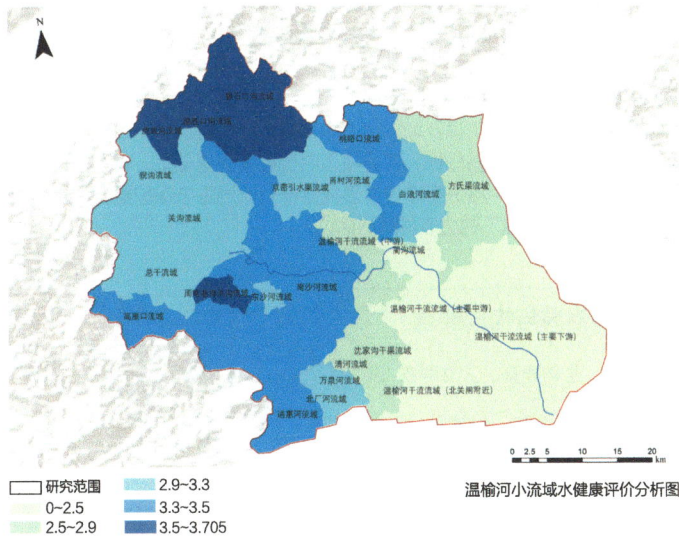

温榆河小流域水健康评价分析图

图例
- 研究范围
- 0~2.5
- 2.5~2.9
- 2.9~3.3
- 3.3~3.5
- 3.5~3.705

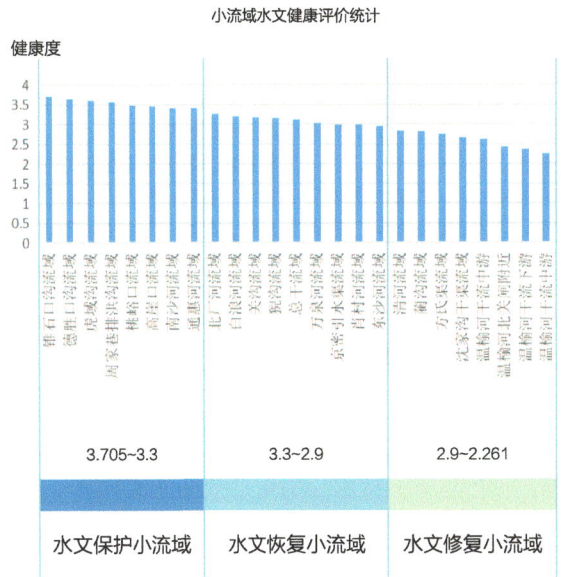

小流域水文健康评价统计

健康度

3.705~3.3	3.3~2.9	2.9~2.261
水文保护小流域	水文恢复小流域	水文修复小流域

小流域水文健康评估结论 ——得出小流域水文资源优势

从小流域尺度可看出其与流域总体评估相同的结论，即山前平原区域的整体水文状况较好。同时基于小流域间的横向对比，温榆河25个小流域中有11个水文健康程度较好。通过小流域评估可识别出各个小流域的不同资源优势，以便后期有针对性地制定规划设计策略。

（1）锥石口沟流域、德胜口沟流域、桃峪口沟流域属于山区小流域中水文健康程度很好的流域，周家巷排洪渠流域也较高，属于京密引水渠与南沙河交汇处，其原因可能与生物多样性、植被覆盖、地下水位高度有关；

（2）面积最大的南沙河与面积较小的白浪河流域健康程度较好，其原因可能与植被覆盖、河网密度、生态需水、供水等资源优势有关；

（3）通惠河流域、北厂河流域、万泉河流域在南部较低的水文健康状况中属于比较好的区域，其原因可能与风景审美、供水、湿地面积比等资源优势有关。

小流域分类

结合小流域水文健康情况以及未来实施保护的可行性综合考量，将其分为：水文保护小流域、水文恢复小流域、水文修复小流域。

（1）水文保护小流域：在温榆河流域尺度上，维持较高自然程度，受人类影响较小或具有重要水资源价值的区域，考虑将破碎但具有保护价值的斑块进行联通保护；

（2）水文恢复小流域：在温榆河流域尺度上，通过自然的恢复力、抵抗力，使受到较大人类影响或水资源情况不够理想的区域，逐渐恢复到健康状态；

（3）水文修复小流域：在温榆河流域尺度上，通过部分人类干预措施，使已经受到较严重影响或水资源情况不容乐观的区域，进一步提升其生态效益。

研究目的与研究框架
Research Goals and Framework

本专题研究主要聚焦四个方面：
（1）温榆河流域内景观要素特点，包括非生物、生物和人文要素；
（2）温榆河流域内景观格局空间特征及其时空演变规律与驱动力；
（3）温榆河流域景观过程和功能特征评价，包括以热岛效应为代表的城市－郊区能量流动、动植物运动空间分布规律、以生产、调节、支持、美学为代表的生态功能及价值；
（4）温榆河流域生态特征和上位规划综合评价，基于生态保护为温榆河流域规划提出建议。

表述模型通过对北京市范围内地形地貌、地质土壤、气候特点、水资源分布、生物资源及城镇建设等资料的收集整理，描绘温榆河流域所处环境的整体特点；过程模型主要选取流域典型景观格局、过程和功能进行进一步数据分析；评价模型在过程模型基础上，借鉴双评价指南相关指标，对流域生物安全格局、生态敏感性、生态服务价值重要性和生态斑块集中度进行评价，形成温榆河流域生态保护重要性综合评价，识别流域生态保护重要性分区。最后，对温榆河流域生态保护提出建设"三纵三横"的生态格局的建议。

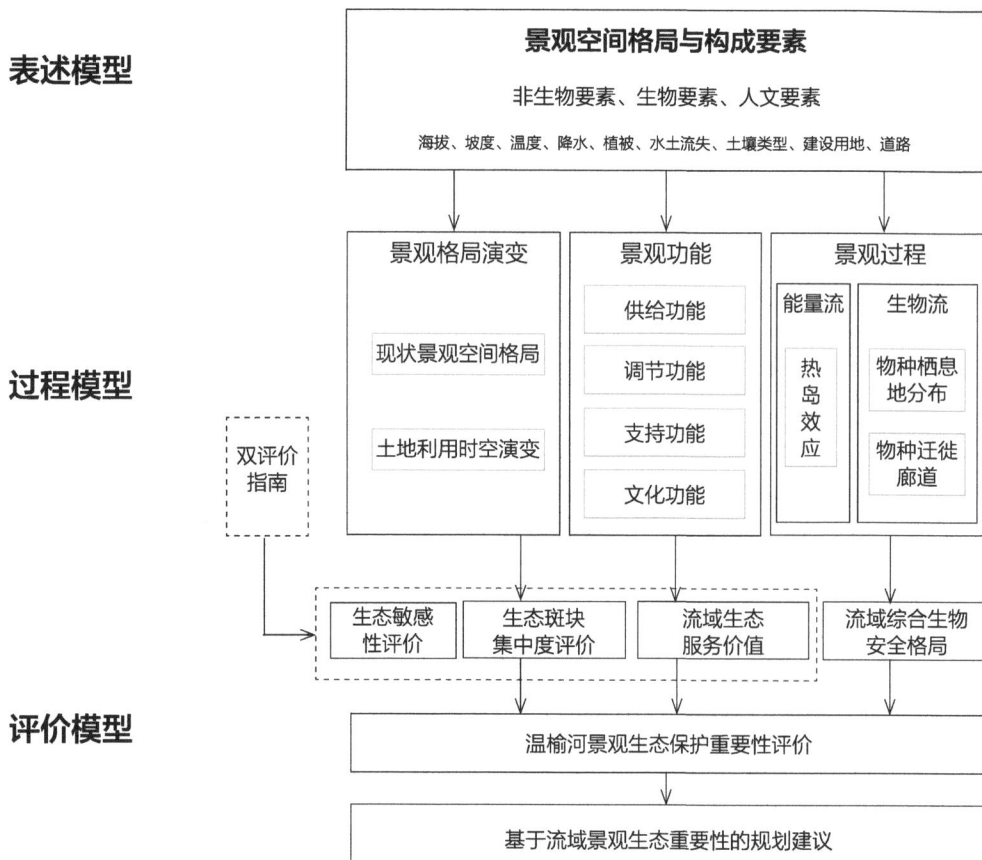

表述模型

景观空间格局与构成要素

非生物要素、生物要素、人文要素

海拔、坡度、温度、降水、植被、水土流失、土壤类型、建设用地、道路

过程模型

景观格局演变
- 现状景观空间格局
- 土地利用时空演变

景观功能
- 供给功能
- 调节功能
- 支持功能
- 文化功能

景观过程

能量流
- 热岛效应

生物流
- 物种栖息地分布
- 物种迁徙廊道

双评价指南

评价模型

生态敏感性评价 | 生态斑块集中度评价 | 流域生态服务价值 | 流域综合生物安全格局

温榆河景观生态保护重要性评价

基于流域景观生态重要性的规划建议

表述模型——景观空间格局与构成要素
Expression Model—Landscape Spatial Pattern and Components

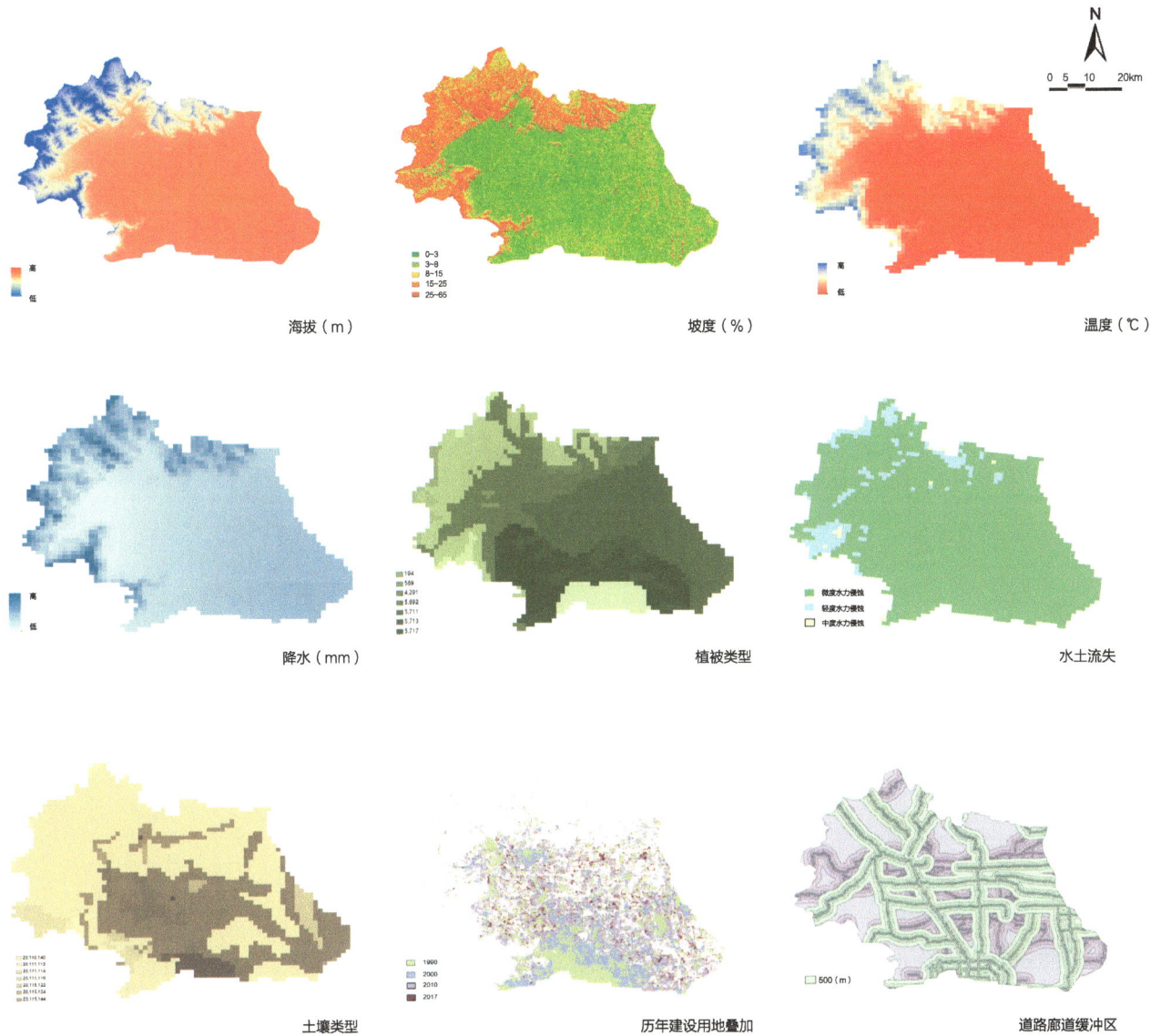

海拔（m）

坡度（%）
- 0-3
- 3-8
- 8-15
- 15-25
- 25-65

温度（℃）

降水（mm）

植被类型

水土流失
- 微度水力侵蚀
- 轻度水力侵蚀
- 中度水力侵蚀

土壤类型

历年建设用地叠加
- 1990
- 2000
- 2010
- 2017

道路廊道缓冲区
- 500（m）

31

过程模型——景观格局、过程和功能
Process Model—Landscape Pattern, Process and Function

景观格局演变

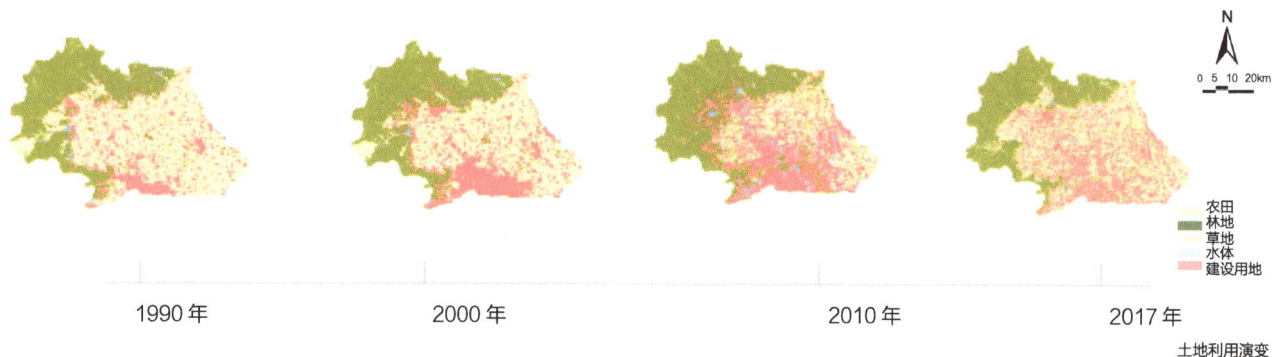

| 1990 年 | 2000 年 | 2010 年 | 2017 年 |

农田
林地
草地
水体
建设用地

土地利用演变

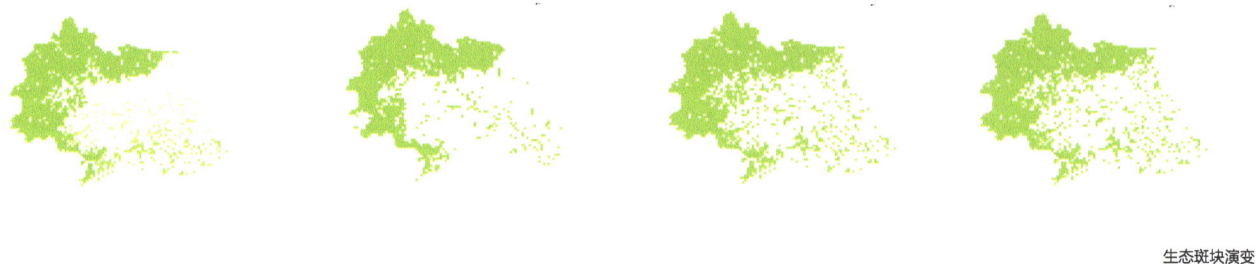

生态斑块演变

景观格局演变分析

　　从 1990 年至 2017 年土地利用演变可知，这一时间段为北京市高速发展时期，面对经济发展的压力，城市建设规模呈现扩张趋势。1990—2000 年，流域内景观格局发生剧烈变化，建设用地的扩张挤压了生态斑块空间，使得生态斑块破碎度增加；道路系统的建设阻碍了流域内生态系统功能和过程，同时也给城市的可持续发展带来负面影响。2010 年后建设速度放缓，但仍呈现增加趋势。流域内西北部生态斑块分布较广，而中部和南部受到城市活动干扰，生态斑块少而分散。

过程模型——景观格局、过程和功能
Process Model—Landscape Pattern, Process and Function

物种栖息地分布

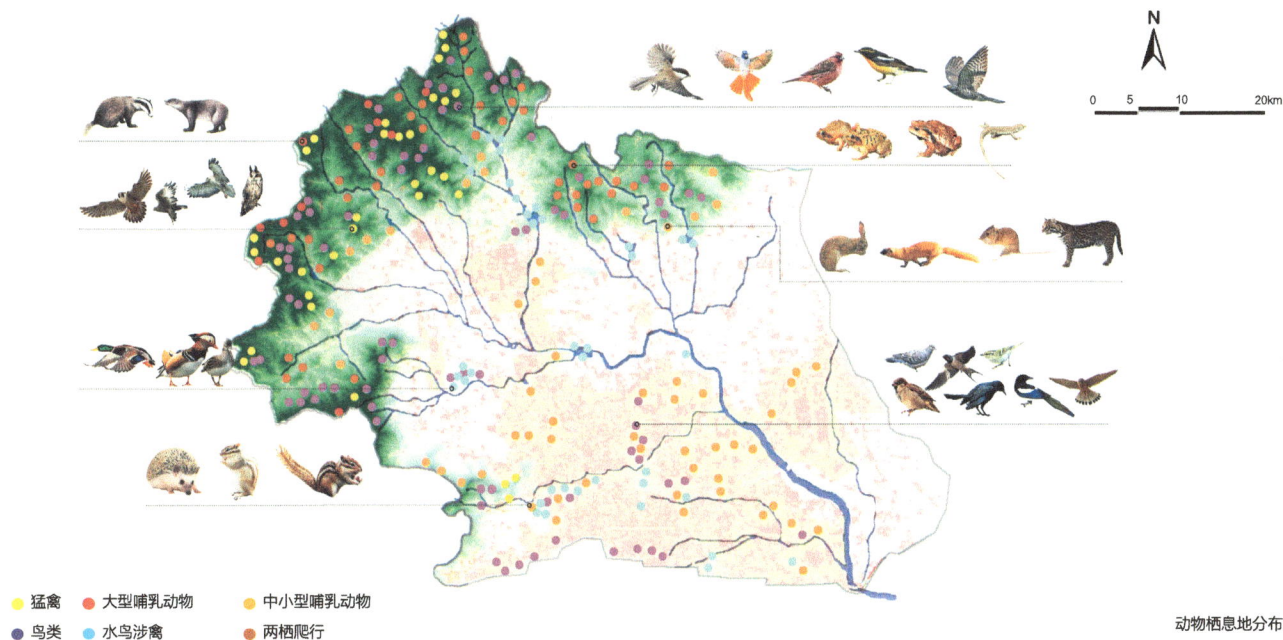

● 猛禽　　● 大型哺乳动物　　● 中小型哺乳动物
● 鸟类　　● 水鸟涉禽　　● 两栖爬行

动物栖息地分布

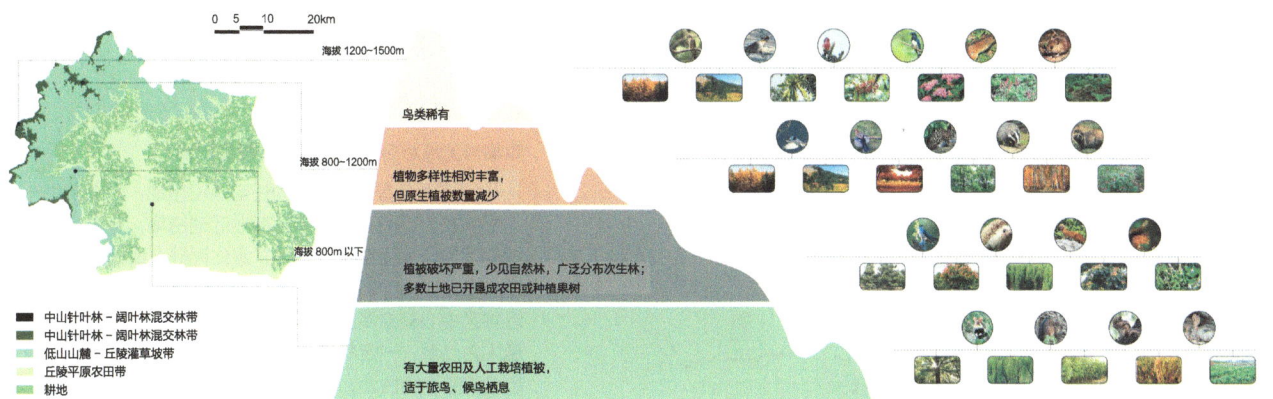

海拔 1200~1500m

鸟类稀有

海拔 800~1200m

植物多样性相对丰富，
但原生植被数量减少

海拔 800m 以下

植被破坏严重，少见自然林，广泛分布次生林；
多数土地已开垦成农田或种植果树

有大量农田及人工栽培植被，
适于旅鸟、候鸟栖息

■ 中山针叶林 – 阔叶林混交林带
■ 中山针叶林 – 阔叶林混交林带
■ 低山山麓 – 丘陵灌草坡带
■ 丘陵平原农田带
■ 耕地

垂直地带动物分布

33

过程模型——景观格局、过程和功能
Process Model—Landscape Pattern，Process and Function

物种迁徙廊道

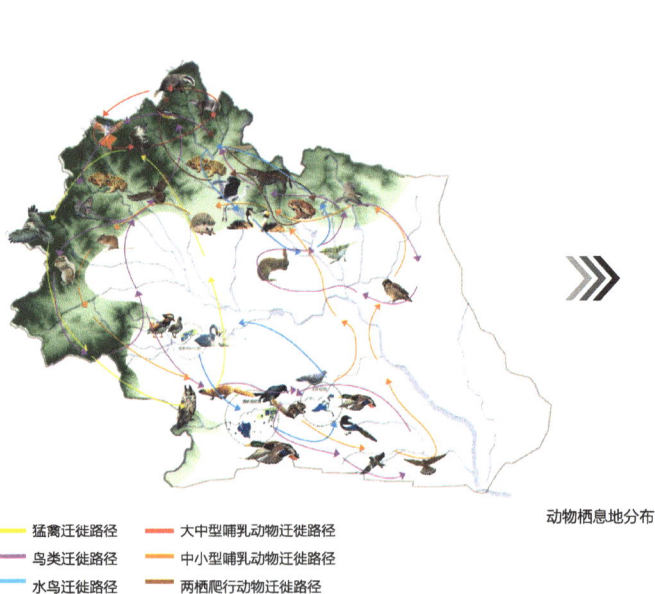

动物栖息地分布

生态廊道分析

猛禽迁徙路径	大中型哺乳动物迁徙路径
鸟类迁徙路径	中小型哺乳动物迁徙路径
水鸟迁徙路径	两栖爬行动物迁徙路径

城市热岛效应分布图

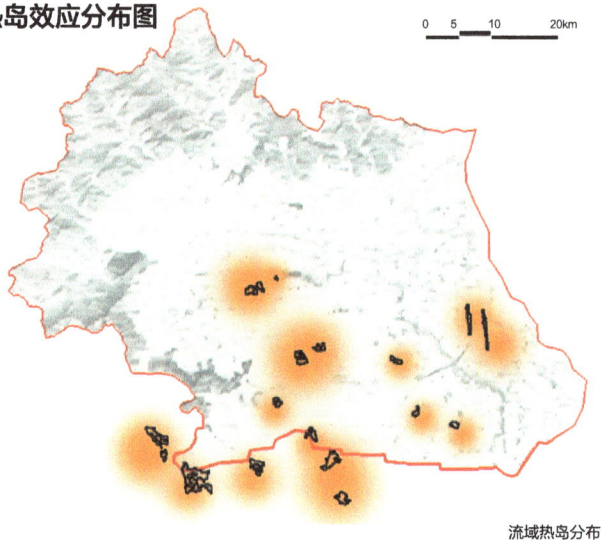

流域热岛分布

80% 可达性　　70% 畅通性　　50% 安全性

温榆河流域热岛分布对生态过程的影响

　　河流上游有较为密集的住宅建设用地，对上游生态环境影响较大；中下游沿岸工商业活动密集，产生大量裸露地面。机场大面积硬质铺地，绿化稀缺，成为东北郊强热岛，阻碍了温榆河与潮白河之间的生态过程。流域南侧靠近城区中心有众多服务用地，密集的社会经济活动带来大量人为热源，一定程度上阻碍了西部山区与温榆河沿岸生态过程的连续性。

评价模型——温榆河景观生态综合评价
Landscape Ecological Comprehensive Evaluation of Wenyu River

流域综合生物安全格局

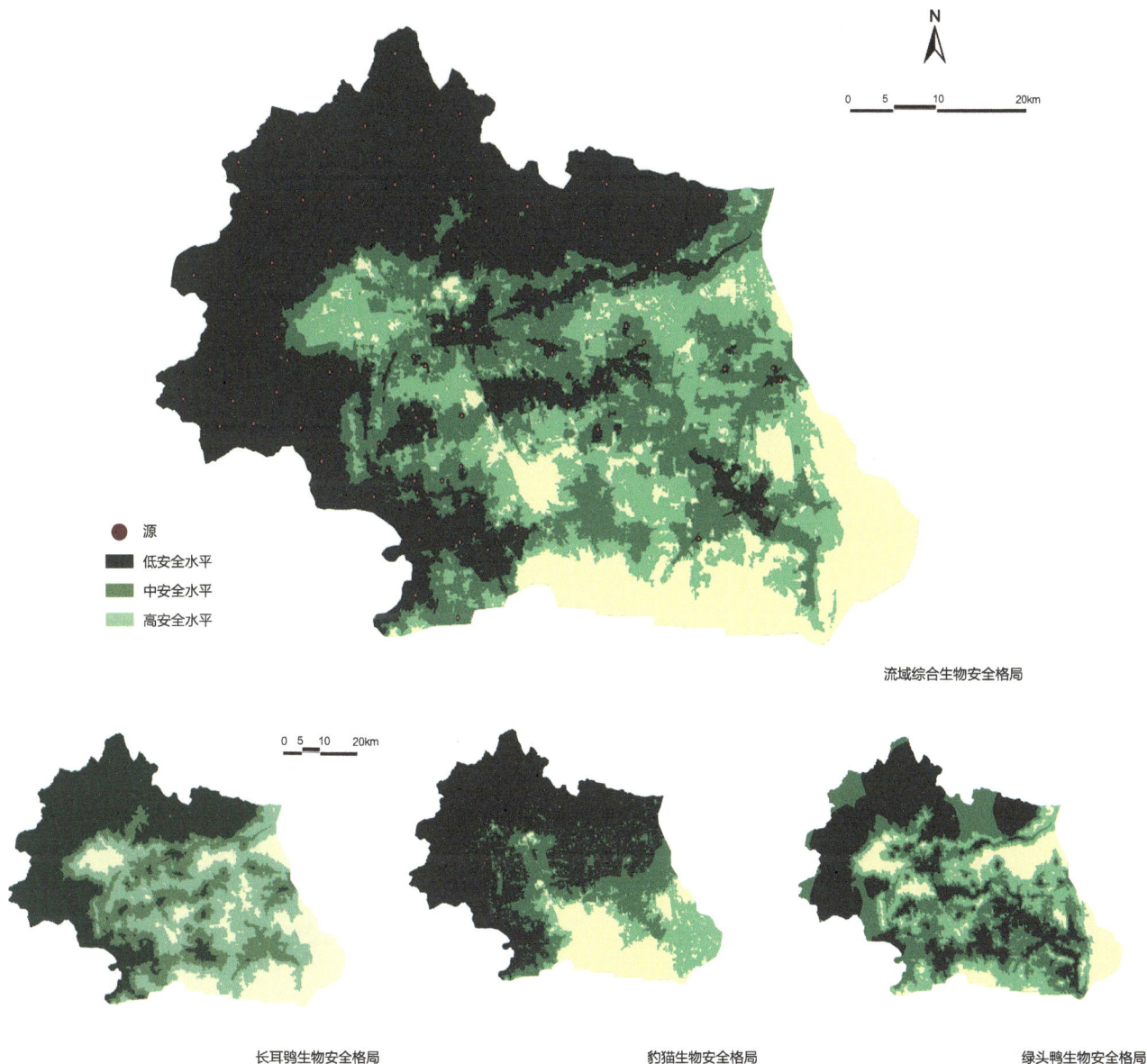

源
低安全水平
中安全水平
高安全水平

流域综合生物安全格局

长耳鸮生物安全格局

豹猫生物安全格局

绿头鸭生物安全格局

评价模型——温榆河景观生态综合评价
Landscape Ecological Comprehensive Evaluation of Wenyu River

生态敏感度评价

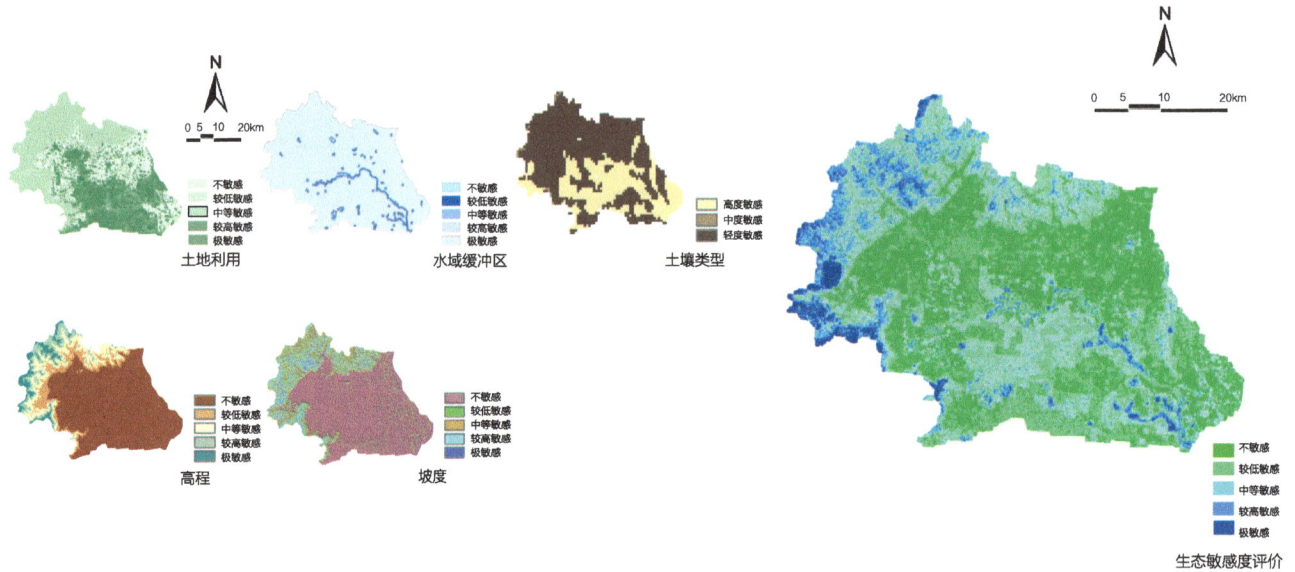

土地利用

水域缓冲区

土壤类型

高程

坡度

生态敏感度评价

生态系统服务功能重要性评价

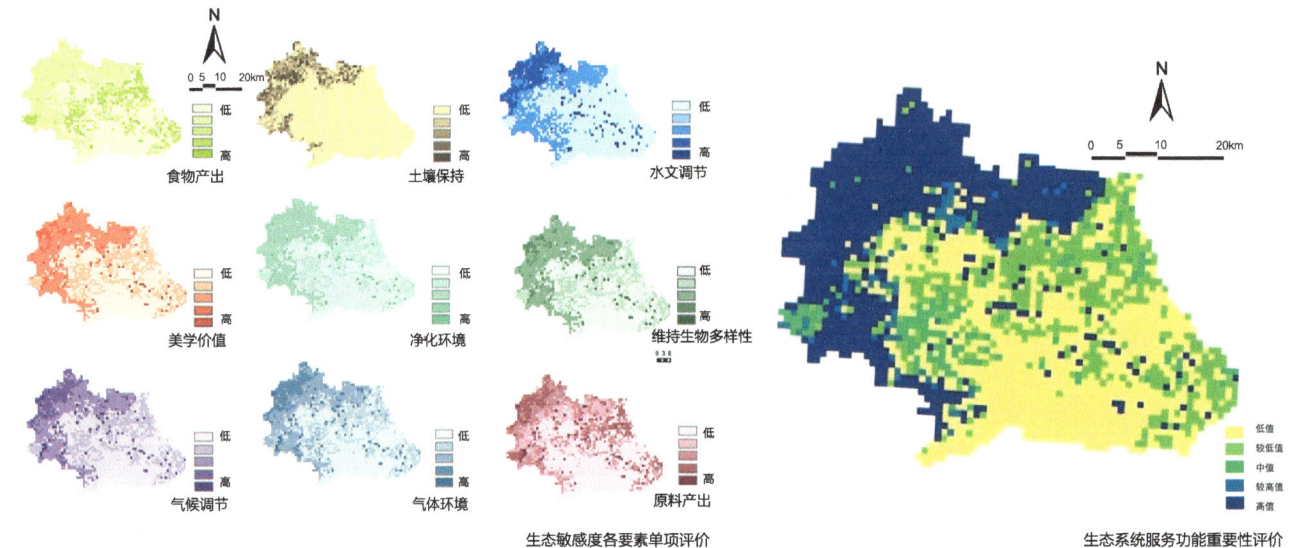

食物产出

土壤保持

水文调节

美学价值

净化环境

维持生物多样性

气候调节

气体环境

原料产出

生态敏感度各要素单项评价

生态系统服务功能重要性评价

评价模型——温榆河景观生态综合评价
Landscape Ecological Comprehensive Evaluation of Wenyu River

生态斑块集中度评价

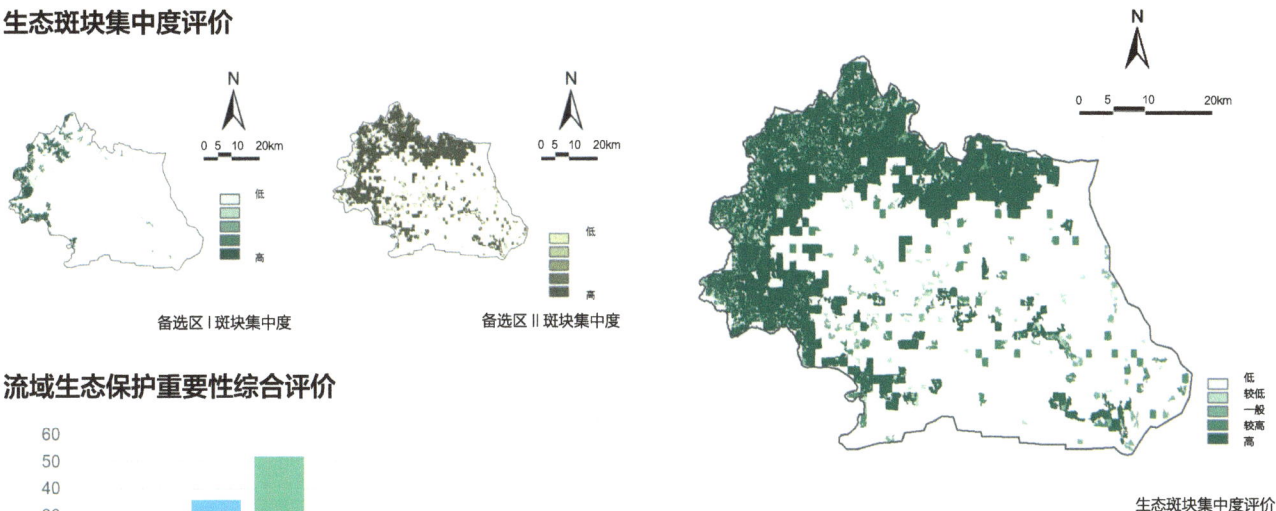

备选区Ⅰ斑块集中度　　　　备选区Ⅱ斑块集中度

生态斑块集中度评价

流域生态保护重要性综合评价

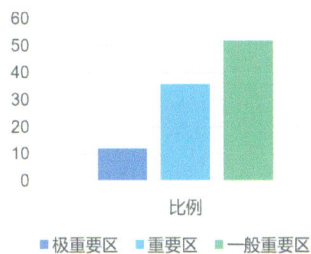

■极重要区　■重要区　■一般重要区

生态保护等级分区面积

　　流域内有307.21km²土地具有极高生态价值，占流域总面积12.1%，极易受到人类活动干扰，被列为极重要区域，需要执行严格保护政策，防止开展一切建设活动；生态保护重要区有911.49km²，占流域总面积35.9%，具有较高生态价值，易受人类活动干扰；一般重要区位1320.26km²，占流域总面积52%，可以承载较高频率的人类活动。

规划建议

　　完善绿色空间体系：现有绿色空间体系与生态保护极重要区不完全重合，未来绿色空间应逐步将所有生态保护极重要区纳入，形成"三横三纵"的绿色空间体系格局。"三纵"（从西至东）包括西部山区走廊、奥林匹克森林公园（以下简称奥森公园）－沙河水库－白浮泉公园－十三陵水库生态走廊以及温榆河中下游河段沿岸；"三横"（从北至南）包括京密引水渠－白浮泉－棉山走廊、温榆河－潮白河东西走廊以及香山－奥森公园－温榆河中段走廊。

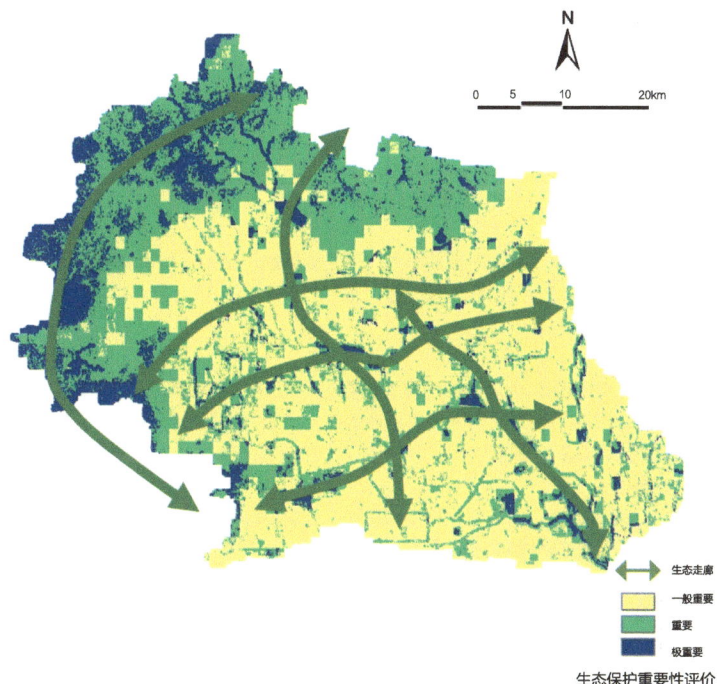

生态保护重要性评价

技术路线
Research Framework

现状资源评价——人文资源
Resource Evaluation

北京城市历史文化悠久。自辽代在此建立陪都，金代建中都，至元代正式建大都，又经历明清两朝定都北京，积淀了丰富的历史文化。在温榆河流域内，留存有以下历史文化景点：

长城

北京长城始筑于战国时期的燕国，后主要修筑于明朝，是京城军事防御的重要措施。北京长城总长度约为 629km，其中主要为明代修筑的长度约为 476km，含城堡 143 座，敌台 1480 座，烽火台 147 座。温榆河流域有三处长城景区，一处未开放长城景点以及多处与长城相关的民俗及非物质遗产。

十三陵

明十三陵是我国明清皇家陵寝的重要组成部分，完美体现了中国传统风水理念，建筑极具特色，自然资源丰富，古树名木众多，是世界文化遗产，也是中国乃至世界皇家陵寝的杰出代表。陵区总面积超过了 120km²，自明永乐七年（1409 年）始作长陵，到明朝最后一帝崇祯葬入思陵止，其间 230 多年，先后修建了十三座皇帝陵墓、七座妃子墓、一座太监墓。

三山五园

狭义指畅春园、圆明园、香山静宜园、玉泉山静明园、万寿山清漪园（光绪时期改名颐和园），是北京西北郊自清朝康熙至乾隆、嘉庆时期形成的一片宏伟的皇家园林之海，东西连绵 20 余里，代表着中国古典园林成熟期的最高峰。玉泉山水系与万泉河水系是"三山五园"体系的重要水源，最终流入温榆河的支流清河。

燕京八景

清乾隆十六年（1751 年），乾隆皇帝御定燕京八景，在每一景所在地树御碑一通。温榆河流域占"燕京八景"之"四景"："居庸叠翠"、"西山晴雪"、"蓟门烟树"和"玉泉趵突"。

现状资源评价——自然资源
Resource Evaluation

土壤

以潮土和褐土为主，少量分布有粗骨土和棕壤。

植被

以农田、林地和城乡工矿居民用地为主（三者占比 96.81%）。

流域内植被面积及城镇面积呈现上升趋势，耕地面积减少，退耕还林和城镇扩张趋势较为明显。

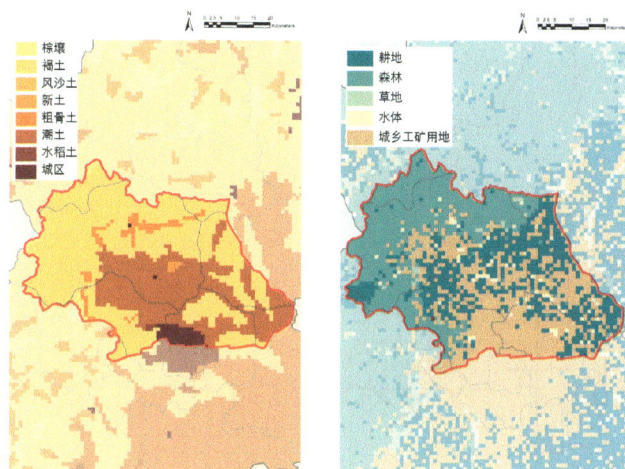

土壤分布图

植被分布图

生态湿地

温榆河流域内现有两处城市湿地公园，其中翠湖城市湿地公园为国家级，有较高的保护价值。

生物多样性

温榆河流域上游区域位于生物多样性热点区域，具有较高的生物多样性。现状保护区对生物多样性热点区域保护并不全面。

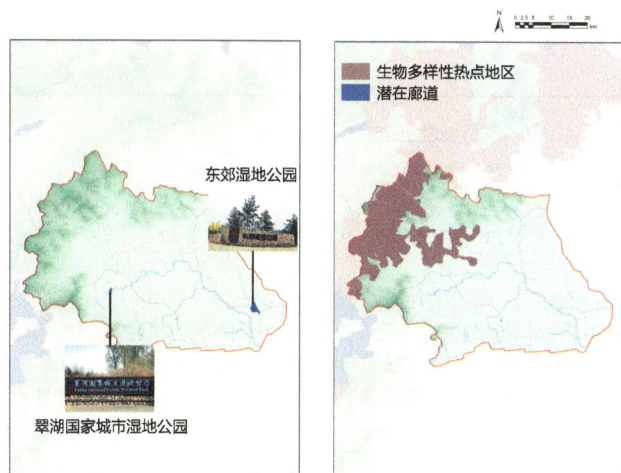

生态湿地分布图

生物多样性分布图

现行生态空间体系研究
Research on Current System

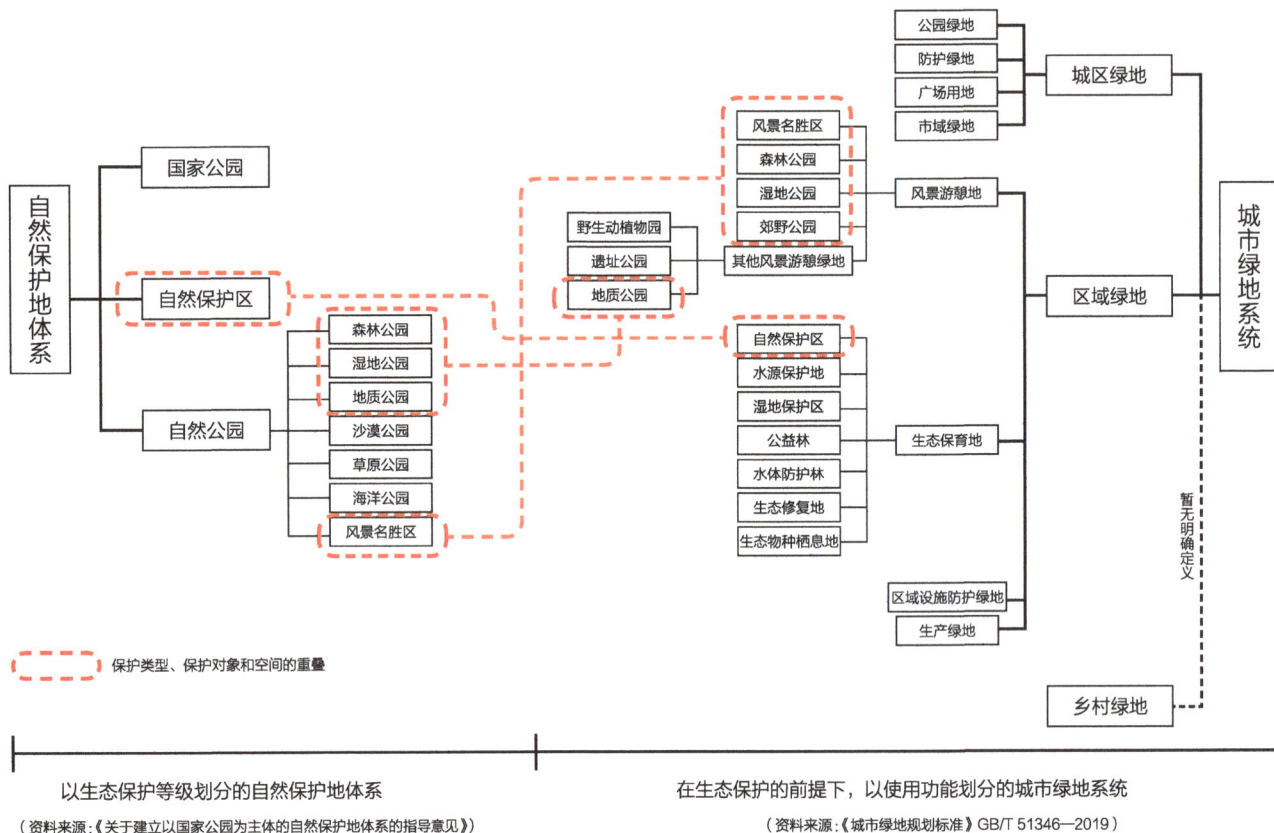

以生态保护等级划分的自然保护地体系

（资料来源：《关于建立以国家公园为主体的自然保护地体系的指导意见》）

在生态保护的前提下，以使用功能划分的城市绿地系统

（资料来源：《城市绿地规划标准》GB/T 51346—2019）

　　我国以国家公园为主体的自然保护地体系以生态保护为首要目的；对于国内发展较为成熟的风景名胜区，在资源价值识别上更注重风景价值，而非单纯的生态价值；我国城市绿地系统的功能多元化，满足休闲文化娱乐和强调景观生态功能，注重实现在生态、经济和社会三方面的综合效益。流域内希望将自然保护地和城市绿地统筹考虑，构建一个完整的生态格局，更好地达到生态保护目的。参考"生态，生产，生活"三生空间的概念，进行囊括自然保护地和城乡绿地（城区绿地＋区域绿地）的流域绿色生态空间的研究。

现状绿色生态空间格局
Spatial Distribution of Green Ecology Space

绿色生态空间统计表

尺度	绿色空间类型	数量（处）	国家级（处）	市级（处）	区级（处）	面积（km²）	占比（%）
市域尺度绿色 生态空间	自然保护区	21	2	12	7	1383	8.5
	风景名胜区	26	2	8	16	2280.2	13.9
	湿地公园	8	2	6	—	21.37	0.35
	地质公园	6	2	1	—	1330.28	8.12
	森林公园	31	15	16	—	966	5.89
	城乡绿地	614	—	—	—	154.35	0.94
	基本农田	1（整合）	—	—	—	996	6.1
	总计	207	—	—	—	7131.2	44
流域尺度绿色 生态空间	风景名胜区	8	1	—	7	334.91	13.2
	地质公园	1	1	—	1	22.33	0.9
	森林公园	8	5	3	—	180.31	
	城乡绿地	233	—	—	—	64	2.5
	基本农田	1（整合）	—	—	—	95.81	3.8
	总计	251	—	—	—	697.36	28

注：北京市域面积：16373.77km²；流域面积：2538.86km²

北京市域尺度范围内，绿色生态空间类型丰富，但其绿色空间的分布不均衡，相互之间缺乏联系；温榆河流域尺度内拥有丰富的自然资源和人文资源，但尚未形成完整的绿色生态空间体系。

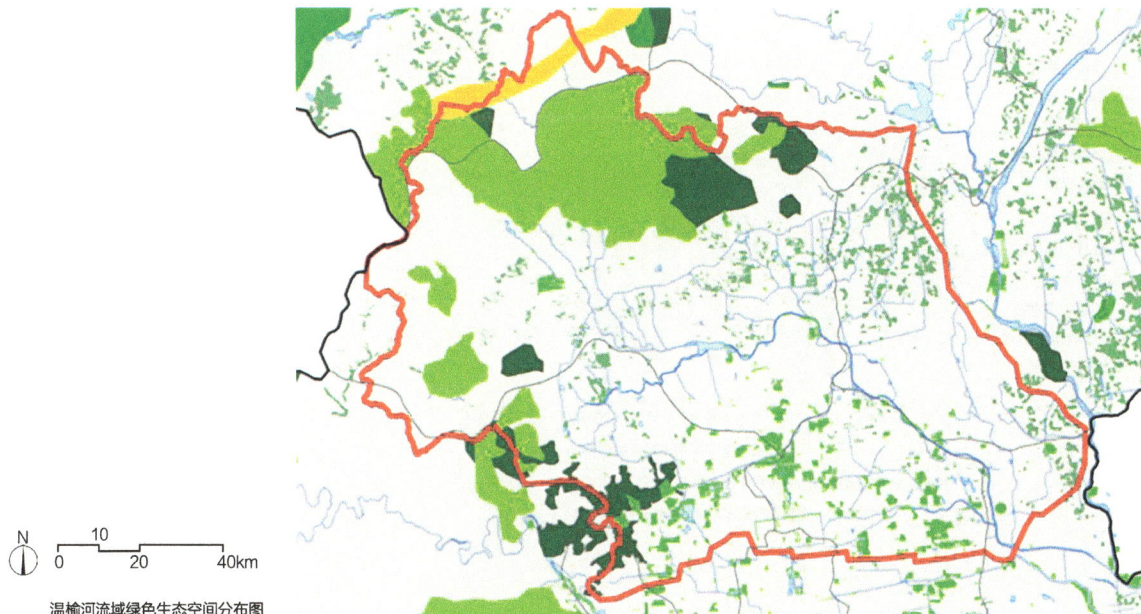

温榆河流域绿色生态空间分布图

保护空缺分析
Protection Gap Analysis

　　基于流域内生态保护重要分区分析和流域内生态系统类型，找到流域内具有重要生态保护价值而未被保护的区域，主要集中在两处：

　　（1）流域西北方向的山区具有高生态保护价值，拥有大面积的森林生态系统，但保护程度不佳。

　　（2）平原地区沿温榆河两侧分布有生态极重要与重要区域，并且生态系统类型上包含湿地、农田和聚落，对人们的生产生活有重要影响，但保护程度不佳。

　　此外，流域内的保护地斑块破碎、连通性差，也不利于对自然资源的综合保护。

图例

风景名胜区	基本农田
森林公园	生态保护极重要分区
地质公园	生态保护重要分区
城乡绿地	

图例

保护地类型
- 风景名胜区
- 森林公园
- 地质公园
- 城乡绿地
- 基本农田

生态系统类型
- 森林生态系统
- 农田生态系统
- 草地生态系统
- 水体与湿地生态系统
- 聚落生态系统

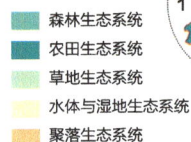

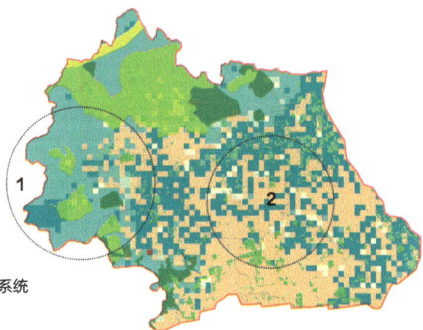

N

0 5 10 20km

现状绿色空间与生态系统类型叠加
（生态系统类型数据来自中国科学院地理科学与资源研究所
《2015 年中国陆地生态系统类型空间分布数据》）

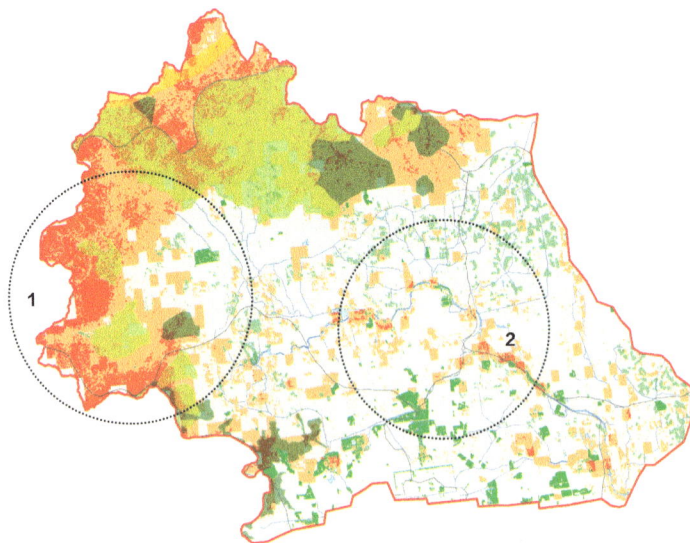

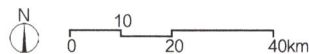

N

0 10 20 40km

现状绿色空间与生态保护重要分区叠加
（生态保护重要分区来自生态专题评价结果）

流域绿色生态空间系统
Green Ecological Space System

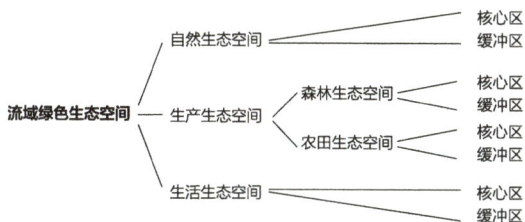

规划后流域内绿色生态空间总面积 1526.34km²，占流域面积的 60.12%，较规划前增长 32%。

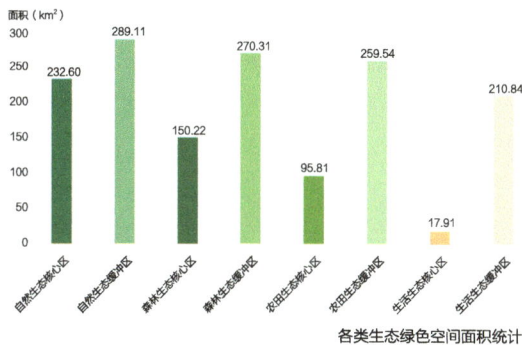

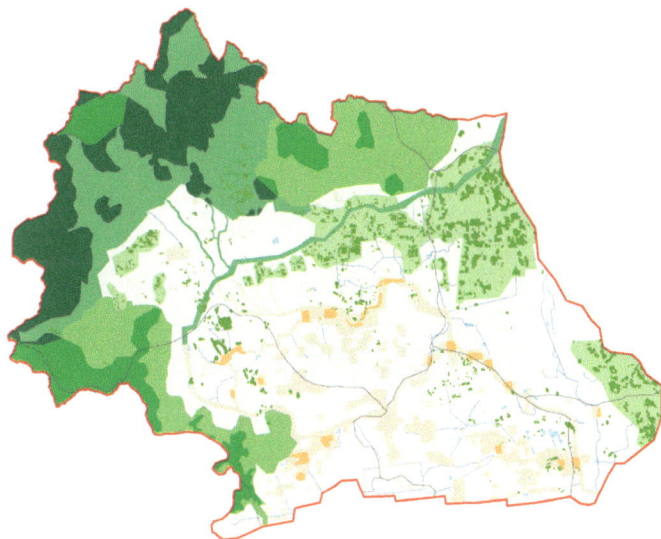

面积（km²）

各类生态绿色空间面积统计

图例
- 文化生态区
- 森林生产－生态区
- 农业生产－生态区
- 生活－生态区
- 中心城区
- 水体湿地生态带

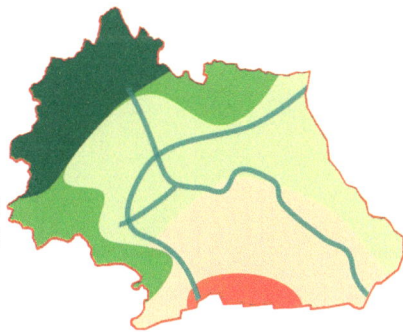

流域绿色生态空间结构图

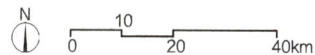

图例
- 自然生态核心区
- 自然生态缓冲区
- 森林生态核心区
- 森林生态缓冲区
- 农田生态核心区
- 农田生态缓冲区
- 生活生态核心区
- 生活生态缓冲区

流域绿色生态空间分布格局

研究内容与框架
Analysis Content & Structure

　　社区：即居民聚居点。温榆河流域在历史上长期属于乡村地区，社区即为村落，本组以村落为主要研究对象，兼顾城镇化进程中村落转变为现代居住区的部分相关问题。

　　文化：流域内居民在聚居和发展过程中形成的文化类型，及遗留的文物古迹、非物质文化遗产。

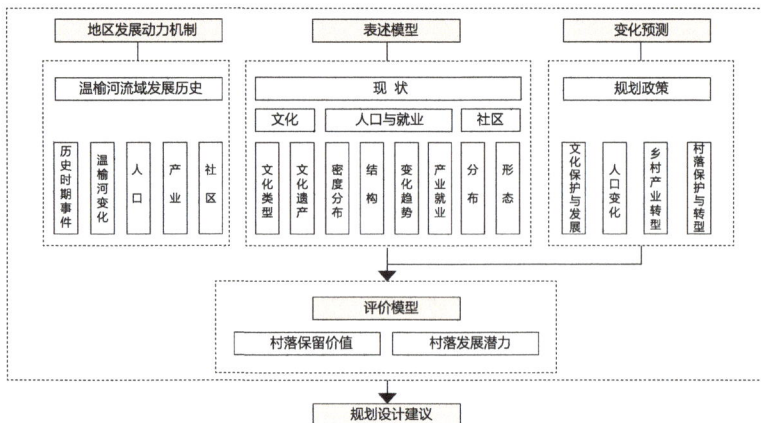

流域发展历史
Watershed History

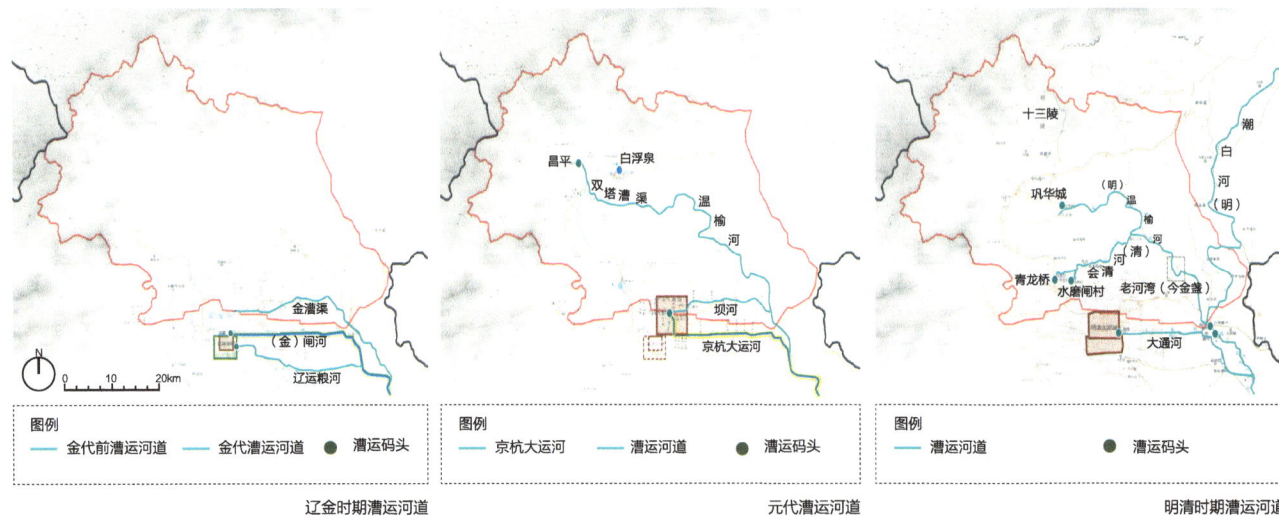

辽金时期漕运河道　　　　元代漕运河道　　　　明清时期漕运河道

漕运河道图纸均改绘自：侯仁之 . 北京历史地图集（人文社会卷）[M]. 北京：文津出版社，2013.

　　温榆河流域内人类定居活动历史悠久，可追溯至旧石器时代。水利、产业、人口、村落发展在漫长的历史中随着各朝代社会整体变化起起落落。自然地理、都城建设、政治军事、国家政策、科技水平等因素成为流域内产业、人口、村落和文化的发展动力，这些因素之间也相互促进。总体而言，古代的温榆河流域在实现自给自足的基础上，对支撑京城运转起到重要作用。

文化
Culture

流域内文化类型
（1）农耕文化
（2）漕运文化
（3）皇家文化
（4）军事文化
（5）宗教文化
（6）民俗文化

非物质文化遗产约 188 项
物质文化遗产 576 处

世界文化遗产 3 处

全国重点文物保护单位 16 处

北京市文物保护单位 40 处

区级文物保护单位 180 处

文物普查登记项目 337 处

　　流域内保存有相当数量的高价值物质文化遗产，以明清遗产为主。文化遗产类型多样，其中在三山五园地区文化融合类型最为集中。物质文化遗产知名度呈现两极分化的趋势，现状保存状况很大程度上取决于保护级别，文物普遍存在与周边环境协调性差的问题。

物质文化遗产分布及核密度分析

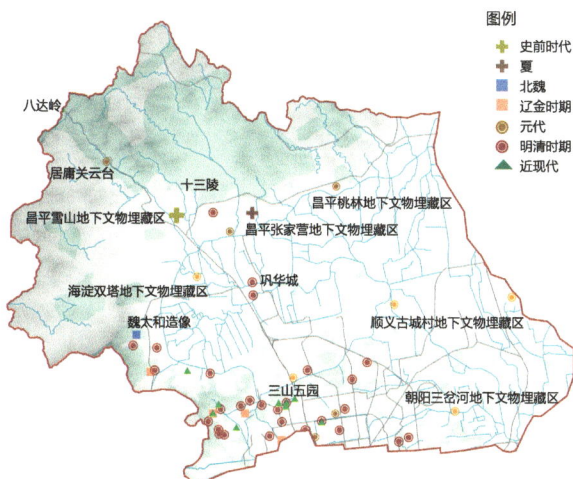

市级以上文化遗产类型（按历史年代分）

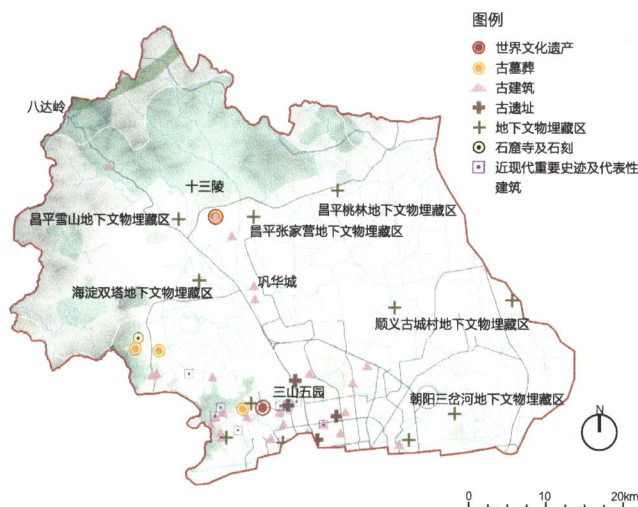

市级以上文化遗产类型（按文物类型分）

人口与就业
Population and Employment

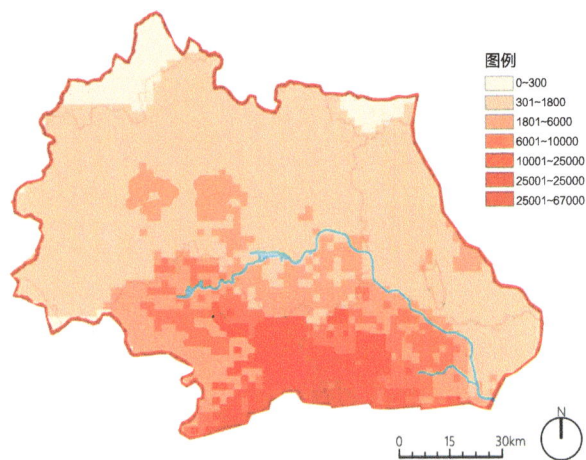

2015 年北京各区人口密度规划

2035 年流域内各区人口疏解示意图

人口空间分布：北京城六区人口密度较大，并逐年增高，西城区人口密度高达 2 万人 /km²，温榆河流域大部分区域人口密度不足 2000 人 /km²，人口分布不均衡。

人口疏解政策：根据 2016 年北京 16 区的两会会议内容，北京平原地区的新城，包括顺义、昌平、大兴、房山新城，是承接中心城区功能和人口疏解的重点地区。

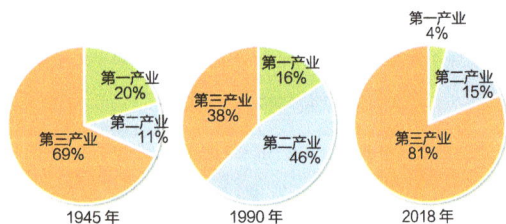

北京乡村人口就业产业分布变化

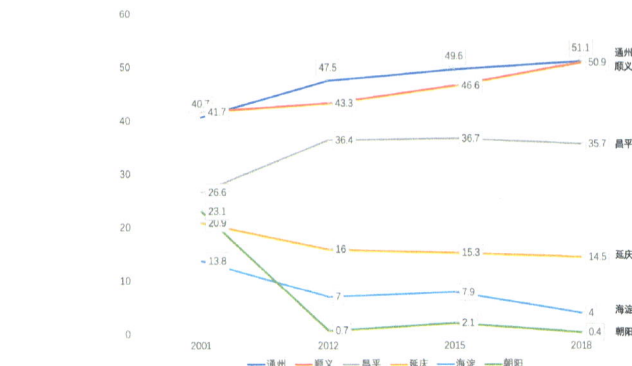

温榆河流域内各区乡村人口变化

乡村人口就业产业类型：随着城镇化发展，北京乡村就业人群中第一产业占比逐年萎缩，第二产业在 1990 年占比较大，近年逐渐减少，第三产业呈现先减少再增加的趋势。

乡村人口变化：在温榆河流域各区中，朝阳区和海淀区城区乡村人口剧减，至 2018 年朝阳区乡村人口仅占流域乡村总人口的 0.4%，海淀区乡村人口占 4%，而流域内其他行政区乡村人口逐年增加。流域内呈现人口分布越来越集中的趋势。

数据来源：《北京建设年鉴（2017 卷）》《昌平分区规划（国土空间规划）（2017—2035 年）》《顺义分区规划（国土空间规划）（2017—2035 年）》

社区
Community

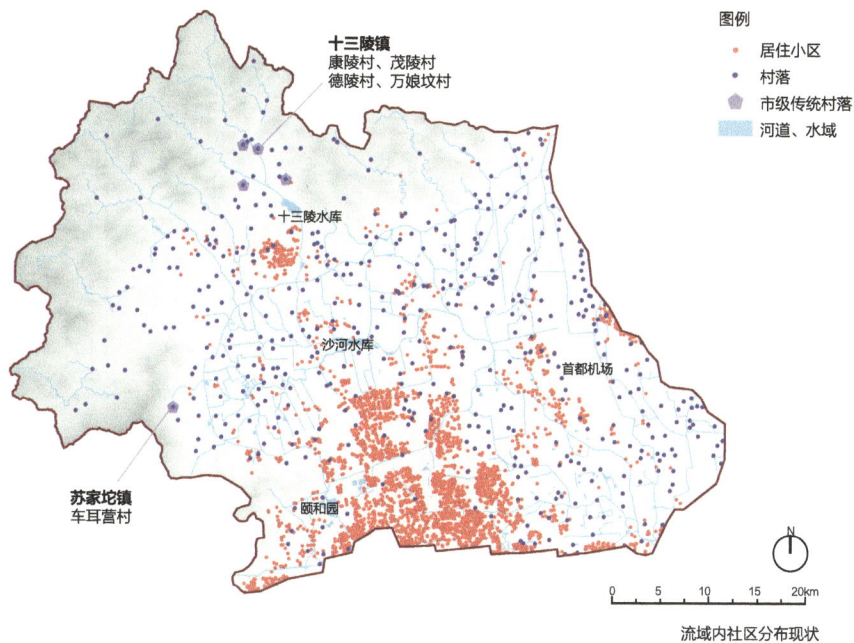

流域内社区分布现状

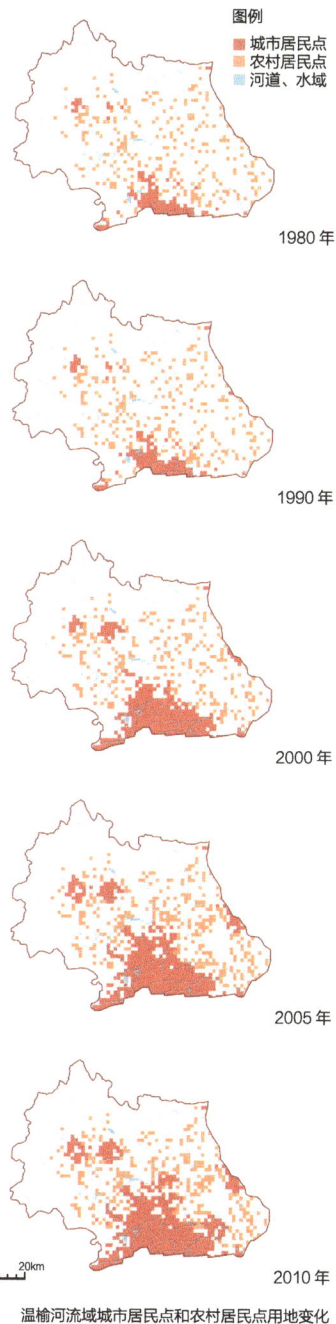

图例
- 城市居民点
- 农村居民点
- 河道、水域

1980 年

1990 年

2000 年

2005 年

2010 年

温榆河流域城市居民点和农村居民点用地变化

图例
- 居住小区
- 村落
- 市级传统村落
- 河道、水域

十三陵镇
康陵村、茂陵村
德陵村、万娘坟村

十三陵水库

沙河水库

首都机场

苏家坨镇
车耳营村

颐和园

流域内住宅小区约 3350 个，村落约 500 个，集中在平原和山麓地带。住宅小区形式包括别墅小区、多层住宅小区、高层住宅小区；村落包括传统型村落和改建型村落。流域内共有 5 个市级传统村落，无国家级传统村落，认证与保护比例低于北京市平均水平。诸多村落处于已完全拆迁改建、已拆迁未建设、拆迁末期、拆迁中、待拆迁等不同状态。

昌平区南口村　昌平区洪理村　昌平区白各庄新村
昌平区百泉庄村　朝阳区奶东村　朝阳区康营小区

流域内社区风貌示例（图片来源：百度地图街景）

村落评价模型
Evaluation of Villages

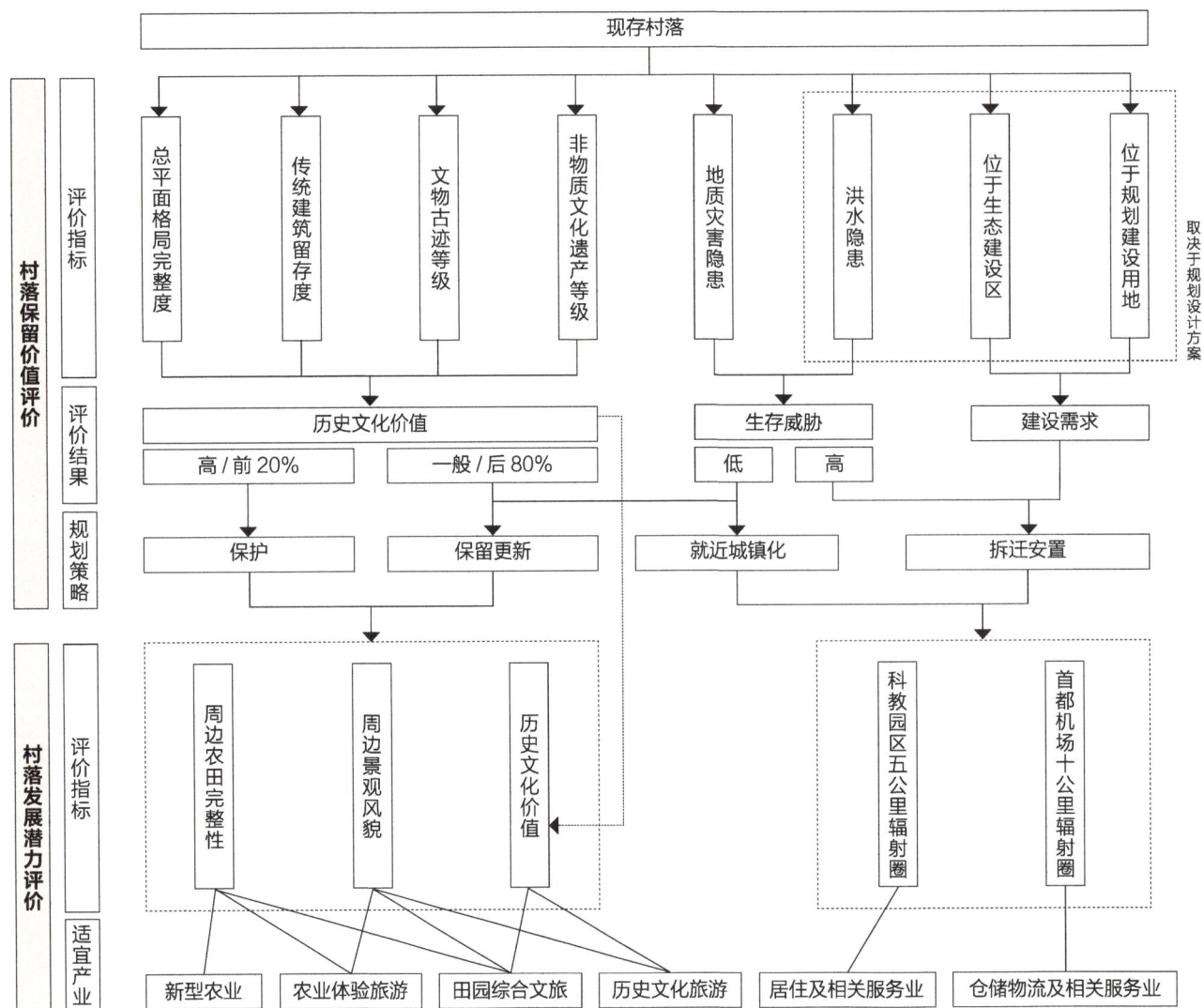

现存村落

| 村落保留价值评价 | 评价指标 | 总平面格局完整度 | 传统建筑留存度 | 文物古迹等级 | 非物质文化遗产等级 | 地质灾害隐患 | 洪水隐患 | 位于生态建设区 | 位于规划建设用地 |

取决于规划设计方案

历史文化价值

高 / 前 20%　　一般 / 后 80%

生存威胁

低　　高

建设需求

| 评价结果 | 保护 | 保留更新 | 就近城镇化 | 拆迁安置 |

规划策略

村落发展潜力评价

评价指标

周边农田完整性　　周边景观风貌　　历史文化价值

科教园区五公里辐射圈　　首都机场十公里辐射圈

适宜产业

新型农业　　农业体验旅游　　田园综合文旅　　历史文化旅游　　居住及相关服务业　　仓储物流及相关服务业

村落保留价值评价
Reservation Value of Villages

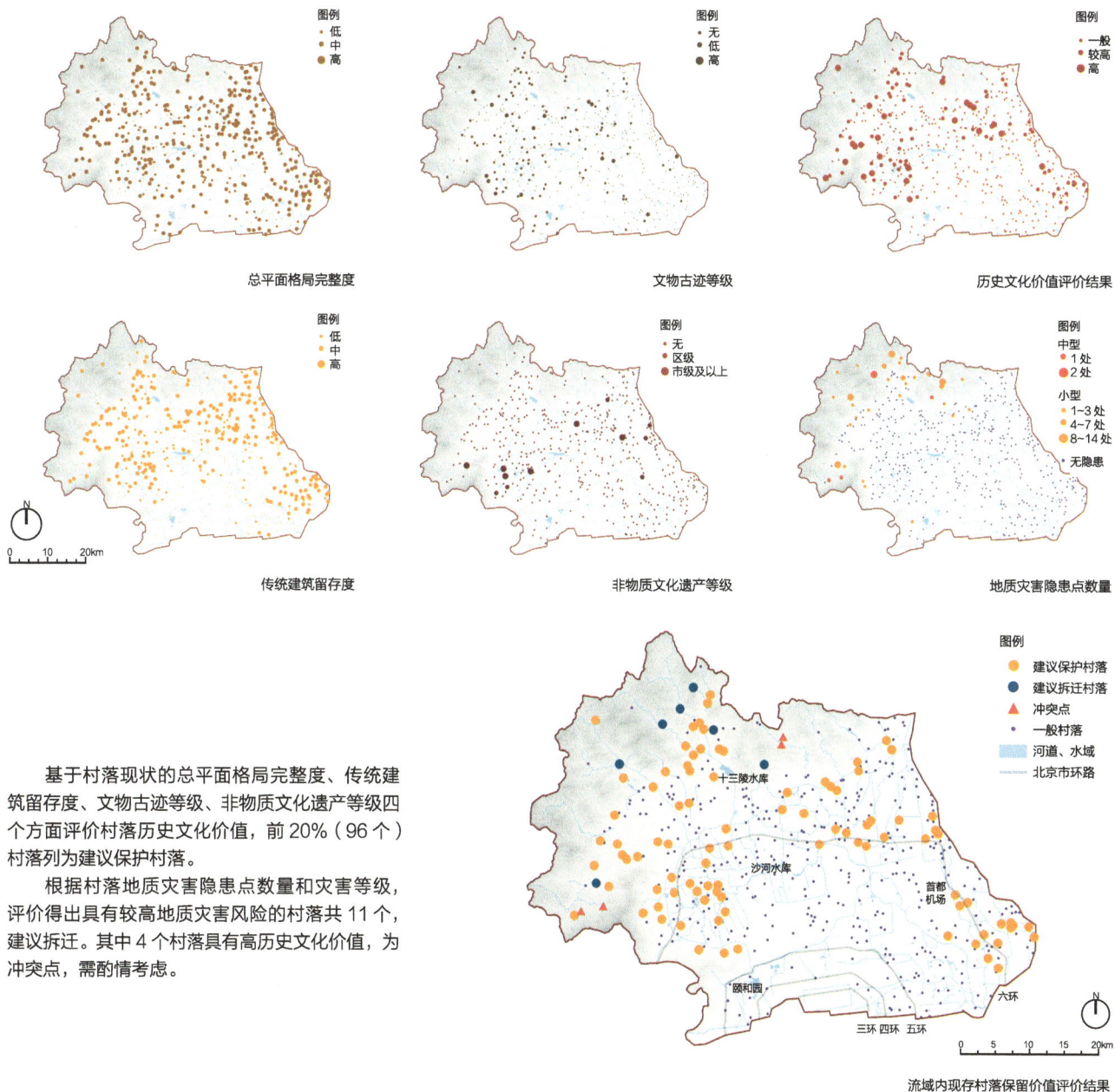

总平面格局完整度

文物古迹等级

历史文化价值评价结果

传统建筑留存度

非物质文化遗产等级

地质灾害隐患点数量

流域内现存村落保留价值评价结果

基于村落现状的总平面格局完整度、传统建筑留存度、文物古迹等级、非物质文化遗产等级四个方面评价村落历史文化价值，前20%（96个）村落列为建议保护村落。

根据村落地质灾害隐患点数量和灾害等级，评价得出具有较高地质灾害风险的村落共11个，建议拆迁。其中4个村落具有高历史文化价值，为冲突点，需酌情考虑。

村落发展潜力评价
Development Potential of Villages

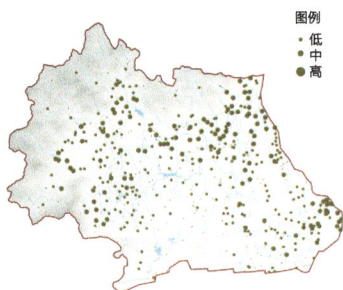

现状周边农田完整度

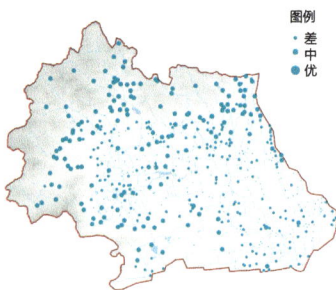

现状周边景观风貌

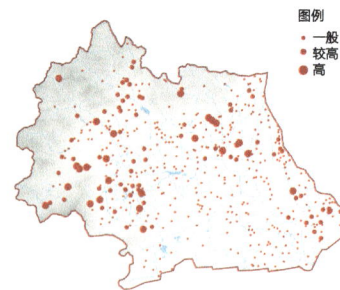

现状历史文化价值

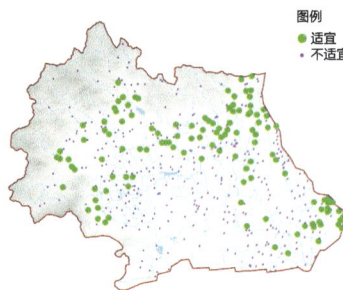

产业方向—新型农业

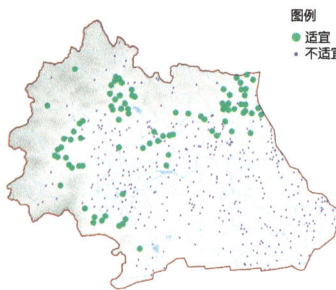

产业方向—农业体验旅游

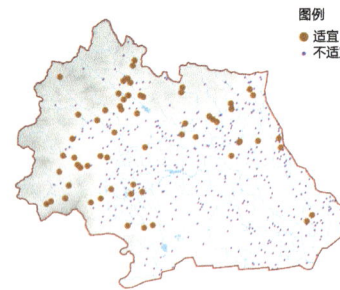

产业方向—历史文化旅游

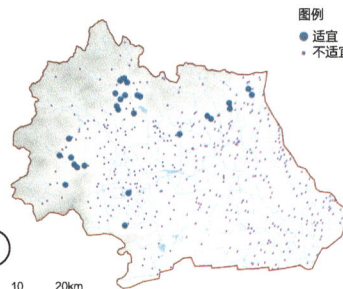

产业方向—田园综合文旅

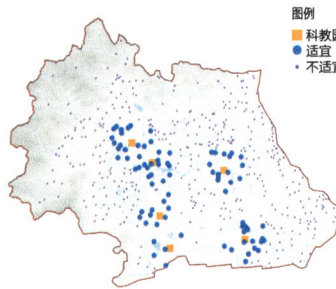

产业方向—科教园区居住与相关服务业

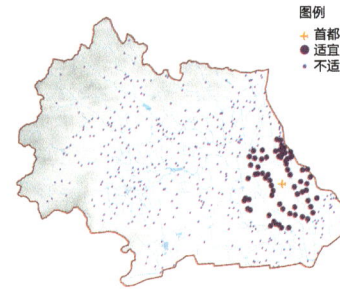

产业方向—物流运输与相关服务业

保护与发展挑战
Conservation and Development Challenges

（1）流域内历史文化遗产在北京历史文化名城保护体系中有极高的价值，主要包括三山五园重点地区、三条文化带和 7 处重要的重要文化景观区域。但是**温榆河漕运文化相关遗产**目前所受保护级别低，属于**被忽视**的部分。

（2）城郊地区新城将面临**大量中心城区人口疏解需求以及功能和产业疏解需求。**

（3）城市扩张和高速城镇化进程迫使农村建设用地转变为城市建设用地，**村落面临拆迁转型的压力。**流域内**传统型村落的比例较低**，需结合流域历史和文化遗产情况加强村落价值识别和保护利用。

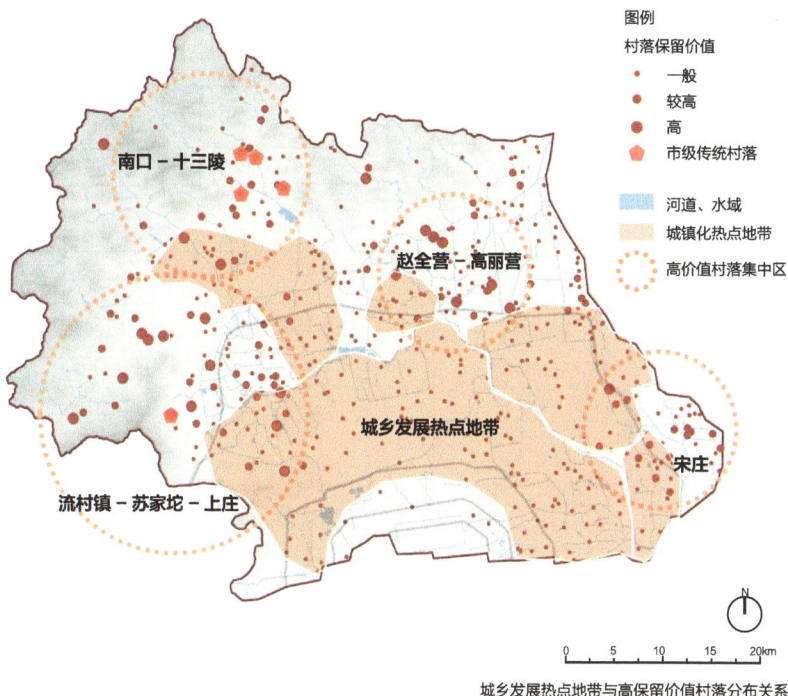

图例
村落保留价值
· 一般
● 较高
● 高
⬠ 市级传统村落

▨ 河道、水域
▨ 城镇化热点地带
⭕ 高价值村落集中区

城乡发展热点地带与高保留价值村落分布关系

规划设计策略建议
Planning and Design Strategy Suggestion

1. 保护

对流域内**文化遗产整体格局**进行保护，加强对**文物古迹、非遗及其物质环境**和**历史文化村落**的保护和文化价值发掘。

2. 转型改造

面临生存威胁或建设冲突的村落 非保护性村落 保护、保留或更新的村落 值得保留但发展潜力较弱的村落 村落转型为现代居住社区	转型改造 →	搬迁，并对村落旧址进行合理利用 更新或腾退置换 寻找合适的发展方向、激活邻近文化遗产，适当植入新功能并进行公共空间设计 设计可持续的发展方向，使村落在保持传统形态的基础上具有生产和生活活力 关注居民生活方式转变，满足其对公共空间和游憩资源的需求

研究结构框架
Structural Framework

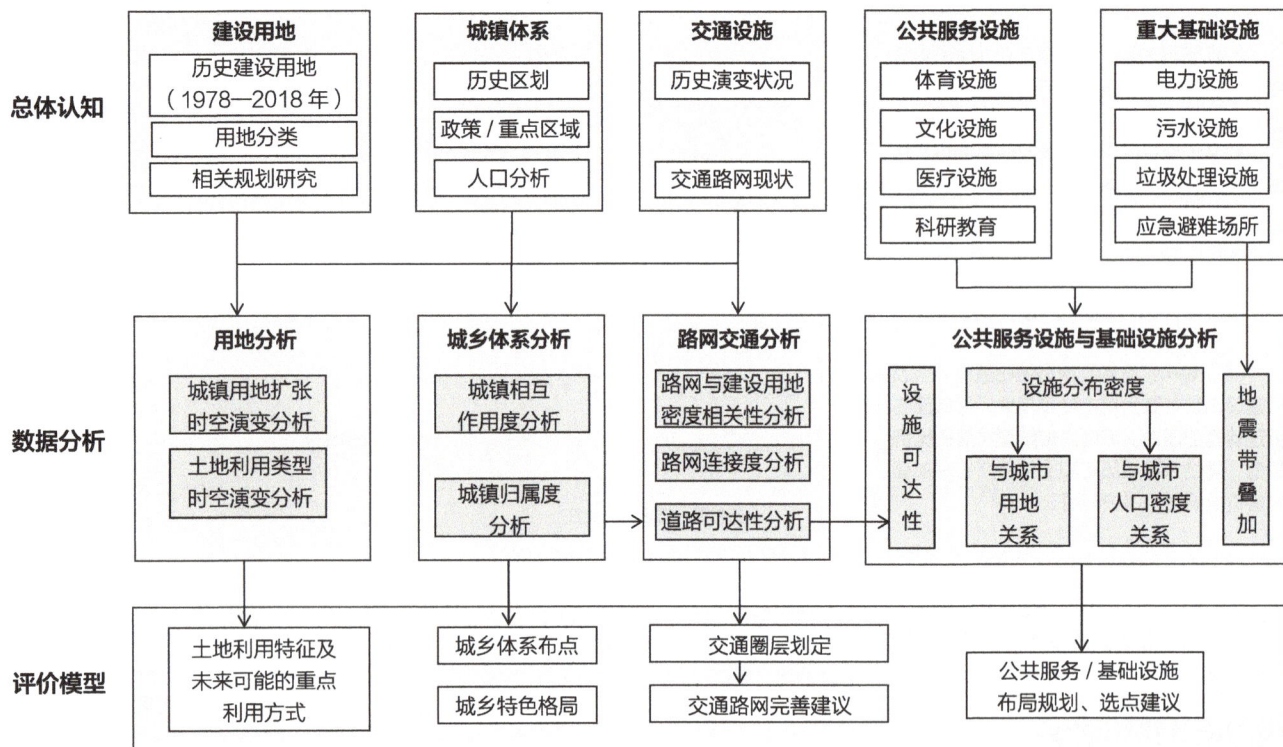

	建设用地	城镇体系	交通设施	公共服务设施	重大基础设施

总体认知

- 建设用地
  - 历史建设用地（1978—2018 年）
  - 用地分类
  - 相关规划研究
- 城镇体系
  - 历史区划
  - 政策 / 重点区域
  - 人口分析
- 交通设施
  - 历史演变状况
  - 交通路网现状
- 公共服务设施
  - 体育设施
  - 文化设施
  - 医疗设施
  - 科研教育
- 重大基础设施
  - 电力设施
  - 污水设施
  - 垃圾处理设施
  - 应急避难场所

数据分析

- 用地分析
  - 城镇用地扩张时空演变分析
  - 土地利用类型时空演变分析
- 城乡体系分析
  - 城镇相互作用度分析
  - 城镇归属度分析
- 路网交通分析
  - 路网与建设用地密度相关性分析
  - 路网连接度分析
  - 道路可达性分析
- 公共服务设施与基础设施分析
  - 设施可达性
  - 设施分布密度
    - 与城市用地关系
    - 与城市人口密度关系
  - 地震带叠加

评价模型

- 土地利用特征及未来可能的重点利用方式
- 城乡体系布点
- 城乡特色格局
- 交通圈层划定
- 交通路网完善建议
- 公共服务 / 基础设施布局规划、选点建议

用地时空演变
Temporal Spatial Evolution of Landuse

　　温榆河流域土地利用的空间扩展，随着城市外围环路、放射状快速路等交通干线的建设及昌平、顺义、通州副中心等区域的人口增长、经济发展，呈现显著的圈层式蔓延。从空间上看，温榆河流域的建设用地比例扩张明显，自 1978 年的 3% 增长到 2018 年的 35%；水域和耕地面积均呈下降趋势。

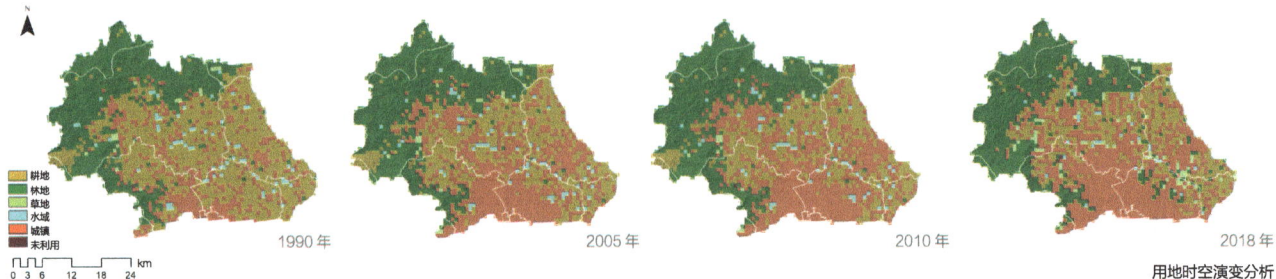

图例：
- 耕地
- 林地
- 草地
- 水域
- 城镇
- 未利用

0 3 6 12 18 24 km

1990 年　　　2005 年　　　2010 年　　　2018 年

用地时空演变分析

城镇体系
Urban System

温榆河流域共有乡镇、街道 90 个。除中心城区外，温榆河流域人口在昌平城区、通州副中心、回龙观、天通苑、北七家片区形成几个重要集聚区，且对周边辐射作用强烈。

根据各乡镇、街道人口数量及相距距离，计算各乡镇街道间相互作用强度；从中提取出人口规模差距较大且距离较近的城镇，分析城镇归属度。

分析可见，温榆河流域的城镇体系受到北京中心城区的强大作用力，而流域北部、西部的区域发展存在不平衡现象。昌平西部、顺义东北部因远离城区，乡镇之间相对独立，联系较少。顺义城区对周边乡镇辐射较强，但与城区间联系较为缺乏。

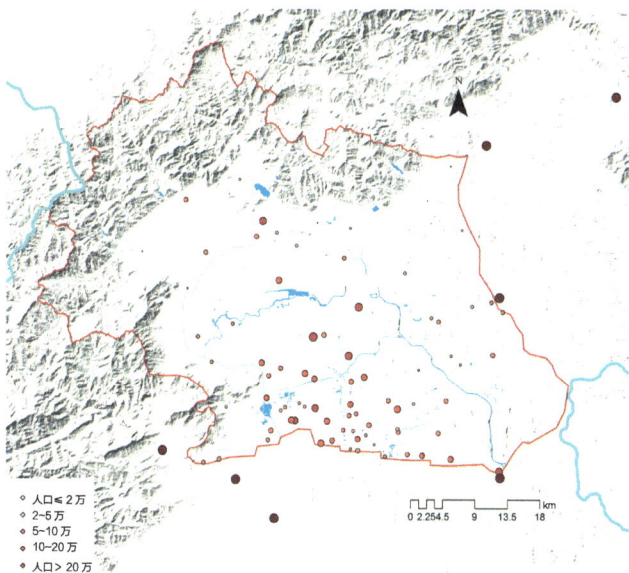

温榆河流域常住人口分析（乡镇街道级）

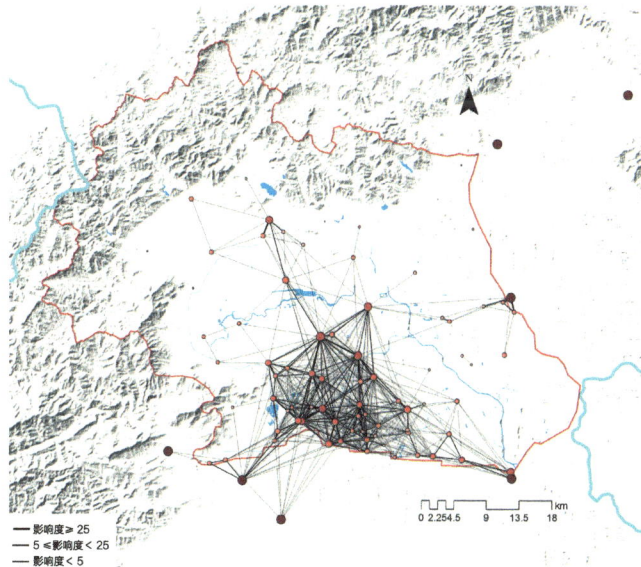

温榆河流域城镇相互作用分析图

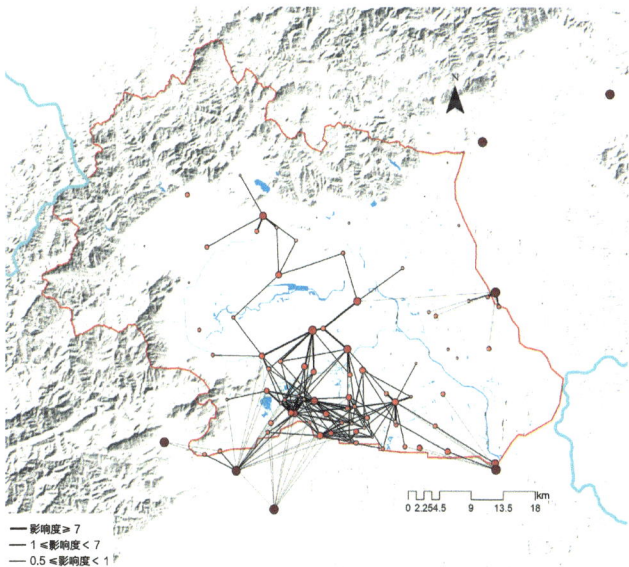

温榆河流域城镇归属度分析图

交通设施
Transport Facilities

根据国省干道、城市道路密度与城镇建设用地密度之间相关性分析，可见城镇交通发展最成熟的区域集中在主城区与昌平、顺义城区；温榆河流域建设用地密度与城市道路密度之间有较强的相关性，随着建设用地密度接近100%，城市道路密度平均值约为10km/km²。

温榆河流域各城镇城市路网连通度大多低于1.8，尚未达到优良水平（2.0~2.5）。其中，顺义城区附近道路连通性最好，昌平城区也较好；东小口、金盏、马连洼等乡镇（街道）的路网连通度在1.0左右，路网未成体系、断头路较多。

温榆河干流沿线附近除机场西南片区可达性较高（有机场高速）外，其他区域交通可达性普遍低于周边。

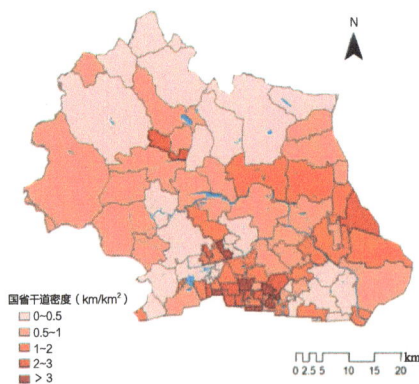

国省干道密度图

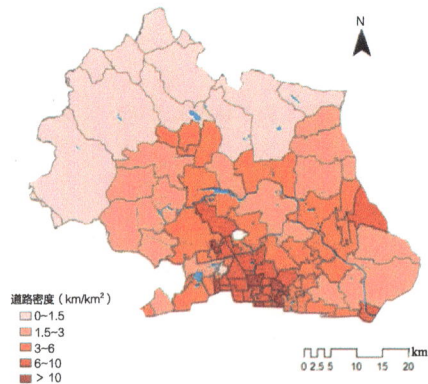

城市道路密度图

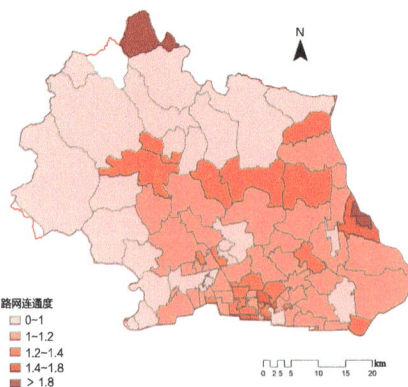

路网连通度分析图

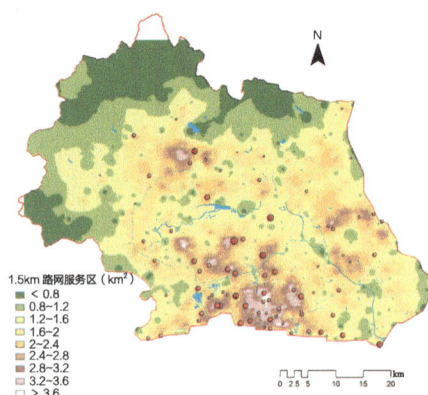

道路可达性分析图

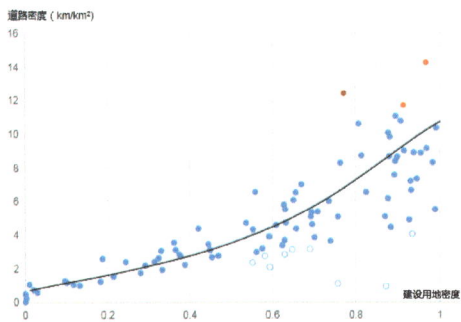

城市道路密度与建设用地密度关系图

基础设施
Infrastructure

温榆河流域的变电站及电力走廊基本避开交通可达性强的区域；污水处理厂温榆河沿岸分布较多，多避开交通可达性强的区域。北京市域范围内共有垃圾处理设施 37 处，其中温榆河流域内有 8 处，涉及垃圾填埋、焚烧、生化、转运。

温榆河流域共设应急避难场所 44 处，累计面积 1344hm² ，多分布在可达性强的区域。地震应急避难场所基本与北京市地震带和岩层断层线分布吻合，但空港区域有较多的地震应急避难场所缺口。

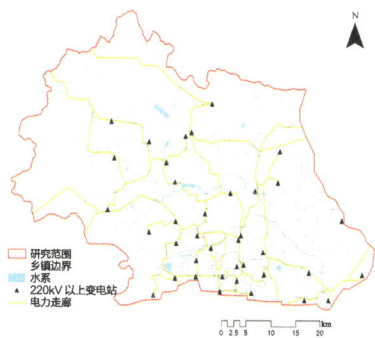

电力设施分布图

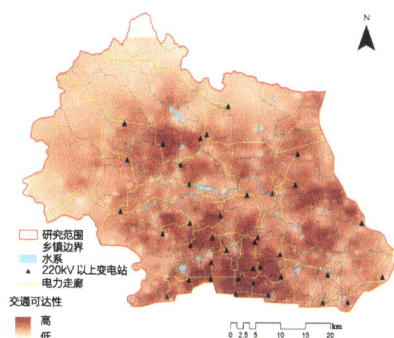

电力设施与交通可达性叠加图

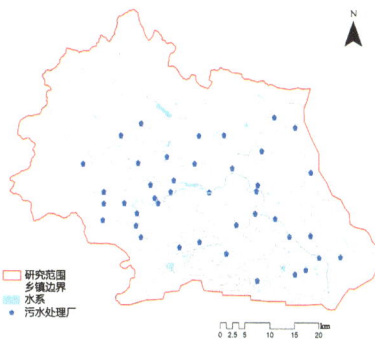

污水处理设施分布图

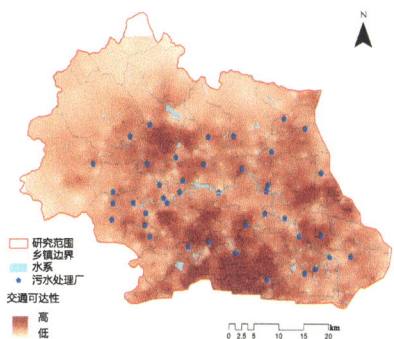

污水处理设施与交通可达性叠加图

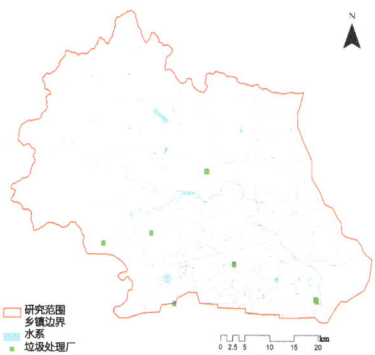

垃圾处理设施分布图

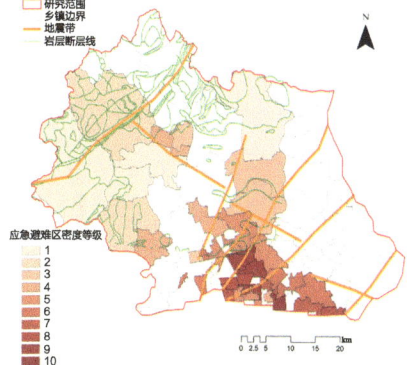

应急避难场所与地震带分布图

公共服务设施
Public Service Facilities

公共服务设施分布密度与建设用地密度及人口密度呈正相关关系，与建设用地密度关系更为明显。其中，文化设施在昌平城区及十三陵、海淀三山五园及后山、中关村、奥运组团、朝阳望京、空港组团分布密集，中关村区域最密集，而未来科学城周边较为缺乏。中心城区以及后沙峪亚洲残奥委员会体育训练中心周边体育设施分布较为密集；奥运组团集中分布多处国家级体育设施，为设施质量最高片区。

在温榆河沿岸存在公共服务设施缺乏的问题，体育设施、文化设施、科研教育设施和医疗设施均存在分布低谷区域。

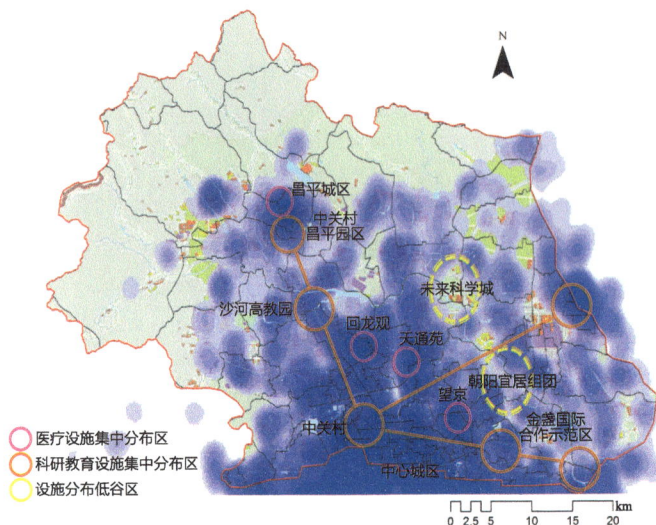

医疗设施集中分布区
科研教育设施集中分布区
设施分布低谷区

科研教育与医疗设施核密度分布图

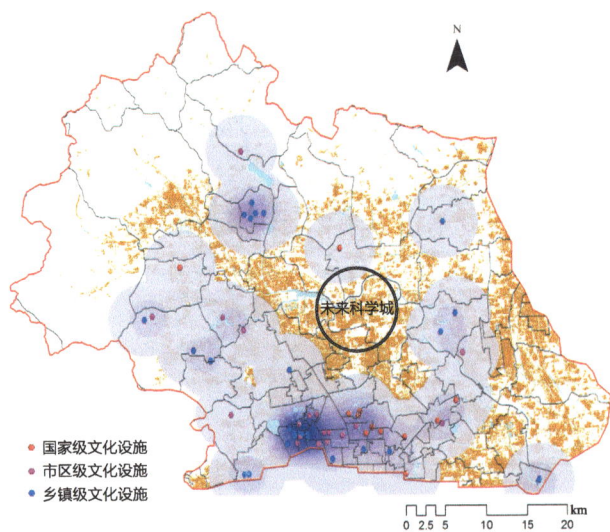

● 国家级文化设施
● 市区级文化设施
● 乡镇级文化设施

文化设施核密度分布图

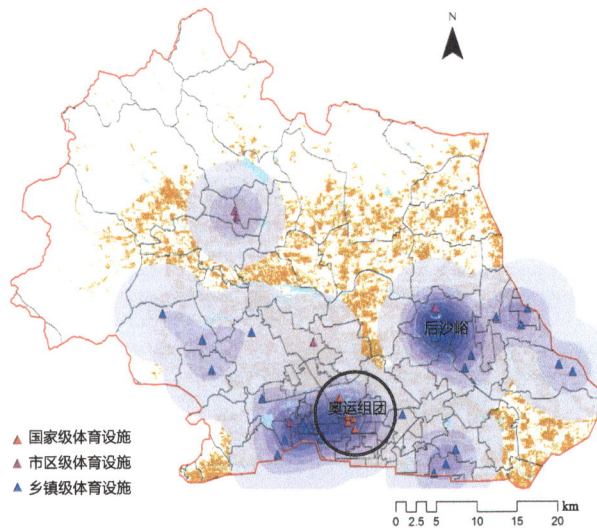

▲ 国家级体育设施
▲ 市区级体育设施
▲ 乡镇级体育设施

体育设施核密度分布图

策略与建议
Strategy and Suggestion

结合城镇体系布局、土地利用及道路交通结构，将温榆河流域分为五大交通带。其中，温榆河交通带将沙河高教园片区、未来科学城片区、空港片区和通州城市副中心以北片区联系起来，适当进行城市道路以及相应配套设施的建设，增强对于温榆河沿岸景观的利用。近郊交通带主要规划策略为打通断头路，提升道路连通度，按照中心城区标准配套建设服务设施。

结合交通圈层的划分以及交通、基础设施策略，提出城镇体系模式——以中心城区为主核，温榆河沿线多个发展节点相互连接，并向北、向东延伸，赋予温榆河串联各片区并沟通各产业的特殊意义，各河段及片区因地制宜、协同发展。

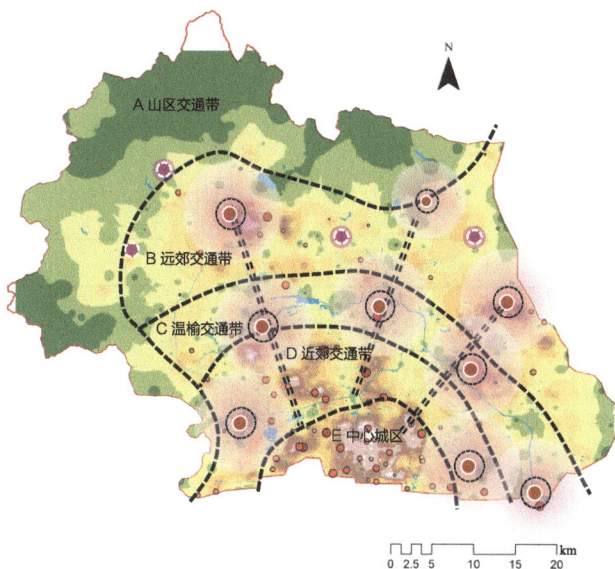

交通圈层划分图

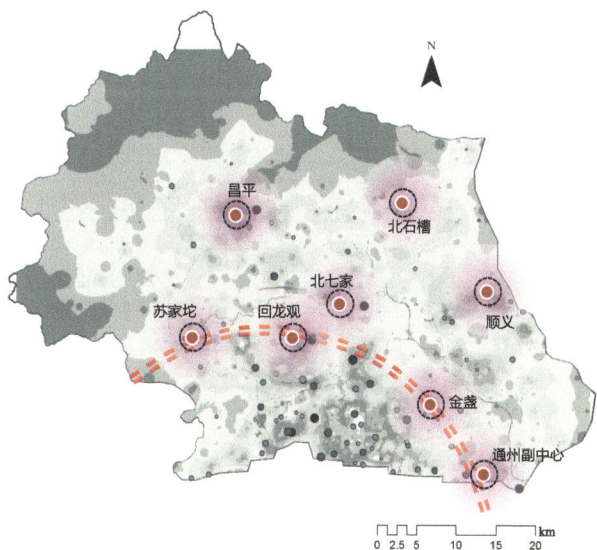

城镇体系核心构建图

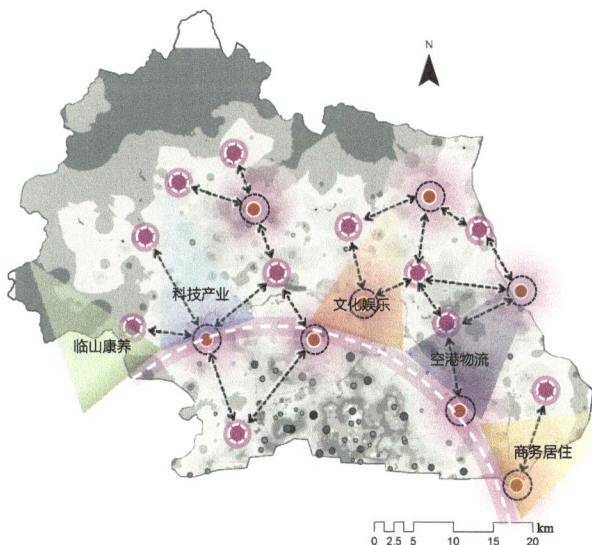

城镇体系结构规划图

流域分析专题——旅游游憩
Watershed Special Research—Tourism & Recreation

研究内容与框架
Analysis Content & Structure

针对旅游游憩专题的研究将从三个空间尺度展开，分别为京津冀、北京市域及温榆河流域尺度。希望得到如下结论：（1）研究京津冀协同发展对北京市域乃至对温榆河流域的旅游游憩发展有哪些影响；（2）北京市域旅游游憩结构与流域的关系，对流域旅游游憩未来发展有哪些指导；（3）通过对流域内现有资源进行梳理、评估、分析，得出现状优势或不足，进而结合现状资源特征、各类型游客出游需求偏好等因素，对其旅游游憩发展给出建议。

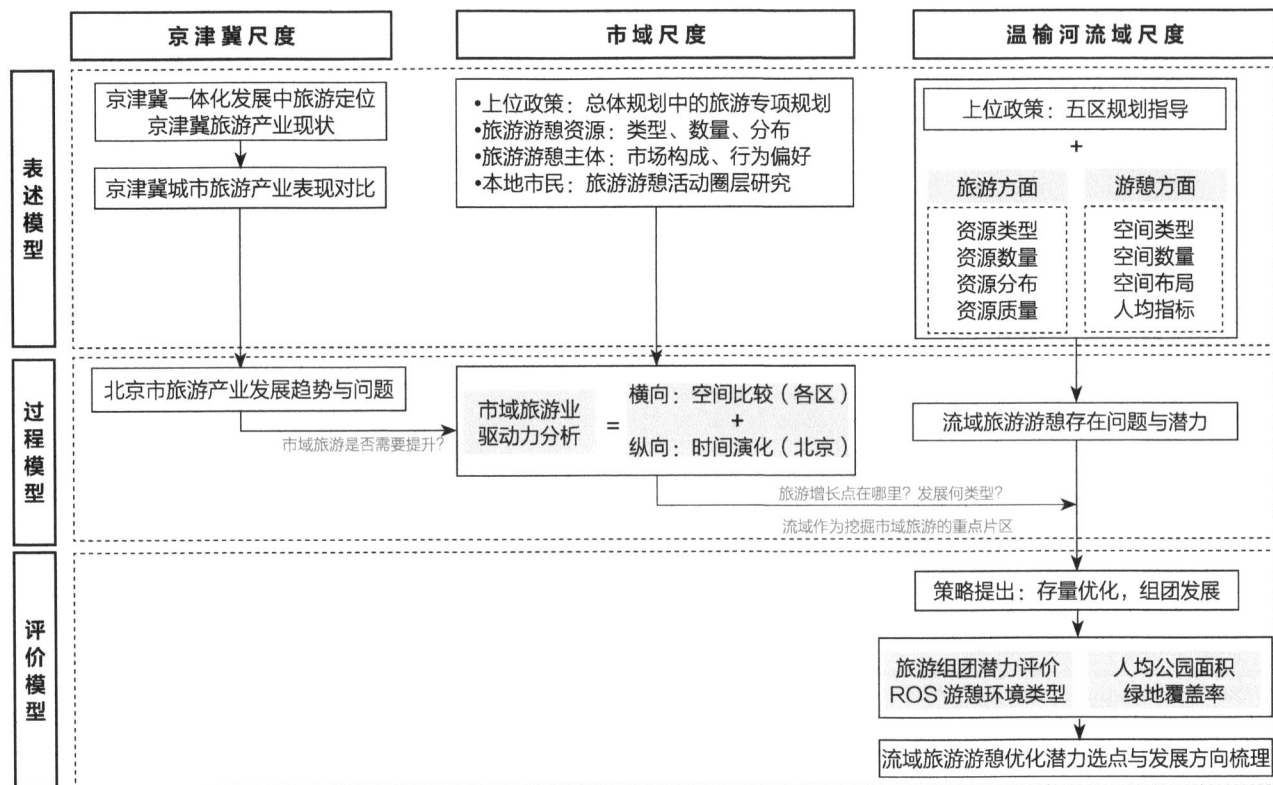

	京津冀尺度	市域尺度	温榆河流域尺度
表述模型	京津冀一体化发展中旅游定位 京津冀旅游产业现状 — 京津冀城市旅游产业表现对比	• 上位政策：总体规划中的旅游专项规划 • 旅游游憩资源：类型、数量、分布 • 旅游游憩主体：市场构成、行为偏好 • 本地市民：旅游游憩活动圈层研究	上位政策：五区规划指导 + 旅游方面：资源类型 资源数量 资源分布 资源质量 游憩方面：空间类型 空间数量 空间布局 人均指标
过程模型	北京市旅游产业发展趋势与问题 市域旅游是否需要提升？	市域旅游业驱动力分析 = 横向：空间比较（各区） + 纵向：时间演化（北京）	流域旅游游憩存在问题与潜力 旅游增长点在哪里？发展何类型？ 流域作为挖掘市域旅游的重点片区
评价模型			策略提出：存量优化，组团发展 旅游组团潜力评价 ROS游憩环境类型 人均公园面积 绿地覆盖率 流域旅游游憩优化潜力选点与发展方向梳理

京津冀区域分析
Regional Scale Analysis

　　在京津冀尺度上，旅游资源点聚集于城市内核、呈多中心性分布，初步形成了"f形"的核密度结构，与主要公路干线、铁路干线的延伸方向紧密联系。京津冀区域中部地区（北京主城区、天津主城区、张家口西南部、秦皇岛沿海地区）和京津冀西南部（石家庄、邯郸、邢台）是两大聚集区域。

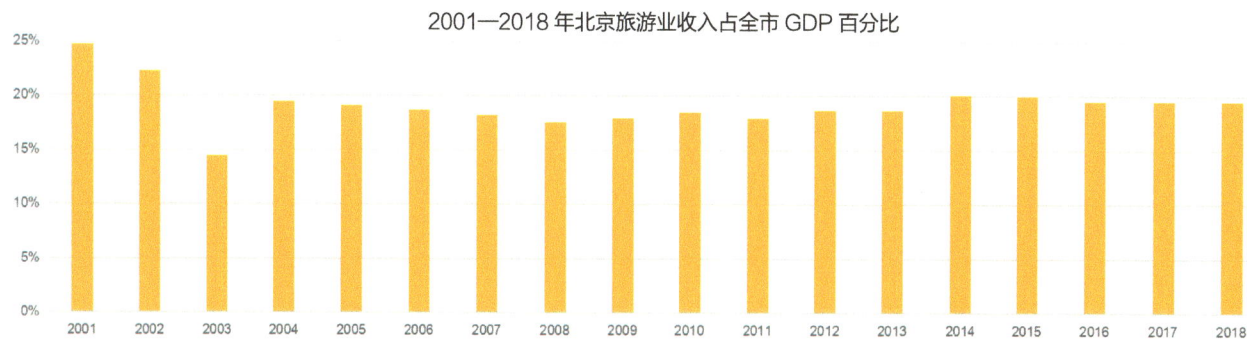

2001—2018 年北京旅游业收入占全市 GDP 百分比

市域分析
Urban Scale Analysis

　　北京市旅游资源丰富，A级景区共227个，其中绝大多数景区为自然观光型与人文观光型。流域内昌平、朝阳、海淀A级景区较多，资源较好。近年北京旅游业收入和接待游客人次都呈逐年上升趋势。尤其在2018年对北京的城市格局梳理改善之后，游客增幅明显提高，但收入增长率却有下降趋势。

　　北京周边旅游游憩地可根据实际特征划分为四大类：1）自然观光：风景名胜区、森林公园、自然保护地、田园山村；2）人文观光：历史文化遗迹、古建园林、科技文化艺术博物馆；3）人工娱乐：游乐场、主题公园；4）运动休闲：运动场馆、度假村、会议中心。北京市旅游游憩资源有自然资源充足、人文资源在中心城区优势突出、运动休闲资源较分散、人工娱乐资源北多南少的特点。

2007—2018年北京旅游业概况（数据来源：《北京旅游发展研究报告》）

北京市旅游游憩资源构成比例

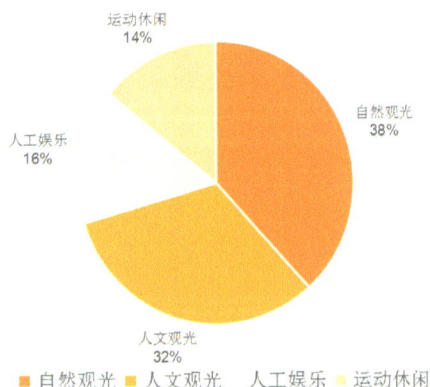

北京市各区A级景区数量（个）

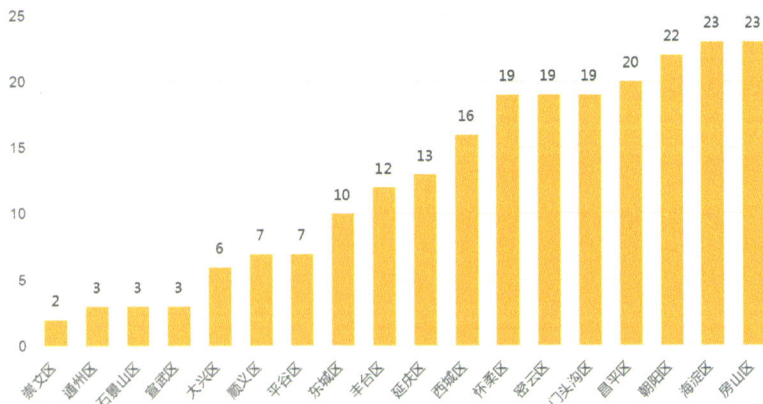

流域旅游资源分析
Analysis of River Basin Tourism Resources

温榆河流域旅游资源丰富，景点呈多个大组团分布：朝阳区的运动休闲型、海淀区的三山五园人文观光型、西山和十三陵的人文结合自然观光型，以及小汤山片区的运动休闲型。

2018—2019 年各行政区的旅游百度指数可以很大程度反映该区游客数量，通过网络爬虫收集各个景区的评论，利用 ROST-CM 文本分析工具进行词频、情感分析，最后总结归纳得到各景区质量结论：

（1）现状旅游资源数量较多，旅游市场已经趋于饱和，建议旅游产业转型升级，存量提质；

（2）流域现状旅游问题集中在非 A 级景区，存在规模小、互动性差、品质单一等问题；

（3）流域内绝大多数旅游景点收入来源于本地市民旅游消费，需要进一步扩展客群；

（4）流域内多数景区基础配套设施差，游客留宿率低。

流域 A 级景区分布

流域度假村分布

流域购物中心分布

流域公交站点分布

景区词频分析

人文观光型　自然观光型　人工娱乐型　运动休闲型

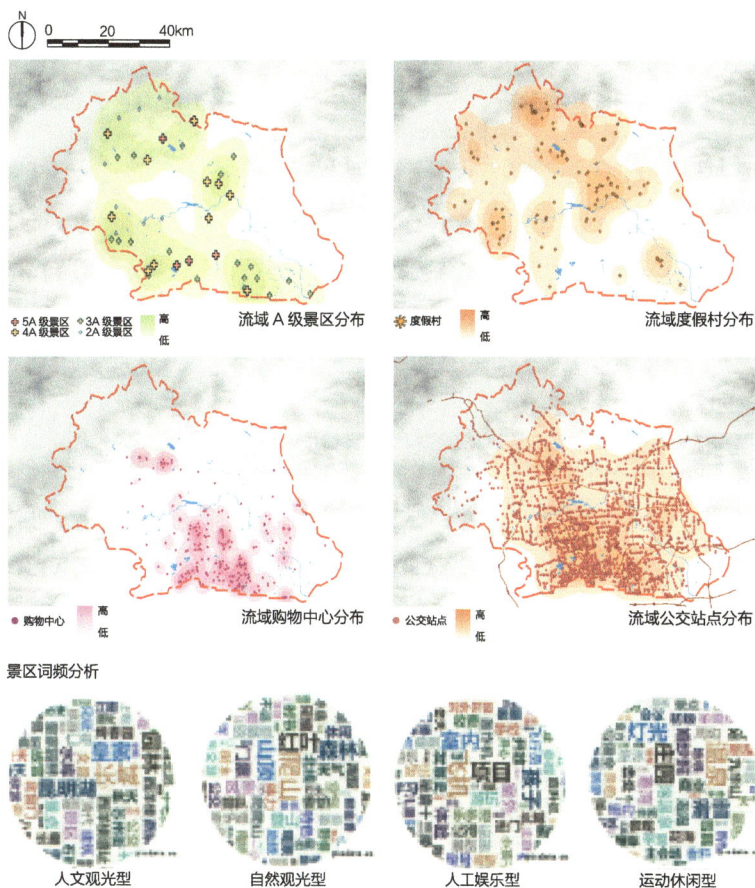

2018—2019 年北京市主要行政区旅游搜索指数

■ 昌平旅游　■ 密云旅游　■ 怀柔旅游　■ 顺义旅游　■ 房山旅游

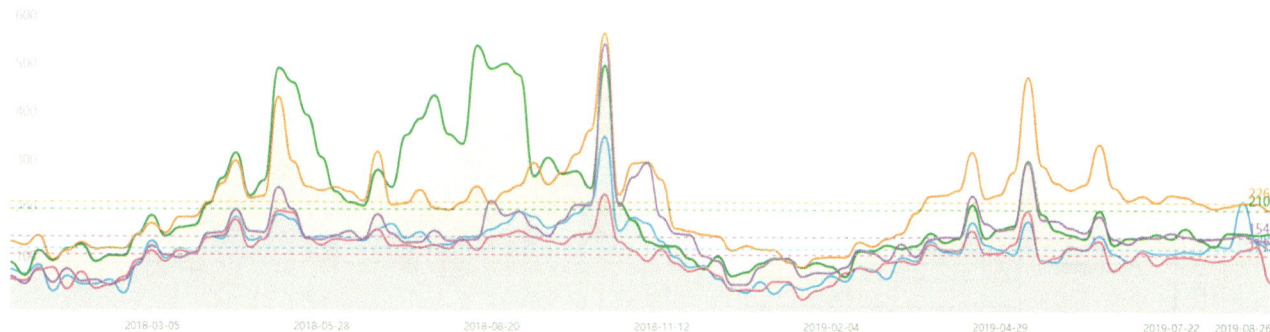

2018-03-05　2018-05-28　2018-08-20　2018-11-12　2019-02-04　2019-04-29　2019-07-22　2019-08-26

旅游开发适宜性评价
Tourism Development Suitability Evaluation

旅游开发适宜性评价总体思路

将总体评价划分为四个层面的子评价系统，包括旅游资源本底情况（指发展成熟的 A 级景区核心与周边待优化的现状景点匹配情况）、社会经济支持水平（即组团所在区域的基础设施配套、游赏所需成本等）、生态约束类别（指范围内仅支持有限度的开发，如低等级生态保护区、保护地等）和严格环境限制条件（指范围内禁止开展建设性活动，如有重大生态保护价值资源或上位规划明确要求等）。

评价流程

首先，基于文献阅读与流域基础资料选取评价层因子；其次，由组内专家打分法判断因子间评价关系；最后，通过 SPSS 一致性、可信度检验后根据 AHP 层次分析法确定各因子权重，并展开最终评价。

评价指标体系构建

旅游组团开发潜力评价				
目标层	准则层		评价层	
旅游组团建设适宜性	按权重叠加	旅游基础本底 0.490	0.213	1	核心旅游资源联系度
			0.223	2	旅游资源丰富度
			0.153	3	主要交通
			0.147	4	配套服务设施
			0.202	5	未利用旅游资源
			0.062	6	各区政策支持
		社会经济支持 0.198	0.067	1	区域经济水平
			0.118	2	区域人口水平
			0.236	3	房产建设成本
			0.211	4	地震应急避难场所
			0.091	5	土地利用
			0.132	6	乡镇价值
			0.144	7	体育、文化设施
		生态约束 0.312	0.571	1	生态保护区 — 一般、重要
			0.286	2	保护地 — 市级、区级
			0.143	3	河流水体缓冲区
	限制因子叠加	严格环境限制		1	生态保护地 — 极重要
				2	保护地 — 国家级
				3	永久基本农田
				4	水体淹没区
				5	地震带 — 1000

评价层因子（部分）

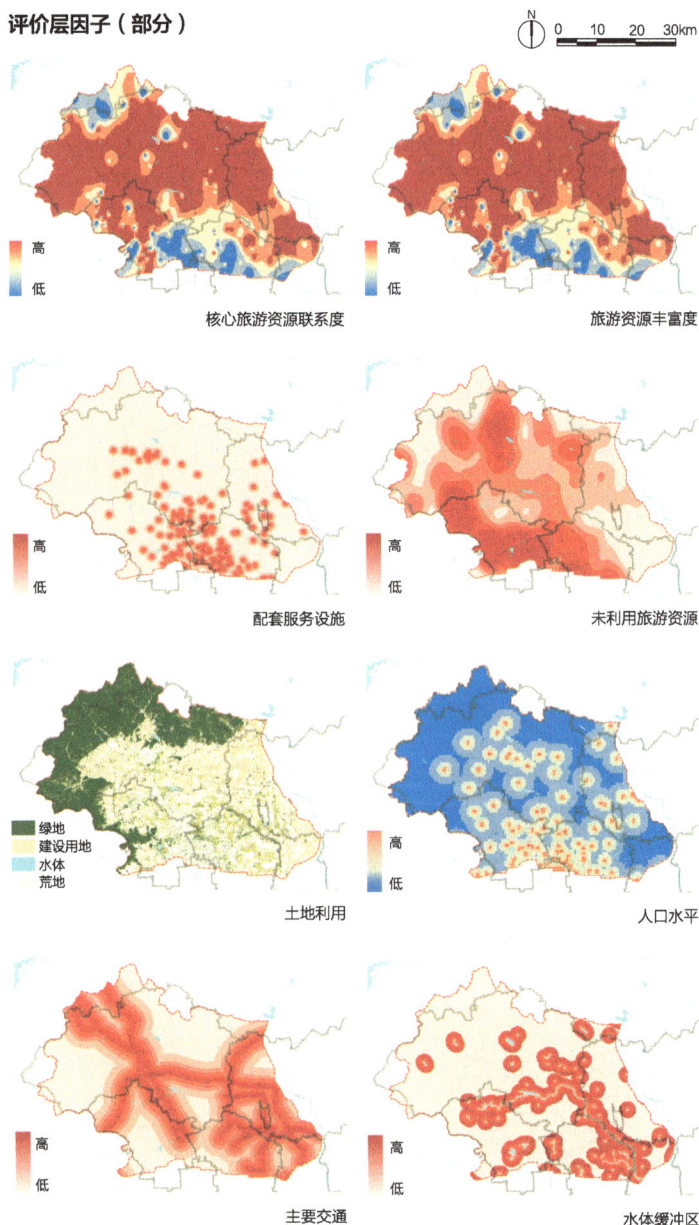

核心旅游资源联系度

旅游资源丰富度

配套服务设施

未利用旅游资源

土地利用

人口水平

主要交通

水体缓冲区

旅游开发适宜性评价
Tourism Development Suitability Evaluation

准则层因子

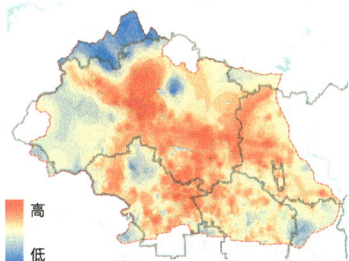

旅游基础本底

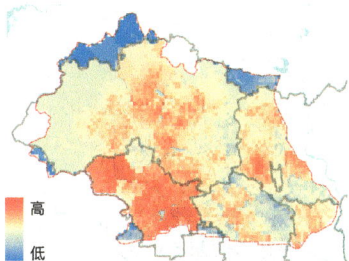

社会经济支持

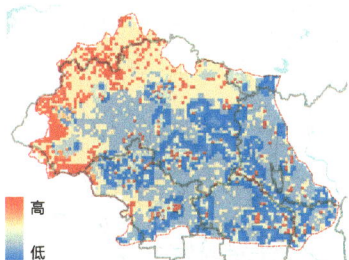

生态约束

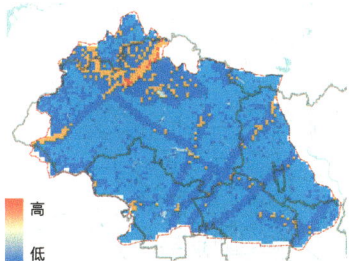

严格环境限制

目标层总体评价结果

　　总体来看，流域大部范围均适合开展旅游业活动。（较）低潜力区域集中位于西侧山林／极重要保护区，及东南部通州、顺义局部的高频率泛洪区；高潜力区块与现状旅游资源耦合较好。

旅游组团开发潜力评价结果统计表

类别	高潜力	较高潜力	一般潜力	（较）低潜力
面积 /km²	391.00	1168.43	307.98	671.56
占比	15.40%	46.02%	12.13%	26.45%

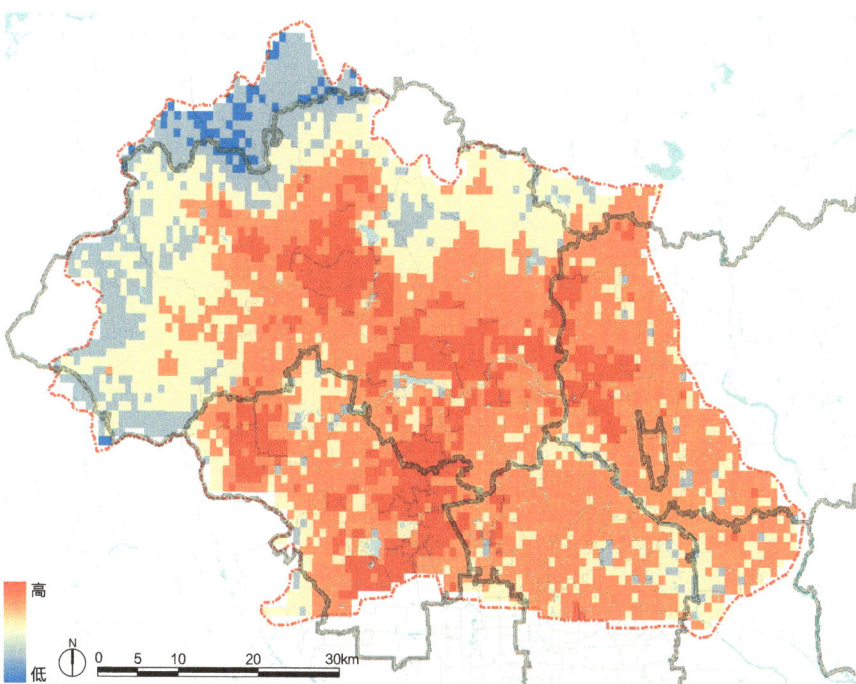

旅游开发适宜性评价最终结果

ROS 游憩机会评价
Recreation Opportunity Spectrum Evaluation

ROS 评价流程图

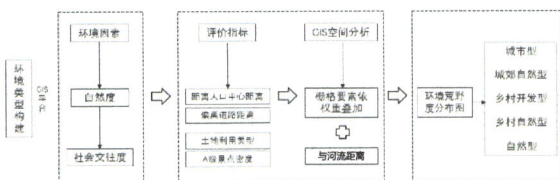

游憩机会评价结果图

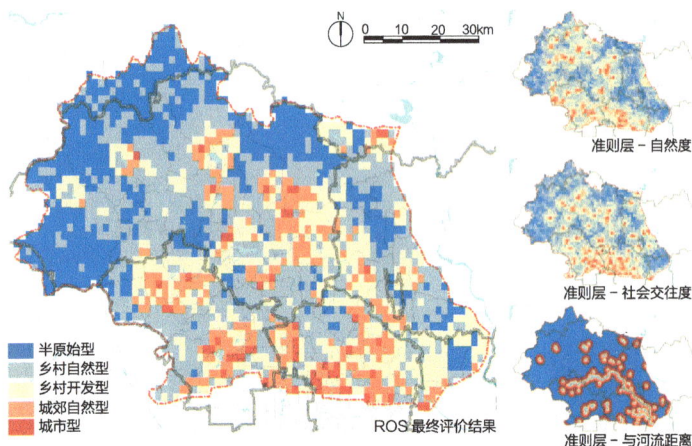

ROS 最终评价结果

准则层 – 自然度

准则层 – 社会交往度

准则层 – 与河流距离

图例：
- 半原始型
- 乡村自然型
- 乡村开发型
- 城郊自然型
- 城市型

评价指标体系

基于 GIS 平台的游憩机会（ROS）评价				
A-准则层		B-指标层		
0.700	游憩环境类型分析	自然度	1	0.169	与道路偏离距离
			2	0.095	土地利用类型
		社会交往度	3	0.555	A级景点覆盖密度
			4	0.181	与人口中心距离
0.300	与河流距离				

ROS 环境评价结果与分区活动特征

环境类型	分布情况	面积 / 比例	环境特点	游憩体验	范围
半原始型	主要分布在流域西部、北部山区，以及温榆河以南的少量耕地荒地区域	区域面积 687.81km² 占比 27.09%	低山丘陵，林地为突出特征；该区域内有中到大尺度的自然环境，使用者影响程度较低	与外界联系较少，独立，在自然环境中获得宁静，以艰苦生活、冒险挑战的体验为主	
乡村自然型	主要分布在流域中部耕地、荒地区域，与各个人口中心临近	区域面积 769.31km² 占比 30.33%	平原地貌，耕地为主，区域在中等尺度上接近自然环境，同时具有一定规模的人类活动，但与自然环境总体融洽，有一定的机动设施	以自然景区或人工改造的景观为主，生活较为独立、社会交往度低，可能产生孤独感，冒险和刺激的体验相对较少	
乡村开发型	主要分布在北六环、昌平区西南部及顺义区西侧边缘地带，该区域对人口中心的依附关系明显	区域面积 435.69km² 占比 17.16%	平原地貌，以邻近现状村镇，总体规模较小。该区域内通过资源利用实现旅游活动，设施分布密度适中，机动车使用频率较高	游憩活动一般是经过改造的自然环境形成的，能产生较为休闲舒适的体验	
城郊自然型	主要分布在北五环至北六环之间，另外在十三陵景区、蟒山国家森林公园及温榆河以北东营村也存在集中分布	区域面积 480.12km² 占比 18.91%	平原地貌，乡镇建设用地、市郊居住用地为主，区域的城市化环境较多，存在人为改造的自然环境，使用者之间相互影响程度较高，公共设施比较齐全	有便利的场地环境，与他人有一定程度的接触，旅游游憩活动以大众的人工娱乐和自然娱乐生活为主，获得轻松散漫的体验	
城市型	主要分布在北五环以南中心城区、昌平区北部定陵机场及怀柔区西南部一带	区域面积 165.28km² 占比 6.51%	平原地貌，一般是大型乡镇中心地带和北京中心城区的边缘地区。区域内人为活动介入明显，有大量城市基础设施，公共设施完善	可获得与他人的密切交往，可依托城市基础参与各种大型人工娱乐设施	

游憩资源评价——以城市公园为对象
Recreation Resources Analysis Based on City Parks

构建流域内城市公园数据库

构建流域内城市公园数据库，基础数据来源于北京园林局官网、城市公园、高德地图 API，并手动描图辅助边界修正，共梳理城市公园 142 个。

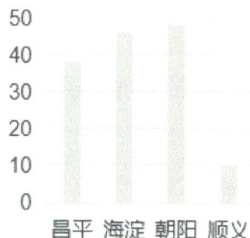

流域内各区公园数量（个）

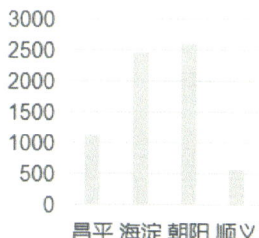

流域内各区公园面积（hm²）

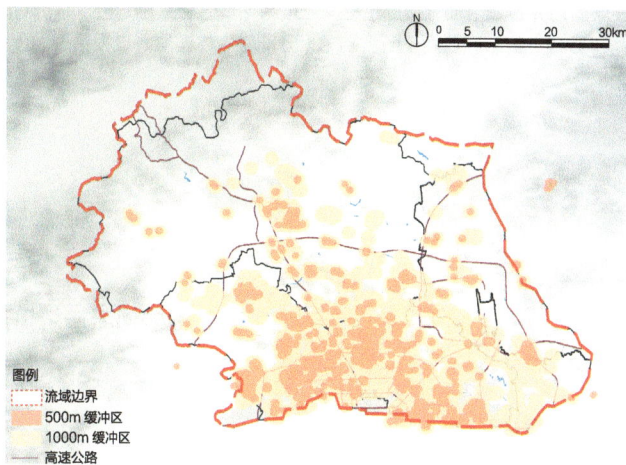

流域尺度公园绿地服务范围覆盖图

人均公园面积计算

基于现状公园绿地及人口数量展开公园绿地评价，得到流域内人均绿地面积 11.23m²，小于昌平区人均公园面积规划指标面积。建议流域内增添公园绿地，增加绿道连通性，充分利用滨河开放空间，完善郊野公园环境建设。

流域内城市公园面积（hm²）

社区公园面积	528.54	总计	6789.21
综合公园面积	6260.79		
城市建设用地	100126.30		
占比	6.7%		

流域内人口统计（万人）

朝阳区	顺义区	海淀区	昌平区
167.75	59.69	239.3	210.8
流域内人口总计 657.54 万人			

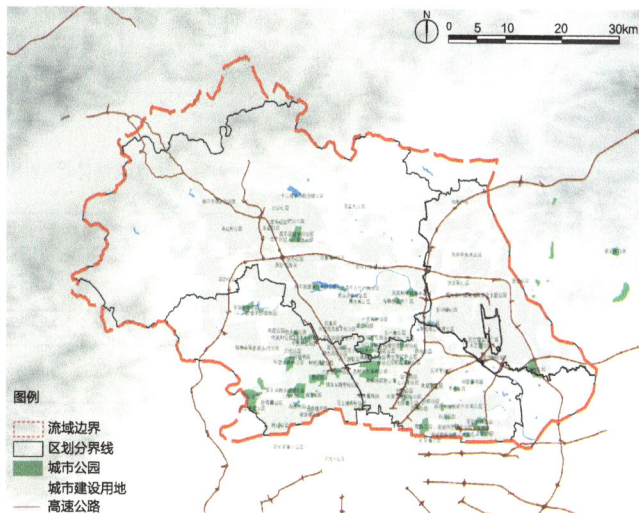

流域尺度公园绿地分布图

流域绿道结构

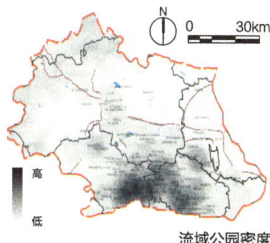

流域公园密度

研究内容与框架
Analysis Content & Structure

　　主要对温榆河流域经济及产业的现状、动因、潜力进行研究，包括流域总体经济产业时空布局情况、优势产业及动力机制、产业及经济发展潜力评价三个部分。通过空间分布制图、时空数据分析、案例对比、用地适宜性评价、产业发展潜力评价等方式进行研究。

　　分为经济和产业两个研究对象，分别就表述模型、过程模型、评价模型进行研究，识别特征、问题及差距，并给出针对性建议。

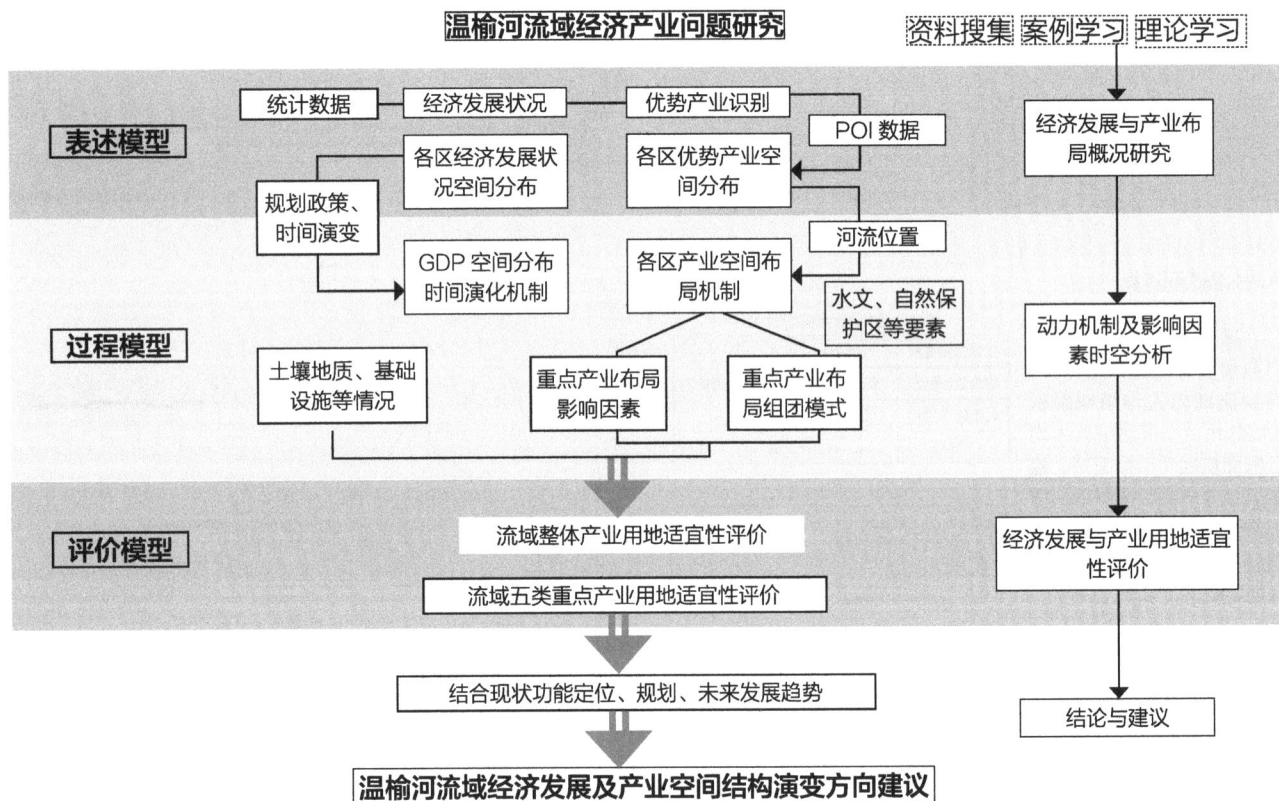

表述模型
Representation Model

流域 GDP 呈现差异化分布

温榆河流域总体经济产业状况较好，经济发展有一定不均衡性，产业以二三产业为重，产业发展较好的区县以第三产业为主要带动力，上游 GDP 增长率大体优于下游，一般公共预算收入与人均 GDP 呈正相关。

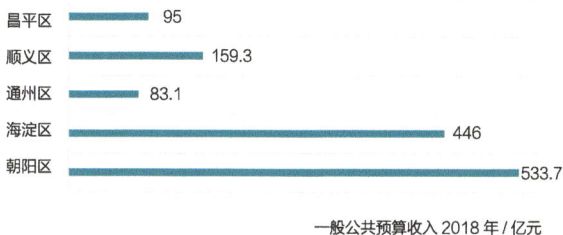

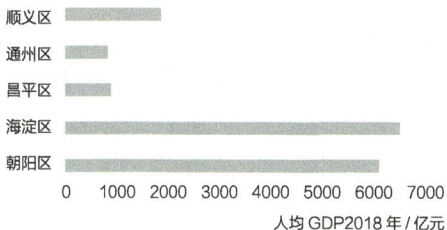

昌平区　95
顺义区　159.3
通州区　83.1
海淀区　446
朝阳区　533.7

一般公共预算收入 2018 年 / 亿元

顺义区
通州区
昌平区
海淀区
朝阳区

0　1000　2000　3000　4000　5000　6000　7000

人均 GDP2018 年 / 亿元

图例
（万元 / 年）
4.27
19.29

0 5 10　20　30　40 km

人均 GDP2018 年

图例
（%）
0.048
0.129

0 5 10　20　30　40 km

人均 GDP2018 年增长率

流域对产业发展有一定影响

各区优势产业分布受温榆河及其支流影响比较明显，海淀、朝阳第三产业占绝对优势；昌平、通州、顺义二三产业发展并重，第三产业相对发达，优势产业集中分布在温榆河流域。整个流域发展以温榆河为界，南部产业有明显优势，主要优势产业为生态旅游、高新技术、商贸金融、房地产、创意文化产业。

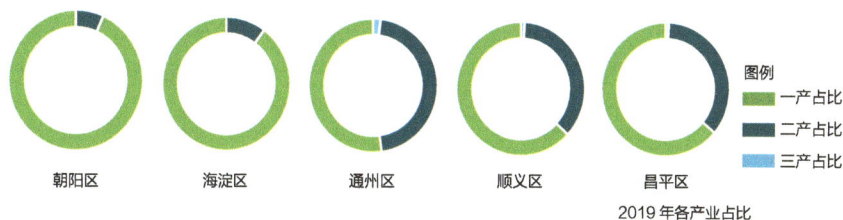

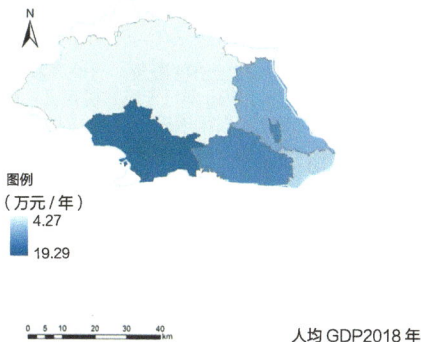

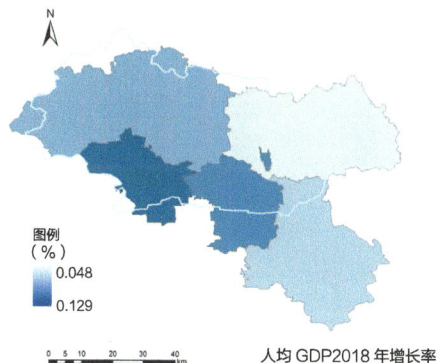

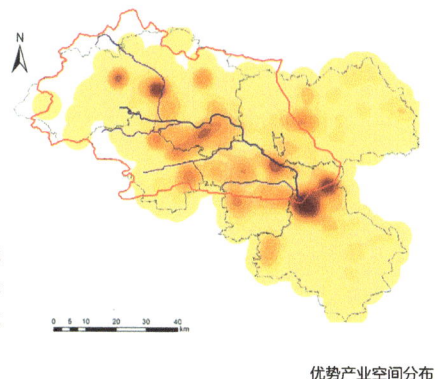

朝阳区　　海淀区　　通州区　　顺义区　　昌平区

图例
■ 一产占比
■ 二产占比
■ 三产占比

2019 年各产业占比

0 5 10　20　30　40 km

优势产业空间分布

过程模型
Process Model

经济发展驱动

　　经济发展受临空经济区发展、房地产发展、奥运会水质治理等事件带动。具体情况如：因为水质治理与环境修复，温榆河流域顺义附近形成中央别墅区；2008 年 T3 航站楼完工，形成顺义"临空经济区"；2010 年北京土地出让金锐减，严厉的房地产调控，致使土地财政大幅下降；北京市 2011 年招拍挂方式出让住宅用地使土地收入锐减；2014 年中关村创业大街，2016 年海淀区生产总值跃居全市第一，实现全国科技创新中心核心区建设目标。

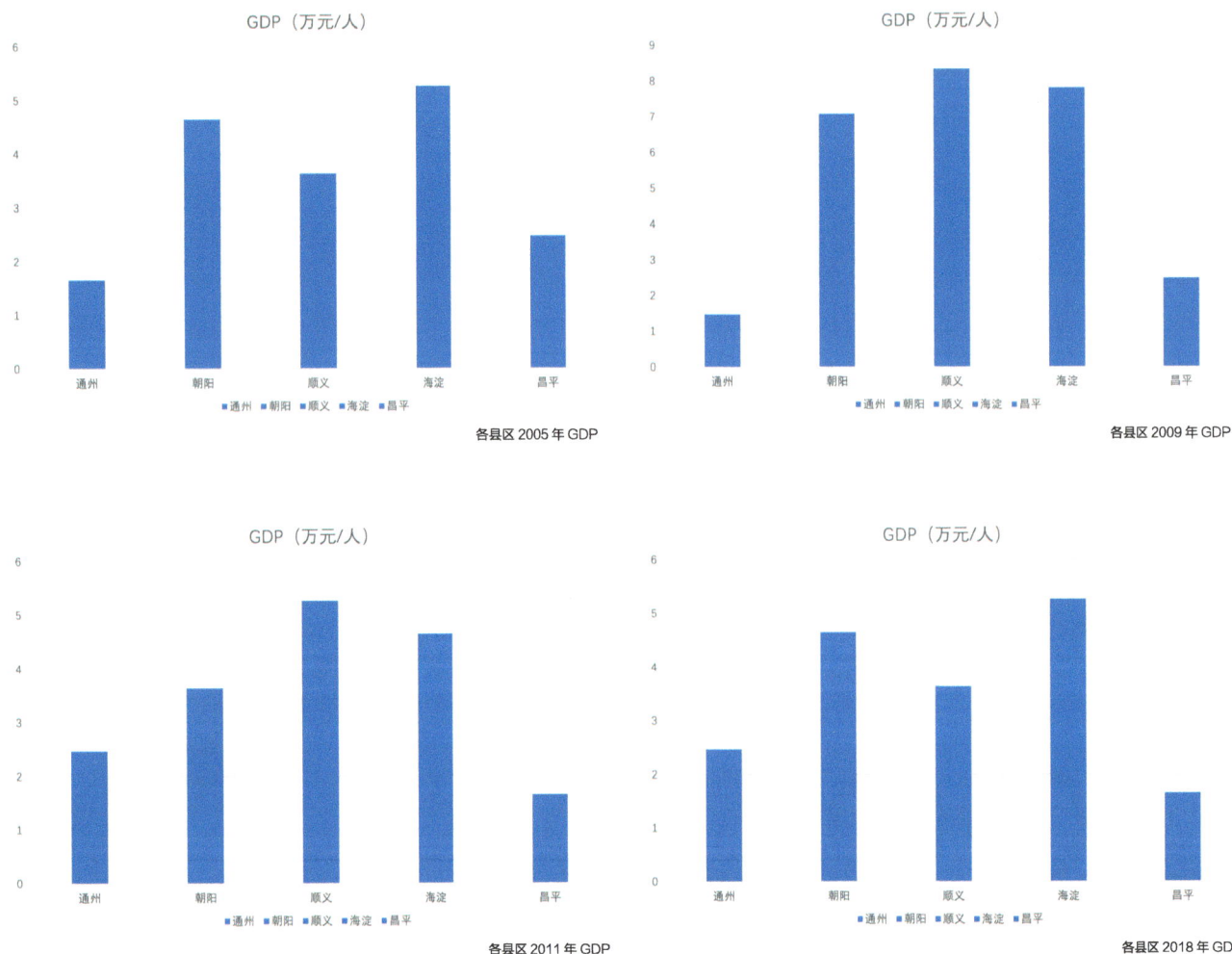

GDP（万元/人）

各县区 2005 年 GDP

GDP（万元/人）

各县区 2009 年 GDP

GDP（万元/人）

各县区 2011 年 GDP

GDP（万元/人）

各县区 2018 年 GDP

过程模型
Process Model

环境质量与产业发展互相影响

环境影响产业布局

环境资源的分布影响不同产业的布局方式。如大量采摘园靠近风景名胜区和森林公园，充分利用生态资源发展经济。普通住宅房价和中心地理论相似，房价由中心城区向外降低。而别墅一般占地面积较大，对环境质量要求较高，温榆河流域出现较多高价别墅区，证明环境对于温榆河流域房地产业布局和价格有一定影响。

产业发展影响环境质量

温榆河流域产业发展对于水质和土壤质量产生一定影响，在历史上造成了一定程度的环境污染。

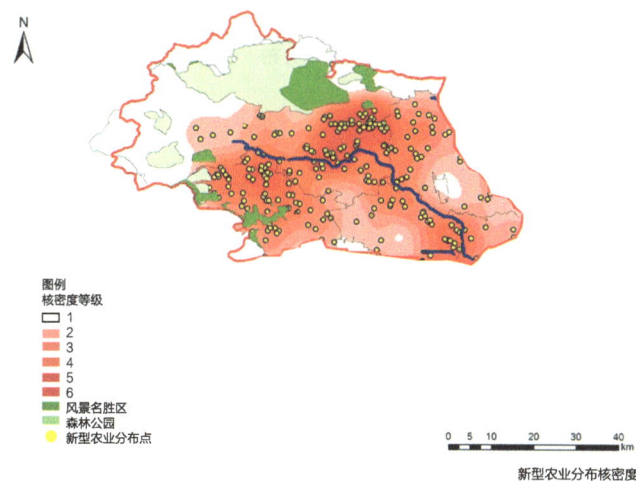

图例
核密度等级
☐ 1
2
3
4
5
6
风景名胜区
森林公园
新型农业分布点

0 5 10   20   30   40
km

新型农业分布核密度

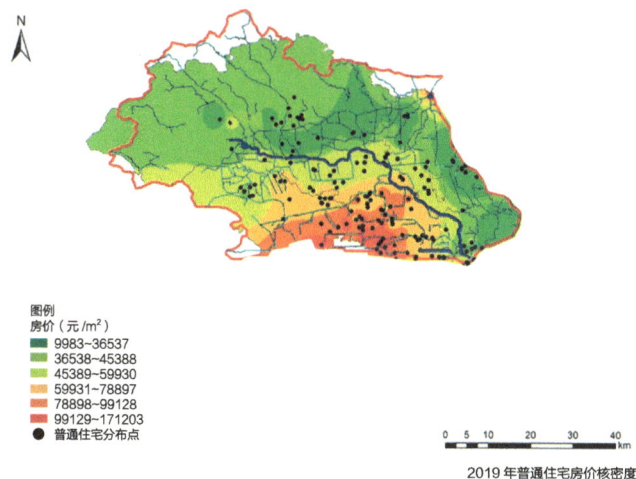

图例
房价（元/m²）
9983~36537
36538~45388
45389~59930
59931~78897
78898~99128
99129~171203
● 普通住宅分布点

0 5 10   20   30   40
km

2019年普通住宅房价核密度

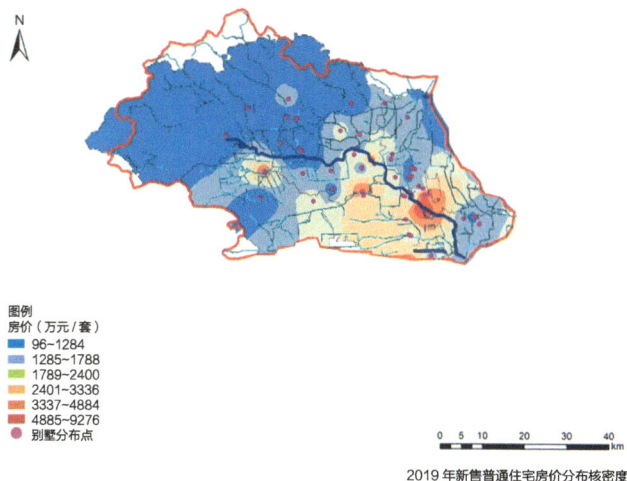

图例
房价（万元/套）
96~1284
1285~1788
1789~2400
2401~3336
3337~4884
4885~9276
● 别墅分布点

0 5 10   20   30   40
km

2019年新售普通住宅房价分布核密度

评价模型
Evaluation Model

产业用地基本适宜性评价

　　将经济产业用地适宜性的影响因素确定为限制性因素（流域内生态保护等空间）、基础土地因素（流域土地基本适宜性）、集聚效应因素。分别获取相关数据并评价后，综合集聚效应与基础土地因素，得到产业用地适宜性的综合评价。

　　将流域内生态保护空间确定为大型公园绿地、自然保护地、基本农田，并改绘相关图纸。将上述因素合并得到限制性因素，不参与下面的土地适宜性评价，但其对于产业用地布局的影响不可忽略。土地基本适宜性主要考虑工程地质类（地表起伏度、地质稳定性）、自然条件类（光热条件、水源条件）、区位条件（常住人口密度、交通便捷度、公共服务设施成熟度）、经济条件（GDP分布）的影响。对每一小类中不同指标进行可视化表达。将各个图层按专家打分权重进行叠加，得到产业用地基本适宜性评价结果。

产业用地基本适宜性评价过程

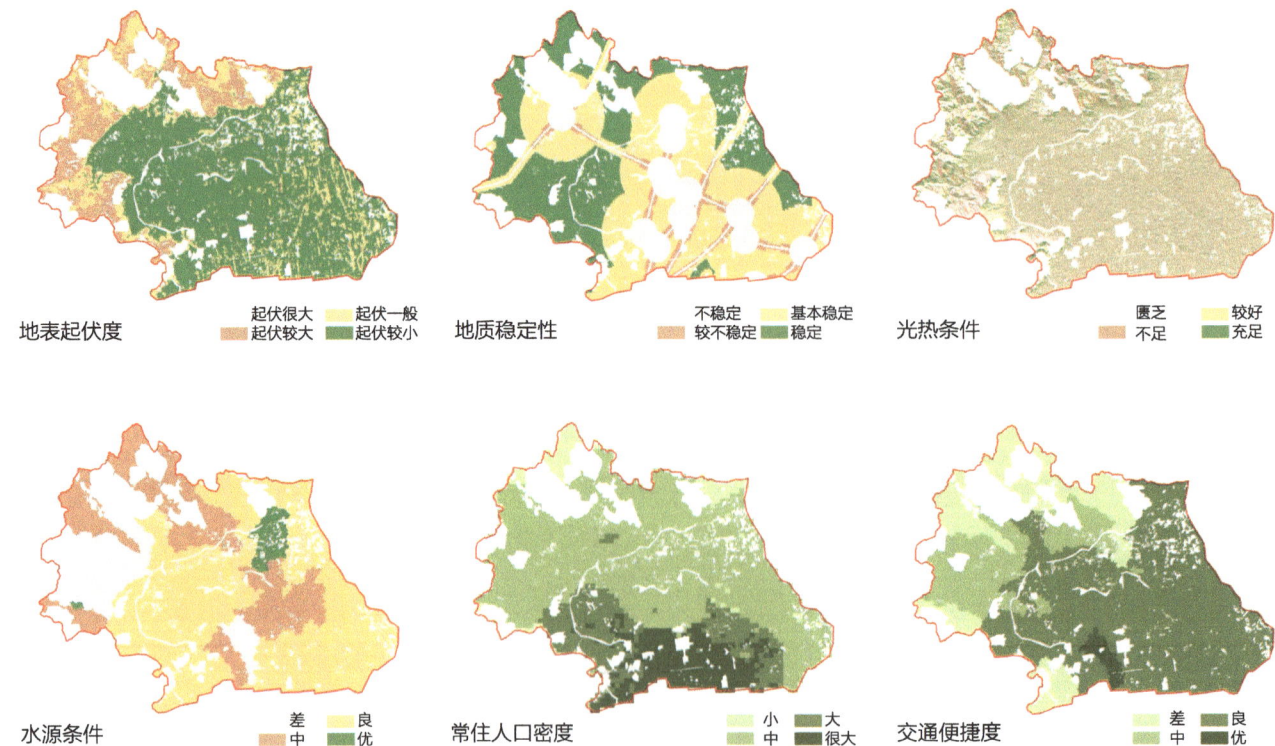

地表起伏度　　起伏很大　起伏一般　起伏较大　起伏较小

地质稳定性　　不稳定　基本稳定　较不稳定　稳定

光热条件　　匮乏　较好　不足　充足

水源条件　　差　良　中　优

常住人口密度　　小　大　中　很大

交通便捷度　　差　良　中　优

评价模型
Evaluation Model

产业用地基本适宜性评价

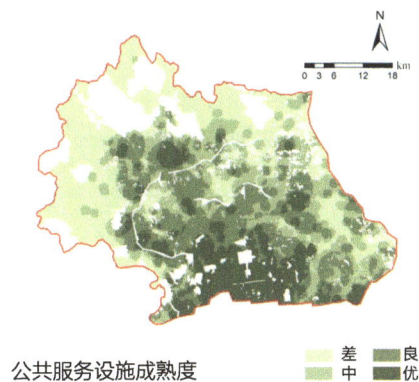

公共服务设施成熟度

差　良
中　优

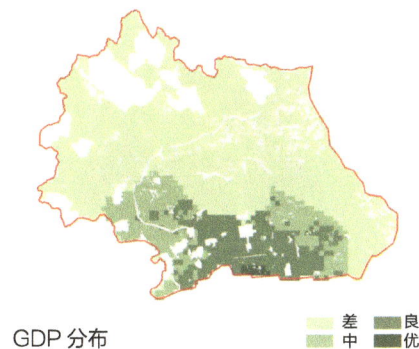

产业用地适宜性基础评价

差　良
中　优

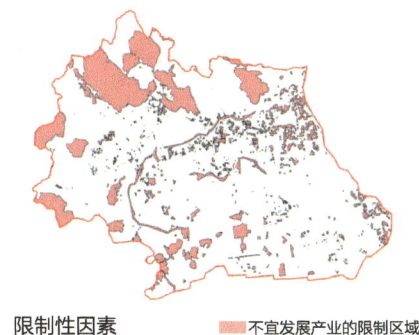

GDP 分布

差　良
中　优

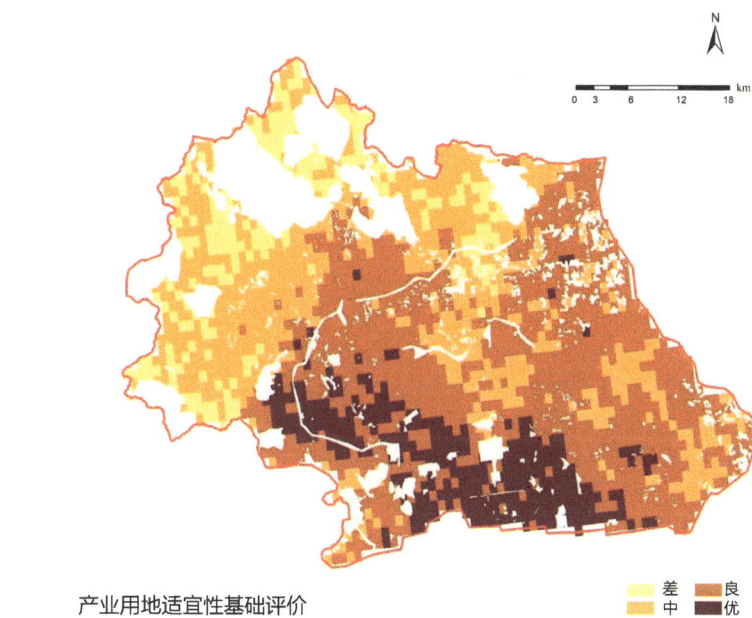

限制性因素　　　不宜发展产业的限制区域

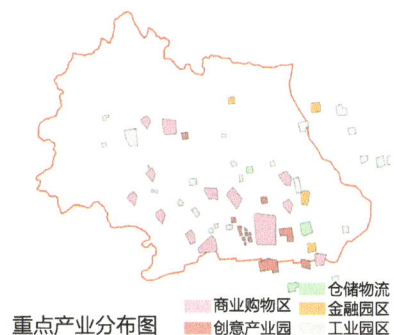

重点产业分布图

商业购物区　仓储物流
创意产业园　金融园区
　　　　　　工业园区

大学校园分布图　　大学校园

评价模型
Evaluation Model

各类产业用地适宜性评价

　　以房地产用地适宜性评价为例进行说明。在基础评价的基础上，对六种集聚效应（如河流、工业园区等）对房地产的影响进行评价分析，并综合基础评价得到房地产产业用地适宜性评价。其余四种产业评价过程相似。

房地产综合评价打分表

产业	现有条件	距离（km）			
		0	1.5	3	5
房地产	景区/公园	1	0.77	0.4	0.2
	河流	1	0.9	0.6	0.3
	大学	1	0.97	0.87	0.47
	商业金融	1	0.93	0.7	0.5
	创意产业	0.87	0.7	0.43	0.03
	工业园区	0	0.33	0.67	0.4

产业综合评价打分表

	集聚效应影响	土地因素影响
住宅	0.5	0.5
旅游产业	0.667	0.333
商务金融	0.555	0.445
文化创意	0.555	0.445
高新技术	0.63	0.37

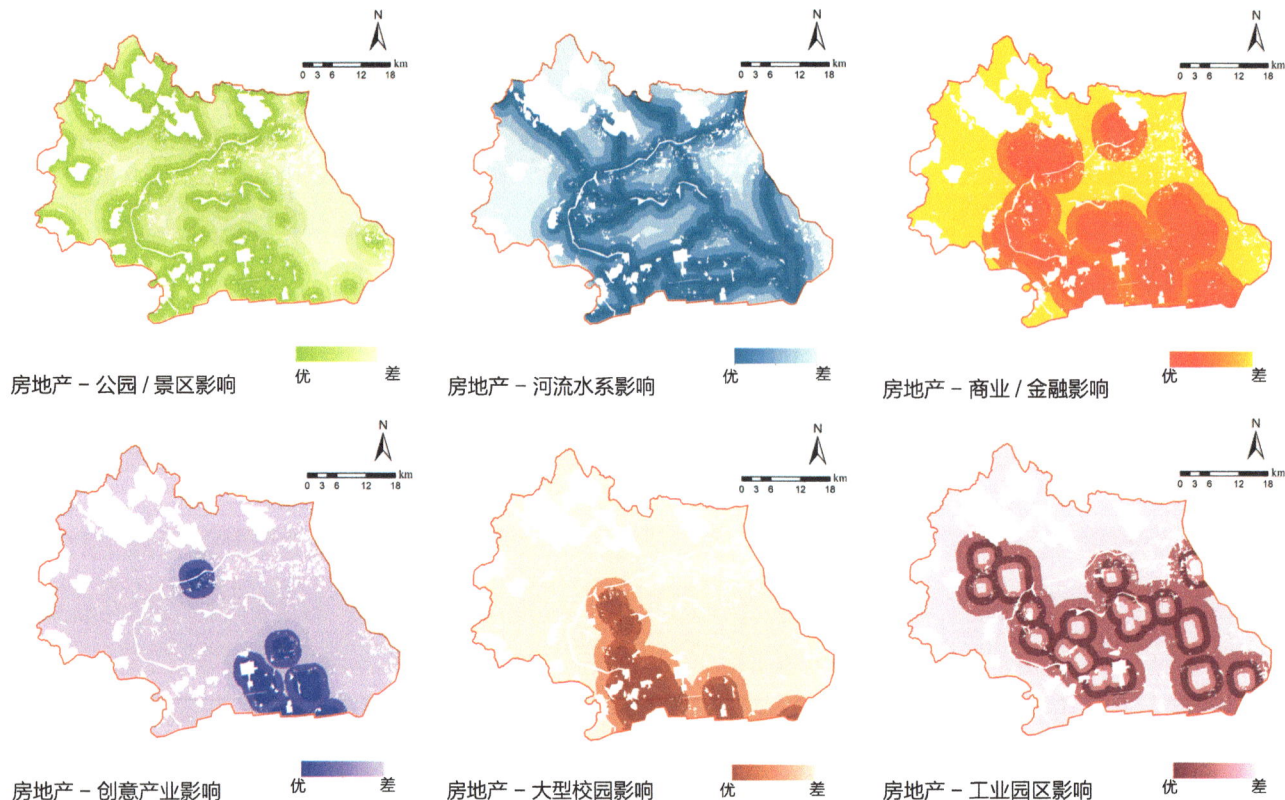

房地产 – 公园/景区影响　优　差

房地产 – 河流水系影响　优　差

房地产 – 商业/金融影响　优　差

房地产 – 创意产业影响　优　差

房地产 – 大型校园影响　优　差

房地产 – 工业园区影响　优　差

评价模型
Evaluation Model

各类产业用地适宜性评价

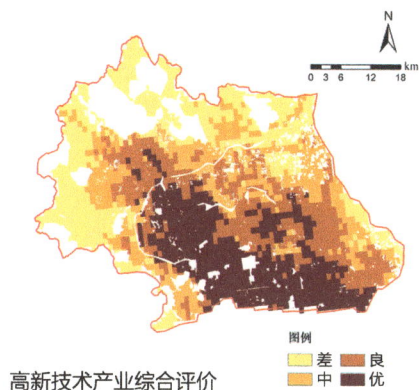

高新技术产业综合评价

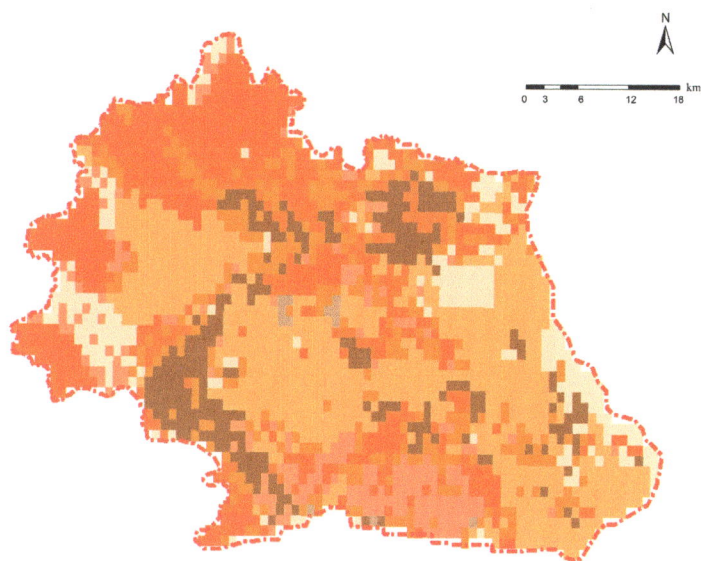

旅游业综合评价

各类产业用地适宜性评价

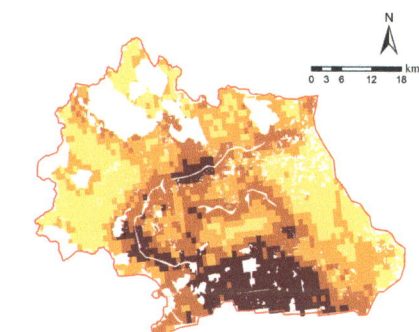

- 温榆河流域范围
- 商务金融
- 旅游业
- 小综合
- 创意产业
- 高新技术
- 房地产
- 大综合

图例
差　良
中　优

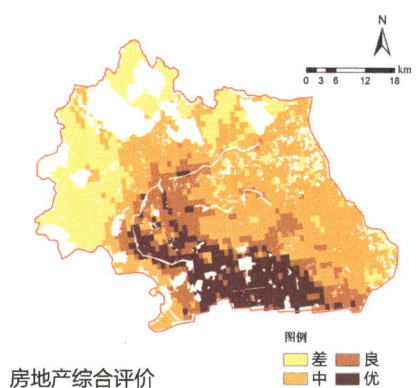

房地产综合评价

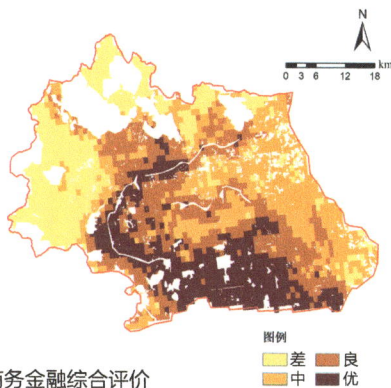

商务金融综合评价

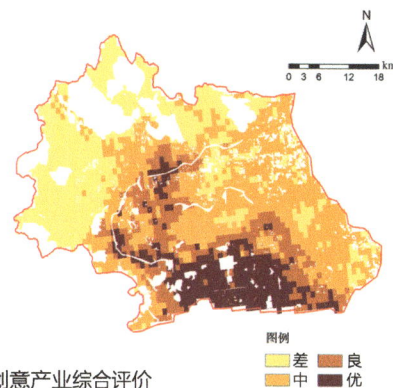

创意产业综合评价

图例
差　良
中　优

流域概念规划、片区规划、节点设计
Watershed Conceptual Planning，District Planning and Node Design

温榆河流域连接北京中心城区与远郊山区，具有为北京市中心城区提供生态服务和社会支持、疏解各类压力的巨大潜力。本组致力于识别和解决流域内生态系统与社会系统两方面存在的问题，以水文和生态网络为先导，驱动流域内双系统的顺畅运转，支持北京市中心城区生生不息的繁荣发展，实现流域内外人居环境品质的同步提升。

温榆河流域景观规划——ECMO

彭家园
李傲雪
王璐源
宫　宸

规划概念
Planning Concept

　　中心城区人口的不断增长使城市的资源承载力几近极限。随之而来的是热岛效应加剧、交通拥堵、职住分离问题，人居环境质量下降，各类"大城市病"问题突出，制约首都长远可持续发展。流域南部环境质量整体低于北部。存在水系格局退化、水环境变差、河流渠化严重问题，并且因长年对地下水资源过量开采，导致朝阳、通州部分地区出现地面沉降现象。

　　ECMO（Extracorporeal Membrane Oxygenation），中文名"体外膜肺氧合"，俗称"叶克膜"、"人工肺"，是一种医疗急救设备，用于对重症心肺功能衰竭患者提供持续的体外呼吸与循环，以维持患者生命。其原理是将体内的静脉血引出体外，经过特殊材质人工心肺旁路氧合后注入病人动脉或静脉系统，起到部分心肺替代作用。2020年ECMO对辅助治疗新型冠状病毒肺炎发挥了重要作用。

　　温榆河流域可以借助自身的优越自然和文化资源，发挥类似体外呼吸机的作用，以治疗中心城区的环境问题。借助区位和政策优势，将中心城区人口和产业引出，同时将干净的空气、水输入中心城区，形成类ECMO的健康循环，维护中心城区健康发展，同时为流域带来新的活力和机遇。

ECMO = ECOLOGY ＋ MOTIVATION
维护中心城区环境健康发展的后花园

流域中 ECMO 循环系统

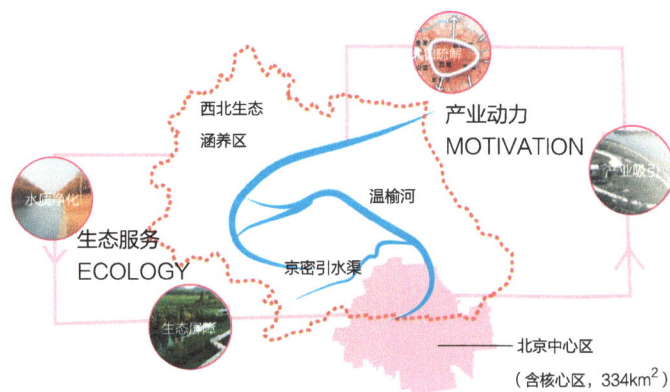

西北生态
涵养区

产业动力
MOTIVATION

水质净化

温榆河

生态服务
ECOLOGY

京密引水渠

生态服务

北京中心区
（含核心区，334km²）

医疗中 ECMO 循环系统

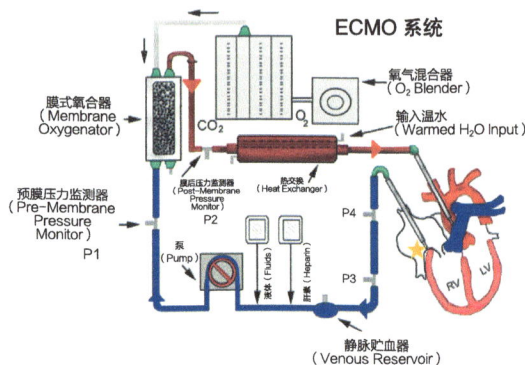

ECMO 系统

膜式氧合器
（Membrane Oxygenator）

氧气混合器
（O₂ Blender）

输入温水
（Warmed H₂O Input）

预膜压力监测器
（Pre-Membrane Pressure Monitor）
P1

膜后压力监测器
（Post-Membrane Pressure Monitor）
P2

热交换
（Heat Exchanger）

P4

P3

泵
（Pump）

静脉贮血器
（Venous Reservoir）

图片来自网络

规划愿景
Planning Vision

北京中心城区
生生不息的国际都市

温榆河流域
和谐共生的活力之源

空气清洁
生活用水安全
无雨洪隐患
无沉降威胁
城市人文与自然风貌良好
国内政务、国际交流、经济生产高效运转
住房、交通、生活压力减轻
居民获得幸福感

保障清洁水源
净化城市污水
防洪排涝
补充地下水
提高物种多样性
新城与社区环境自然宜人
城乡产业稳定发展
绿色游憩资源充足

驱动力框架
Driving Force Frame

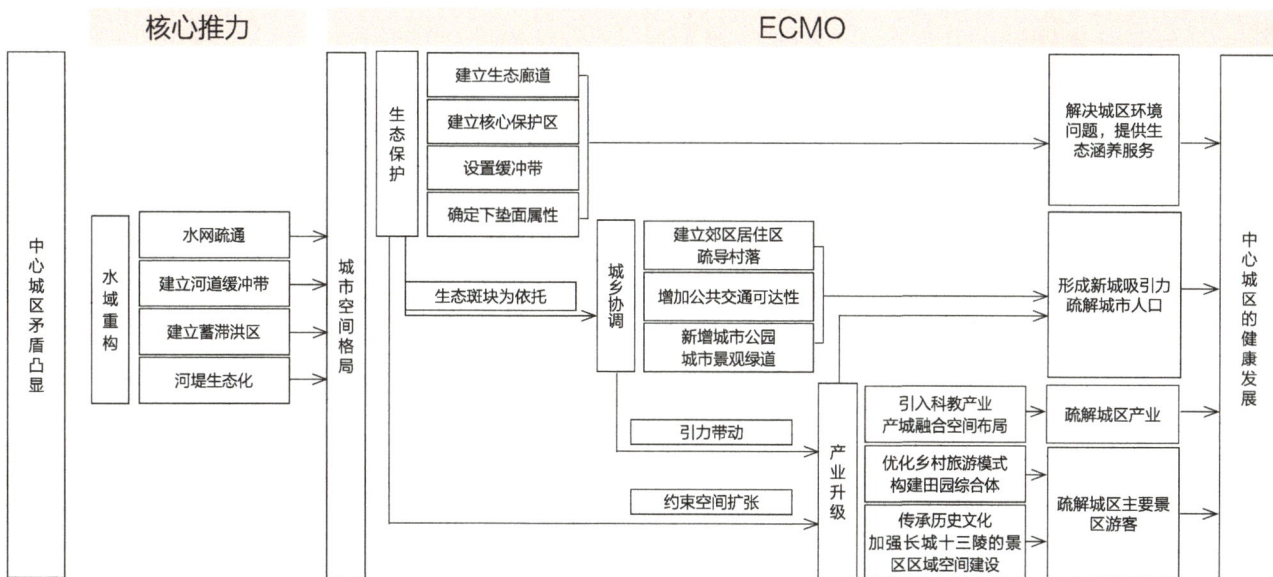

核心推力 | ECMO

中心城区矛盾凸显

水域重构
- 水网疏通
- 建立河道缓冲带
- 建立蓄滞洪区
- 河堤生态化

城市空间格局

生态保护
- 建立生态廊道
- 建立核心保护区
- 设置缓冲带
- 确定下垫面属性

生态斑块为依托

城乡协调
- 建立郊区居住区疏导村落
- 增加公共交通可达性
- 新增城市公园城市景观绿道

引力带动

约束空间扩张

产业升级
- 引入科教产业产城融合空间布局
- 优化乡村旅游模式构建田园综合体
- 传承历史文化加强长城十三陵的景区区域空间建设

解决城区环境问题，提供生态涵养服务

形成新城吸引力疏解城市人口

疏解城区产业

疏解城区主要景区游客

中心城区的健康发展

01 流域概念规划
Watershed Conceptual Planning

流域规划结构与策略
Structures and Strategies

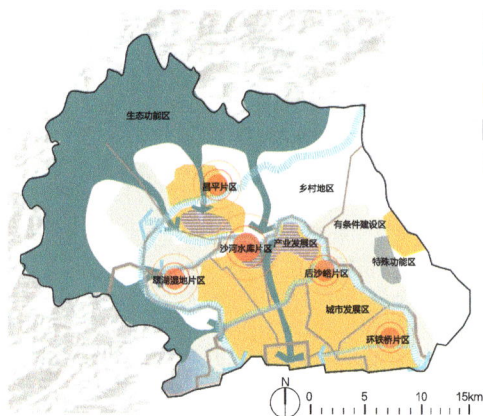

图例

■ 生态功能区	□ 有条件建设区
■ 城市发展区	▨ 产业发展区
□ 乡村地区	▨ 水岸发展带
■ 特殊功能区	◉ 游憩线路
	◉ 重点发展片区

温榆河流域景观规划结构图

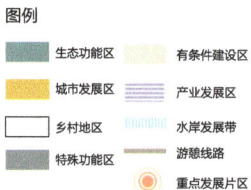

以整体流域的全面综合治理为目标，以温榆河与京密引水渠作为基本水岸发展骨架，与西北部绿色生态廊道蓝绿交织，形成基本自然骨架。依托此进行城乡协调、产业升级，形成五个重点发展片区，最终形成协调统筹的流域可持续发展格局。

产业升级

城乡协调

生态保护

水域重构

分期规划
Phased Planning

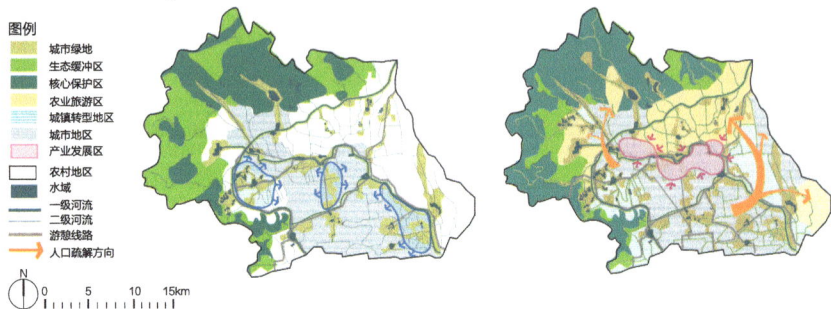

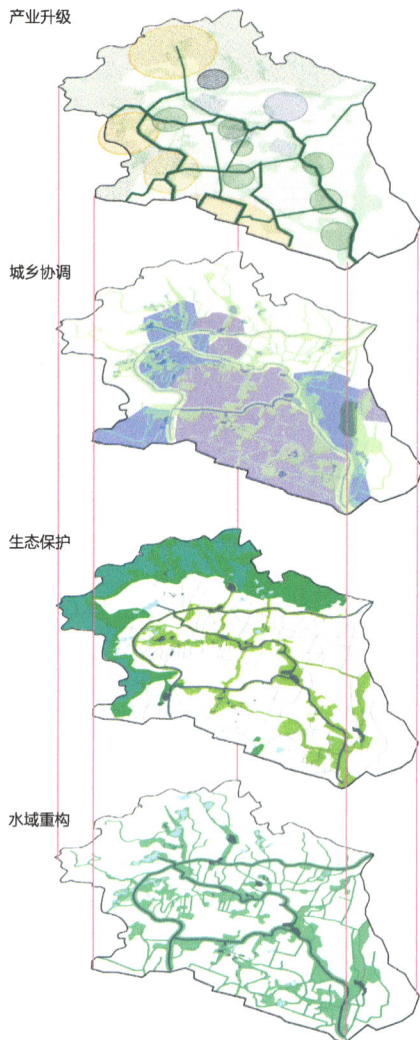

图例

▨ 城市绿地	
■ 生态缓冲区	
■ 核心保护区	
▨ 农业旅游区	
▨ 城镇转型地区	
▨ 城市地区	
▨ 产业发展区	
□ 农村地区	
■ 水域	
— 一级河流	
— 二级河流	
— 游憩线路	
→ 人口疏解方向	

2020—2025 年
主要目标　生态改善，健康格局

阶段1：疏通水网，进行蓄滞洪区及河流缓冲区建设，整合河流交汇点及重要水域建设生态斑块，置入重要城市游憩空间及基础设施，提升城市宜居度。

2025—2030 年
产业引入，活力都市

阶段2：完善整体流域水网生态结构，进行中心城区人口引入及科教产业升级，最终达到生态温榆、健康首都的整体空间格局与状态。

片区选择
Selection of Focal Design Areas

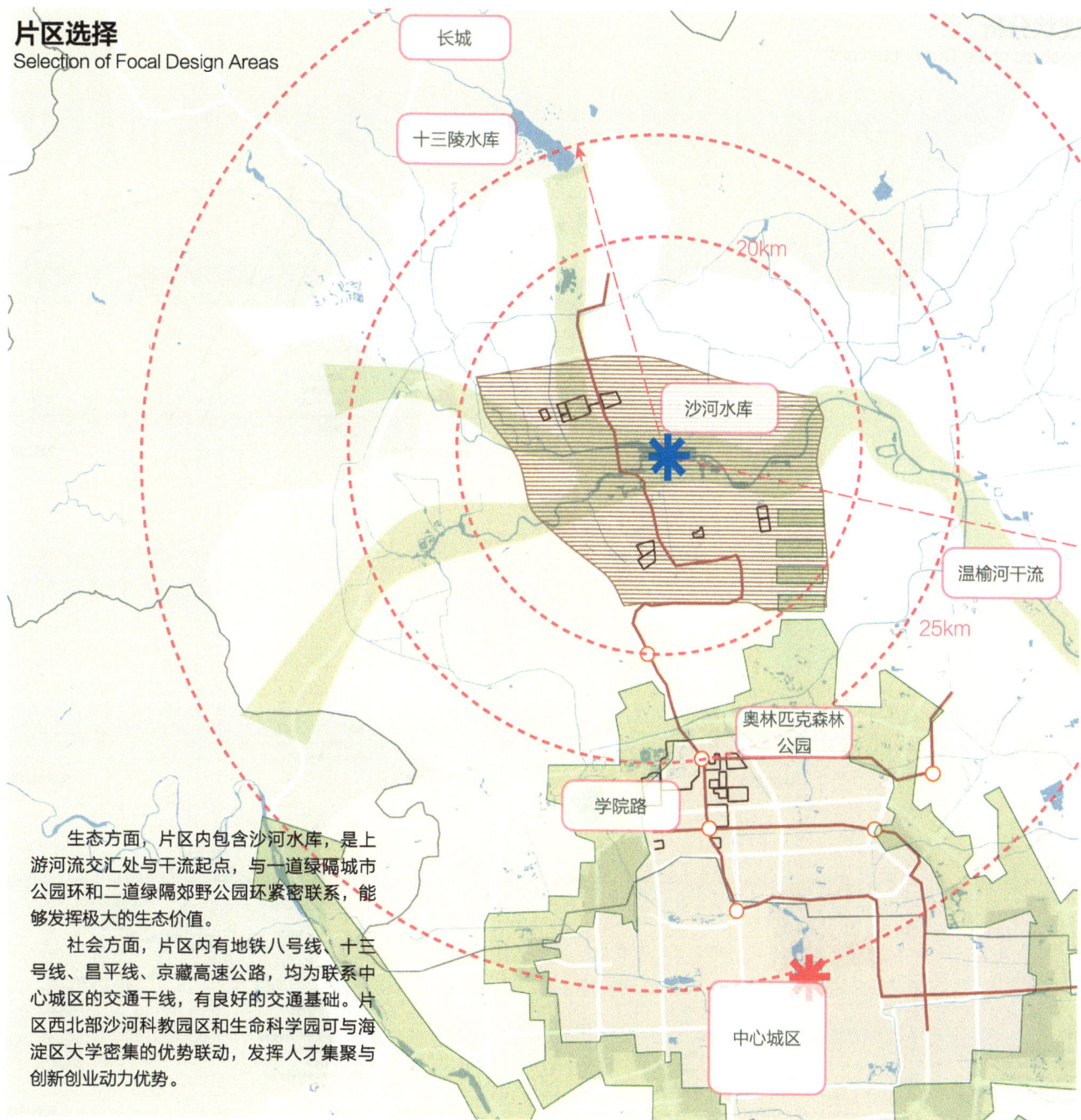

长城

十三陵水库

20km

沙河水库

温榆河干流

25km

奥林匹克森林公园

学院路

中心城区

　　生态方面，片区内包含沙河水库，是上游河流交汇处与干流起点，与一道绿隔城市公园环和二道绿隔郊野公园环紧密联系，能够发挥极大的生态价值。

　　社会方面，片区内有地铁八号线、十三号线、昌平线、京藏高速公路，均为联系中心城区的交通干线，有良好的交通基础。片区西北部沙河科教园区和生命科学园可与海淀区大学密集的优势联动，发挥人才集聚与创新创业动力优势。

现状分析
Analysis of the Current Situation

图例
- 水域
- 片区

河流水系现状

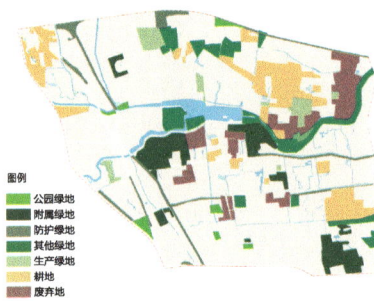

图例
- 公园绿地
- 附属绿地
- 防护绿地
- 其他绿地
- 生产绿地
- 耕地
- 废弃地

绿地系统现状

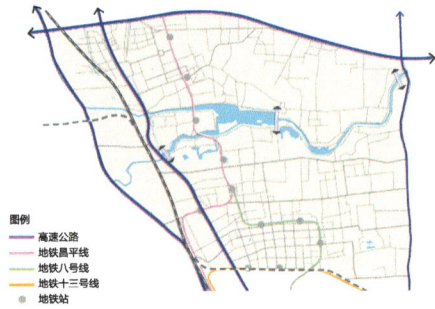

图例
- 高速公路
- 地铁昌平线
- 地铁八号线
- 地铁十三号线
- 地铁站

交通现状

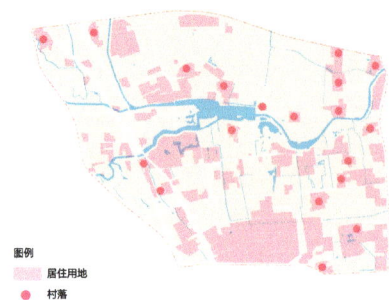

图例
- 居住用地
- 村落

社区现状

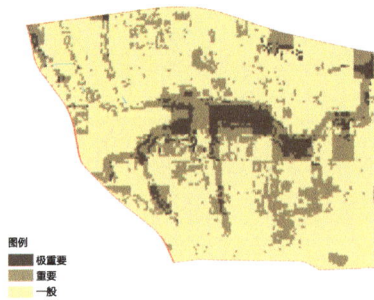

图例
- 极重要
- 重要
- 一般

生态保护等级

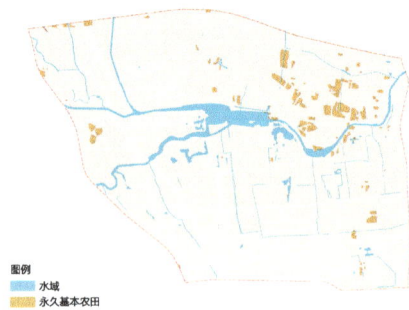

图例
- 水域
- 永久基本农田

永久农田分布

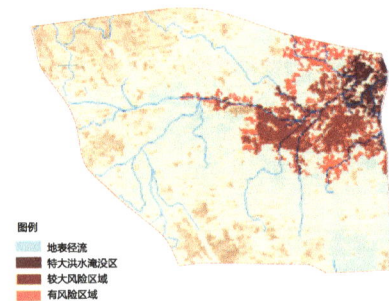

图例
- 地表径流
- 特大洪水淹没区
- 较大风险区域
- 有风险区域

洪泛区

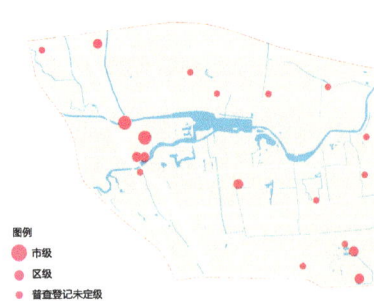

图例
- 市级
- 区级
- 普查登记未定级

文物保护单位

图例
- 耕地
- 园地
- 林地
- 商服用地
- 工矿仓储用地
- 住宅用地
- 公共管理与公共服务用地
- 交通运输用地
- 特殊用地
- 水域及水利设施用地
- 其他用地

现状用地

核心问题识别
Identification of Core Issues

在片区内，众多的低等级水域环境破碎，生境的末梢循环系统由于城市开发建设遭到破坏。

南北向高等级道路系统切割了与西北部山区相连的重要生态廊道，生物及能量流通循环受到一定影响。

Social System

社会系统的割裂
导致跨片区的职住迁徙与交通堵塞

片区内部存在两个面向北京市区的睡城——回龙观、天通苑，但内部产业园区较为分离，不能满足两大居住组团的工作需求，导致职住分离状况明显。

片区西侧的高速和铁路连接南北向交通但对东西向工作与居住的通勤造成了较严重的割裂，进而导致交通拥堵的产生。

Natural System

自然系统的割裂
导致北京市区生态进程受阻

ECMO 循环系统的断点

ECMO 规划策略
Ecmo Planning Strategy

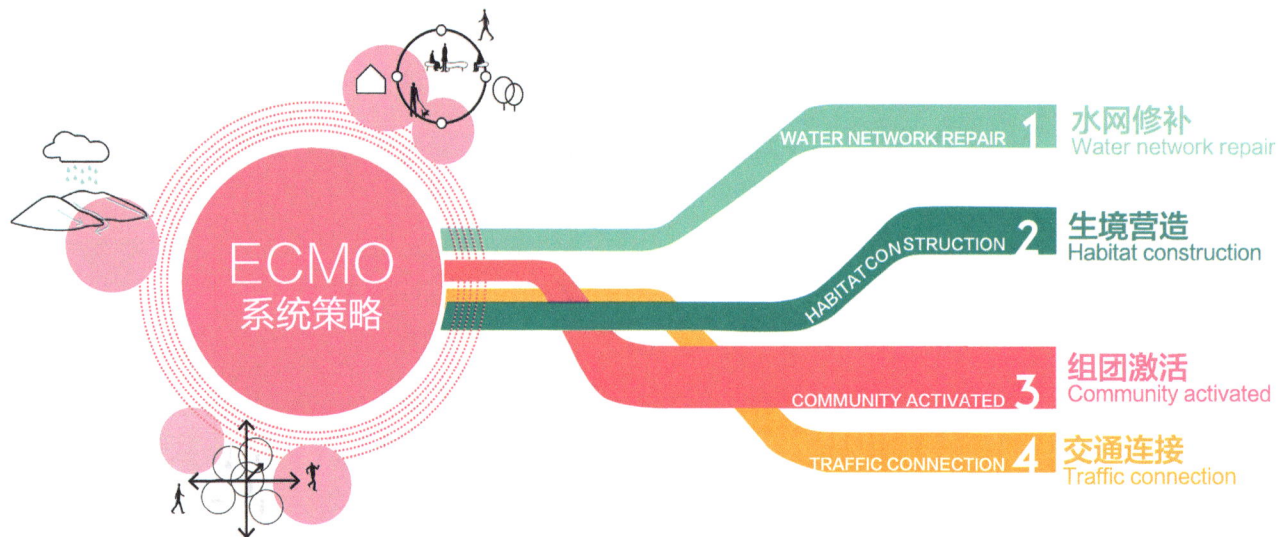

ECMO 系统策略

1 水网修补 WATER NETWORK REPAIR — 水网修补 Water network repair
2 生境营造 HABITAT CONSTRUCTION — 生境营造 Habitat construction
3 组团激活 COMMUNITY ACTIVATED — 组团激活 Community activated
4 交通连接 TRAFFIC CONNECTION — 交通连接 Traffic connection

1 水网修补
Water network repair

在原有水网格局的基础上，通过"修"与"补"对破碎化的水网格局进行去人工化，新增连接水域，形成湿地与浅塘系统，为生境的改善提供基础环境，形成河滩水生物栖息地，改善整体水质状况。同时提高水资源的利用进而形成安全的城市水环境。

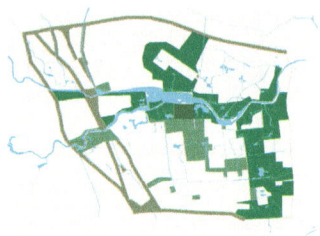

2 生境营造
Habitat building

针对片区内大量交通设施导致的自然廊道生境断裂状况，利用河道与交通设施建立两侧防护绿带，形成一定的保护与生物廊道系统。在城市内部与滨水区域建立绿地系统，维持城市生态系统健康与稳定，提供游憩活动场所，保障城市活力，限制城市无序发展。

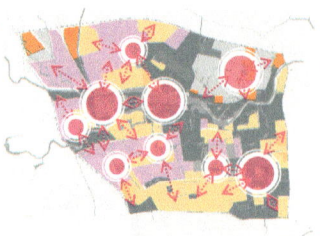

3 组团激活
Community activation

将片区内原产业与居住格局重组，形成若干个高效的职住平衡组团并以绿地系统相连接。依托自然环境基底，建立"大分散、小集中"的格局，组团内结合产业、配套服务、居住等各类用地布置，形成居住、工作与休闲功能齐全的活力组团。

4 交通连接
Traffic connection

在用地整理的基础上对原有交通网络进行梳理，新增回龙观居住区与西部产业园间的快速交通道。在城市内部构建健康的慢行系统与绿地相连接，形成若干等级的步行圈，为城市居民日常出行与游憩提供通道。

规划结构分区
Planning Structure Zoning

　　片区被水域和绿色空间组成的两条蓝绿主轴线划分为七个组团，根据上位规划和环境特征安排不同的产业类型，形成功能组团。每个组团内部设有活力点，为区域或市域服务，增加地区活力。

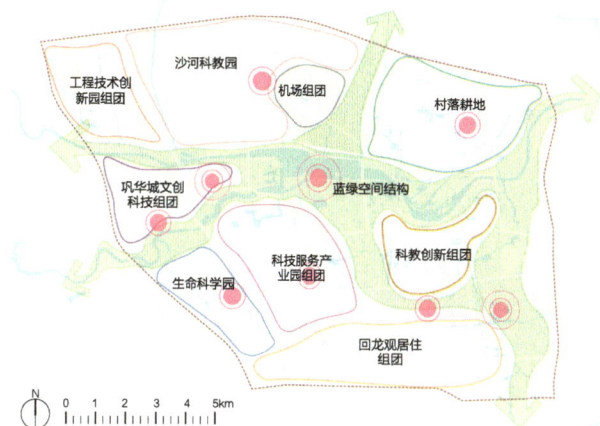

工程技术创新园组团
沙河科教园
机场组团
村落耕地
巩华城文创科技组团
蓝绿空间结构
生命科学园
科技服务产业园组团
科教创新组团
回龙观居住组团

N 0 1 2 3 4 5km

规划结构图

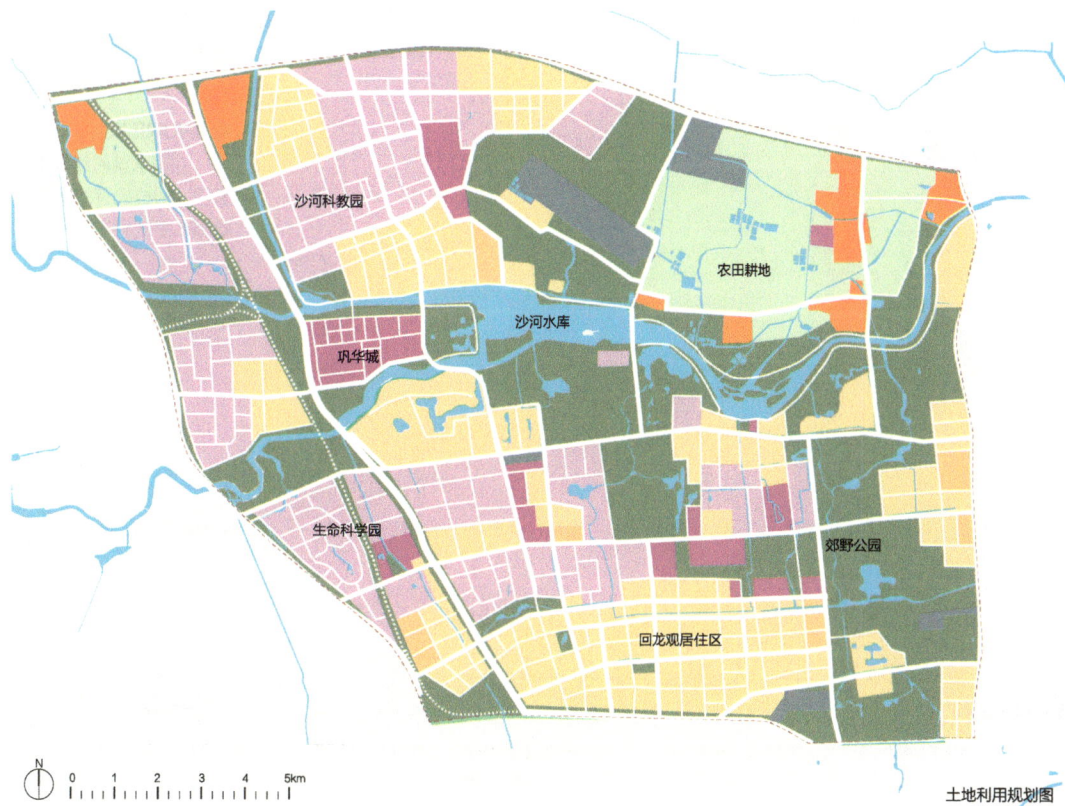

图例

- 水域及水利设施用地
- 公共绿地
- 耕地
- 村落
- 二类住宅用地
- 一类住宅用地
- 公共管理与公共服务用地
- 商服用地
- 特殊用地

沙河科教园
农田耕地
沙河水库
巩华城
生命科学园
郊野公园
回龙观居住区

N 0 1 2 3 4 5km

土地利用规划图

片区策略——水网修补
Water Network Repair

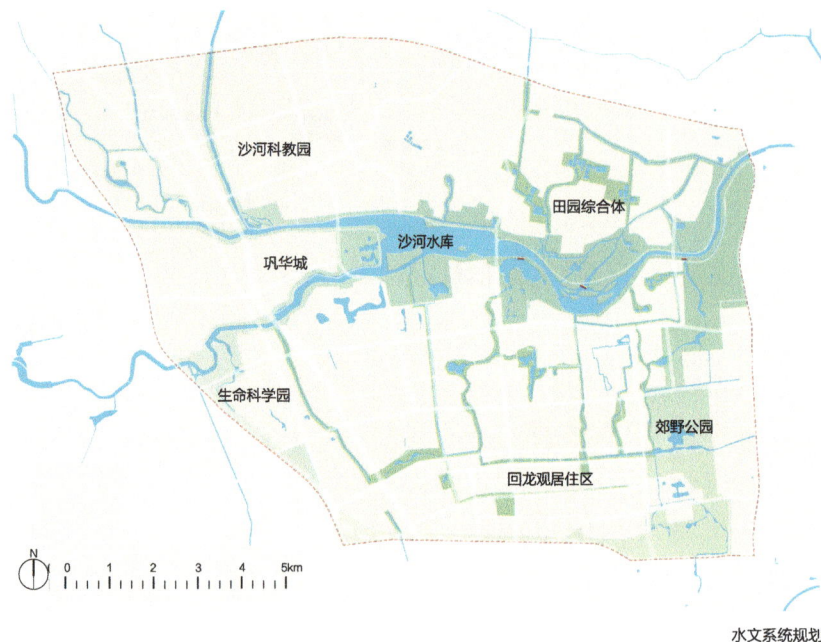

水文系统规划

自然汇流　　现状水网　　规划水网

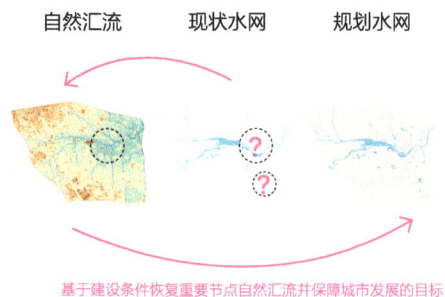

基于建设条件恢复重要节点自然汇流并保障城市发展的目标

修 /RESTORE

将温榆河南岸现状利用率不高的人工渠道去人工化，形成蜿蜒的自然水体形态，结合局部用地拓宽水面形成湿地及湖区，为城市后续发展提供契机。

补 /INCREASE

在原水系格局基础上，对关键处的水体恢复连通性，形成完善的水网系统，主要包括温榆河北岸农田区与南岸建成区水渠系统的完善。

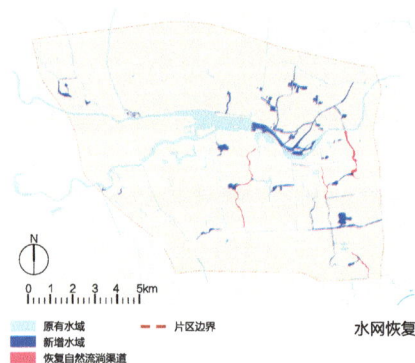

| 原有水域 | 片区边界 |
| 新增水域 | 恢复自然流洪渠道 |

水网恢复

在现状基础上对片区水网进行针对性改造与恢复，恢复温榆河北岸农田区域水系的自然形态，将南岸若干人工渠道恢复为自然形态。

护坡生态化	生物修复
恢复自然流	亲水性水体
缓冲带防护	

水质修复

在恢复完善水网格局的基础上进行水质修复，设置生态驳岸，沿水系两岸设置缓冲带吸收面源污染，并结合植物与生物净化措施恢复水质。

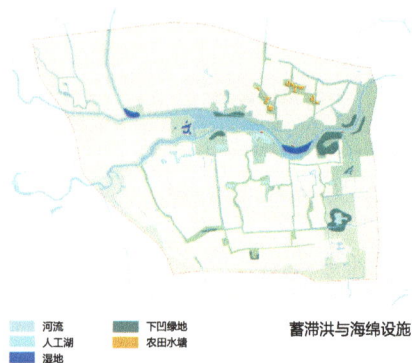

河流	下凹绿地
人工湖	农田水塘
湿地	

蓄滞洪与海绵设施

利用河岸缓冲带与相连的大面积绿地、农田建立蓄滞洪系统，缓解下游城市水安全压力，同时设置下凹绿地、湿地等，结合排水建立完善的海绵设施。

片区策略——生境营造
Habitat Building

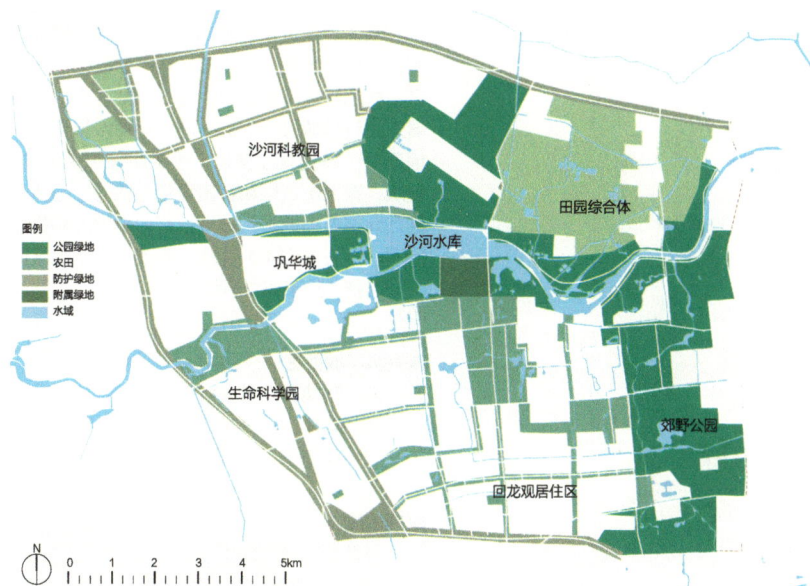

图例
- 公园绿地
- 农田
- 防护绿地
- 附属绿地
- 水域

沙河科教园
田园综合体
沙河水库
巩华城
生命科学园
郊野公园
回龙观居住区

N 0 1 2 3 4 5km

绿地系统规划

现状照片

半塔郊野公园外景

沙河水库生态公园

红枫湖高尔夫球场绿地

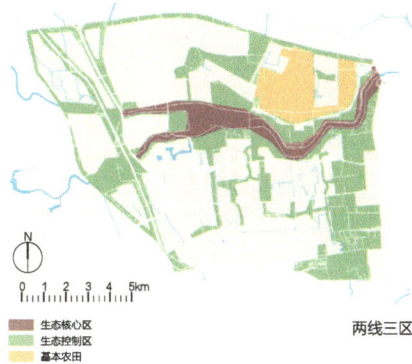

N 0 1 2 3 4 5km

- 生态核心区
- 生态控制区
- 基本农田

两线三区

- 绿地系统
- 水域
- 重点生境

重点生境保护

- 绿地系统
- 公路
- 动物廊道位置

动物廊道保护

从生境保护、增强联通、游憩吸引和用地转换四个方面入手，营造温榆河流域重点片区健康生境。划定片区内两线三区的范围，控制建设用地规模。

根据 2019 年北京市平原区受胁迫鸟类分布图，划定重点保护生境范围。将附属用地和废弃地中，生态效益较大、景观效益较好的非公共绿地用地转换为公共绿地，增加片区内开放绿地的比率。

在郊野公园之间置入动物廊道，增加景观连通性。温榆河滨水森林公园与北京绿色中轴线郊野公园组形成区域内最具游憩吸引力的区域，打造温榆河森林公园带。

片区策略——组团激活
Community Activation

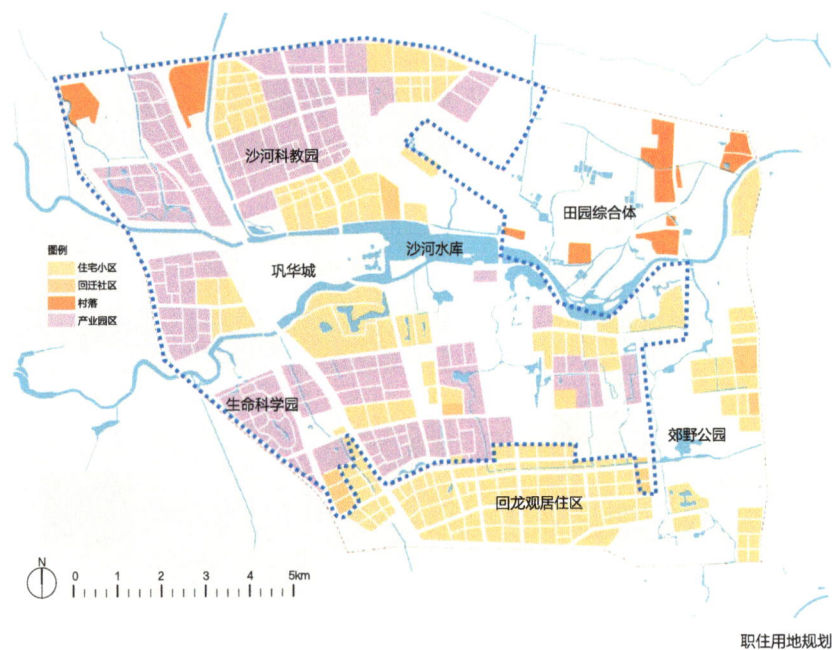

图例
- 住宅小区
- 回迁社区
- 村落
- 产业园区

沙河科教园

田园综合体

沙河水库

巩华城

生命科学园

郊野公园

回龙观居住区

N

0 1 2 3 4 5km

职住用地规划

首先，保证片区基本的居住和产业职能均衡，在现状基础上整合碎片化产业园区和居住区，补充职住用地缺口，为疏解城区人口、发展未来科学城打下基础，产业用地余量为回天地区提供就近就业岗位，缓解职住失衡现象；其次，置入市域级和社区级活力核心，强化片区在北京市的地位，提升片区内部就业和生活品质，激发 ECMO 引力；最后，补充社区中心，完善 15 分钟生活圈。

未来科学城西区
　　就业功能：27.8km²
　　居住功能：14.8km²（不计村落）
　　支撑保障：4.3km²（组团级）

用地余量
　　就业功能：6.2km²
　　（至少可疏解回龙观地区 20% 就业需求）
　　居住功能：1.7km²
　　支撑保障：0.8km²

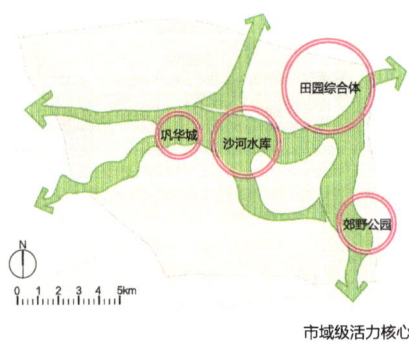

田园综合体

巩华城
沙河水库

郊野公园

N

0 1 2 3 4 5km

市域级活力核心

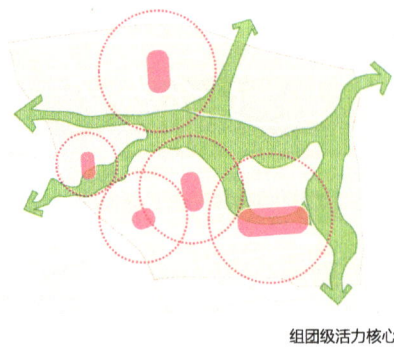

组团级活力核心

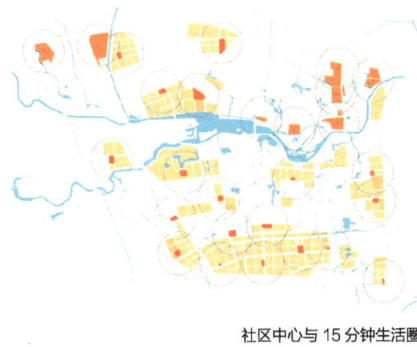

社区中心与 15 分钟生活圈

片区策略——交通连接
Traffic Connection

图例
- ▬ 城市快速路
- ▬ 一级道路
- ▬ 二级道路
- ⭕ 连接点

沙河科教园
田园综合体
沙河水库
巩华城
生命科学园
郊野公园
回龙观居住区

N   0 1 2 3 4 5km

交通系统规划

针对现有路网进行梳理，满足片区居民日常通勤和游憩需求，解决因高架桥而造成的东西产业园区割裂问题，为回龙观居民通勤提供更多的道路选择以及交通方式选择，主要策略如下：

连 /CONNECT
连接内外联系性道路，减缓京藏高速出行压力。加强高教园和未来科学城到海淀学院路的交通可达性。加强南产业园区与北高教园联系。

加 /INCREASE
增加绿色出行机会。设置步行路和自行车道路，利用桥下灰空间打造供周边产业园区职工娱乐的休闲放松场所。

减 /DECREASE
减少高架桥和铁路对东西产业园的割裂，加强东西向联系，方便通勤出行。

图例
- ▬ 一级绿道
- ┄ 二级绿道
- ○ 地铁站

巩华城
田园综合体
沙河水库
郊野公园

N   0 1 2 3 4 km

绿色出行与活力点联系

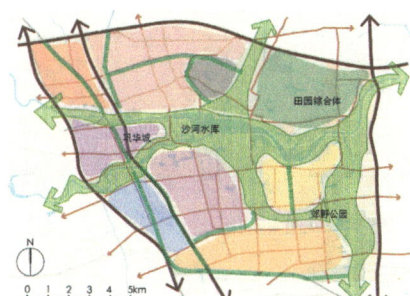

田园综合体
巩华城
沙河水库
郊野公园

N   0 1 2 3 4 5km

各组团间道路联系

停车场   人行空间 6.5m   双向车行道 14m   人行空间 6.5m
27m
主干道剖面图

图例
- 人行道
- 自行车道
- 种植带

主干道平面图

环境影响评价
Environmental Impact Assessment

运用 PSR（压力 - 状态 - 响应）的评价方法对区域的土地利用规划进行环境影响评价研究

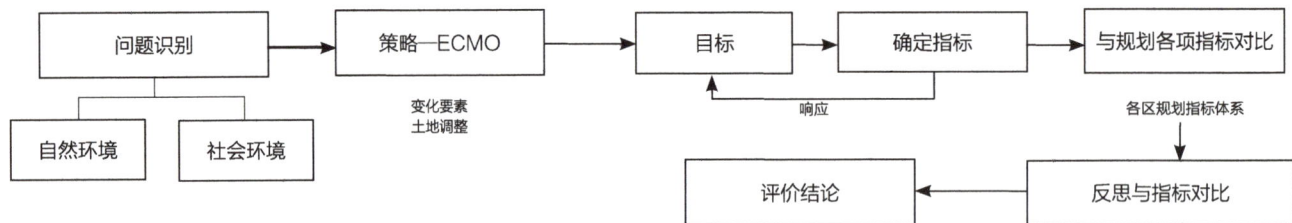

土地利用规划用地结构调整表（km²）

策略	变化要素		
	用地类型	规划前	规划后
	产业用地	28.3	31.1
	居住用地	33.5	33.2
A 水域面积	商业与公共服务用地	3.1	6.5
B 绿地面积	特殊用地	3.6	3.6
ECMO C 建设用地面积	闲置地	35.1	0
D 村落数量	水域面积	9.3	13.3
F 路网长度	耕地面积	12.1	14.1
	绿地面积	25.0	53.2
	建设用地	112.8	78.5
	村落数量	20 个	8 个

问题识别	目标	指标	现状	规划后	指标对比
水污染严重	改善水质	生态岸线比例（%）	50.2%	92.0%	通州 >90%
		年径流总量控制率（%）	——	> 85%	通州 80%
下游洪涝灾害风险大	提升水安全	蓄滞洪面积（km²）（片区蓄滞洪面积占北京市蓄滞洪面积比例%）	3.0（1.1%）	39.1（14.8%）	片区面积占北京市面积 0.9%，片区面积占北京市平原面积 2.4%，以此为依据
		绿地覆盖率（%）	16%	35%	60%（北京市）
生境破碎化游憩开放空间不足	提高生物多样性提升大气环境	人均公园绿地面积（m²/人）	——	23.6	昌平 27m²/人，亦庄 25m²/人，雄安 20m²/人，海淀 12m²/人
		公园绿地 500m 服务半径覆盖率（%）	43%	81%	95%
		生态连通性（CONTAG 指数）	3.01	8.49	——
通勤时间长	提升通勤	路网密度（km/km²）	4.71	7.80	昌平区 8km/km²
职住分离	满足宜居生活	15 分钟社区服务圈覆盖率（%）	——	80.7%	100%（北京市基本实现城乡社区全覆盖）
	职住平衡	职住面积比	1 : 1.19	1 : 0.99	1 : 0.60（雄安启动区规划指标折算 + 亦庄规划比例佐证）

（自然环境 / 社会环境 — 左侧纵向标注）

环境影响评价从自然环境和社会环境两方面入手，进行指标选取和比较评价。评价结果：规划后在自然环境方面减轻了下游地区洪水压力，保障中心城区和通州水安全，改善了城市水质。对片区内部增加了城市绿地面积，满足居民游憩需求，对市域范围而言则增加了旅游游憩吸引力。提高生态廊道连通度，有助于中心城区环境改善。在社会方面大量承接城区疏解人口并提供充足的就业岗位，缓解了中心城区人口压力和通勤压力，引导高新科技产业和人才向西北近郊流动。综上在两方面基本达成 ECMO 的作用。

节点选择
Node Selection

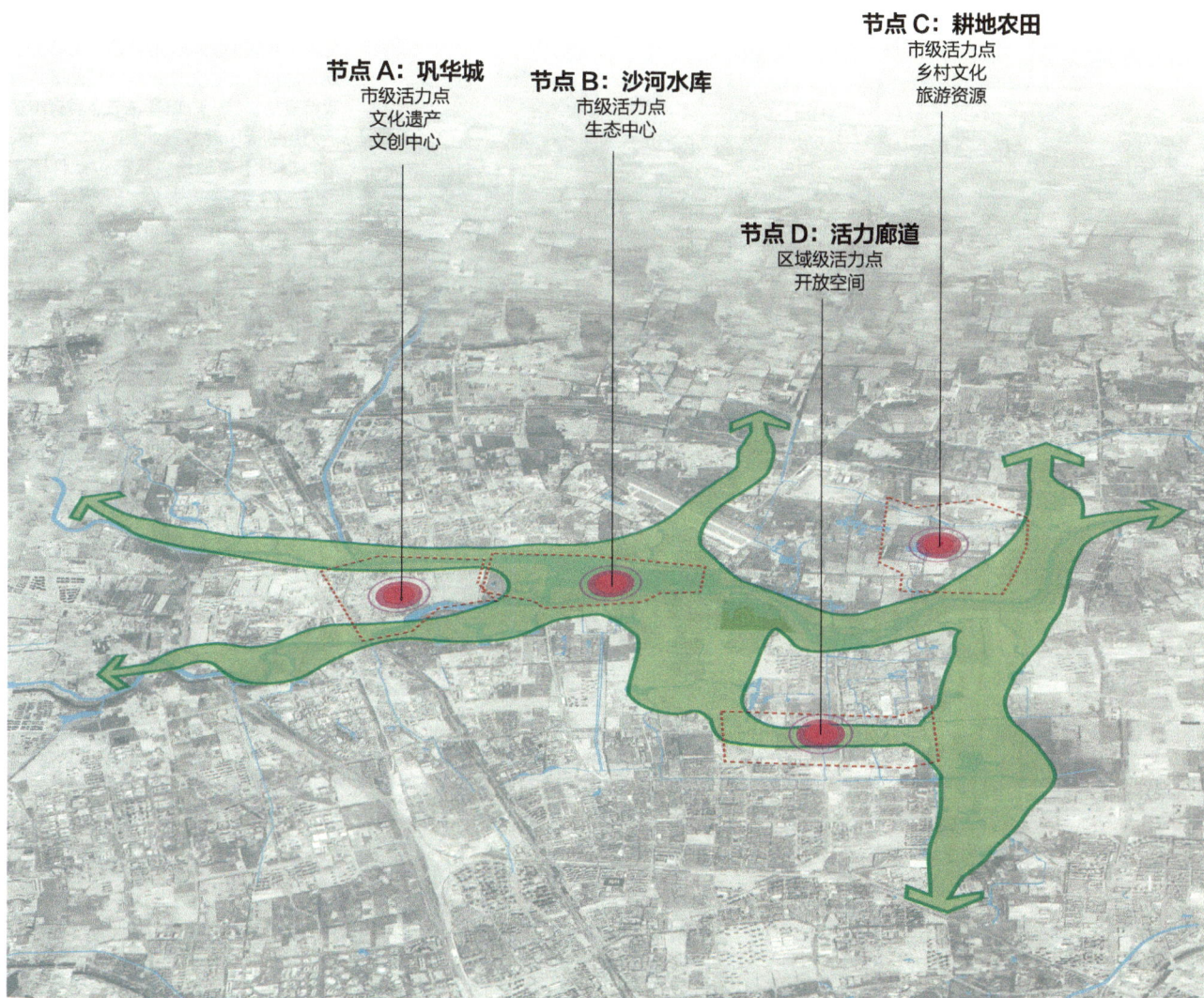

节点 A：巩华城
市级活力点
文化遗产
文创中心

节点 B：沙河水库
市级活力点
生态中心

节点 C：耕地农田
市级活力点
乡村文化
旅游资源

节点 D：活力廊道
区域级活力点
开放空间

节点 A：巩华城
Node A：Gonghua City

场地现状

场地现状平面图

巩华城城墙遗址

巩华城内部现已大面积拆迁

巩华城内部商服质量低

巩华城节点面积 4.8km²，位于南沙河和北沙河之间的半岛上，南北现有优美的自然景观。场地中部现存明代行宫巩华城遗址，承载历史文化。场地东部巩华城地铁站，西部京藏高速使场地与外部有较便捷的交通联系。另外上位规划对场地定位为未来科学城西区，有政策支持。综上，巩华城节点具有市级活力点的吸引潜力。

根据上位规划以及区位条件确定场地定位为集商务办公、旅游休闲为一体的城市综合服务组团，形成"沙河水库＋巩华城"双核旅游节点。完成遗址内部拆迁，修复现存城墙，建设巩华城遗址公园。依托公园和地铁站打造新的科技产业中心，加强区域引力进行人口疏解。

历史研究与古城保护

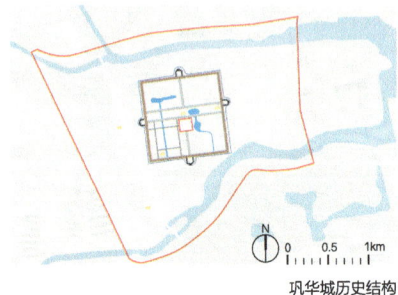

巩华城历史结构

保护范围
建设控制范围
水域

据北京市文物局绘制巩华城保护范围

| 明 | 清 | 民国 | 1949 年后 |

巩华城前身为沙河行宫，城小位尊，为仓储商贸中心，集粮仓、漕运功能为一身。

明末之战，巩华城城墙损毁，失去原有商贸功能，城内大部分建筑被烧毁。

因建沙河水库缺少建筑材料，巩华城内寺庙和主要大街铺的石板等被拆除，运往水库进行建设。

2010年巩华城开始拆迁改造，城内居民陆续搬迁。2014年巩华城四座瓮城开始修复。

明顾炎武《昌平山水记》

十七年五月，始于沙河店之东建行宫。十九年正月，城之，名曰巩华，南北径二里，东西径二里。门四：南曰扶京，制如午门，北曰展思，东曰镇辽，西曰威漠。……有分守公署奠靖所及营房五百间，今地，惟行宫在。

节点 A：巩华城
Node A：Gonghua City

① 安济春流眺望台
② 瓮城广场
③ 西坑花园
④ 行宫遗址广场
⑤ 生态浮岛
⑥ 桥下活动广场
⑦ 骑行道
⑧ 中轴公园
⑨ 码头
⑩ 朝宗桥公园
⑪ 商业中心

平面图

结构图　　　　　　用地平衡图　　　　　　交通分析图　　　　　　绿色出行布局图

节点 A：巩华城
Node A：Gonghua City

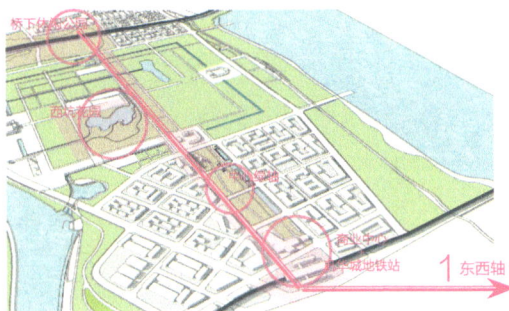

中心绿轴水渠栈道效果图

东西轴节点设计

　　东西轴线穿过历史古城走向未来科技，贯穿西部产业园区，中部巩华城遗址公园由中心绿轴连接通向片区商业中心和地铁站，增加节点内连通性。

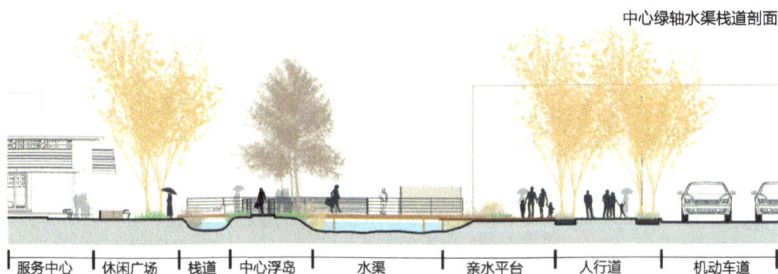

中心绿轴水渠栈道剖面

服务中心 | 休闲广场 | 栈道 | 中心浮岛 | 水渠 | 亲水平台 | 人行道 | 机动车道

桥下休闲公园

京藏高速辅路抬升创造生物廊道，加强东西联系。利用桥下灰空间设置骑行道和休憩坐凳广场，优化桥下景观。

中心绿轴自行车道

增加绿色出行机会，机动车行、骑行、步行分离，增加出行安全。改良骑行道两侧城市景观，减少机动车噪声尾气干扰。

节点 A：巩华城
Node A：Gonghua City

南北轴节点设计

　　南北轴线由北沙河穿过巩华城至南沙河，为历史上巩华城南北轴线，有重要的历史意义。强化节点的历史性要素，增加片区文化吸引力。历史文化和自然景观结合，增加了片区商业价值，同时产业发展引起人们对历史文化的关注也有利于遗迹保护，用古城的振兴承载当代的发展。

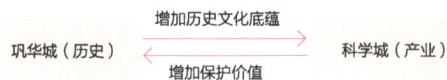

巩华城行宫广场效果图

巩华城（历史）　　增加历史文化底蕴　　→　　科学城（产业）
　　　　　　　　　增加保护价值

安济春流滨水平台效果图

别墅区
Villa area

生态浮岛
Ecological island

阳光草坪
Sunshine lawn

南沙河
Nanshahe river

亲水平台
Hydrophilic platform

节点 B：沙河水库
Node B：Shahe Reservoir

沙河水库节点：城市的生态之肾，可为北京市民提供安全干净的水资源与完整的公共休闲空间。严格保护自然本底条件，所有人工建设与游憩娱乐活动均为被动式，加强自然保护科普，并激发绿色可持续发展概念。在保护的基础上对水库进行生态修复，对原有硬质化驳岸进行生态化处理，通过生物技术与植物对水体进行净化。同时划定一定保护区范围控制人类活动干扰，保护生物群落及生境健康。在滨河森林公园内，设置展示水循环的博物馆，将自然教育体验与实际水循环净化工艺流程联系在一起。

节点平面图

① 沙河闸　　④ 河岸步道　　⑦ 水净化博物馆　　⑩ 溪地净化区
② 主入口　　⑤ 生态浮岛　　⑧ 游客中心　　　　⑪ 游憩草坪
③ 休闲平台　⑥ 生态保护区域　⑨ 观鸟站　　　　⑫ 次入口

弹性雨洪系统

常水位：设计高程 37m　　　　　　　　　　泄洪闸

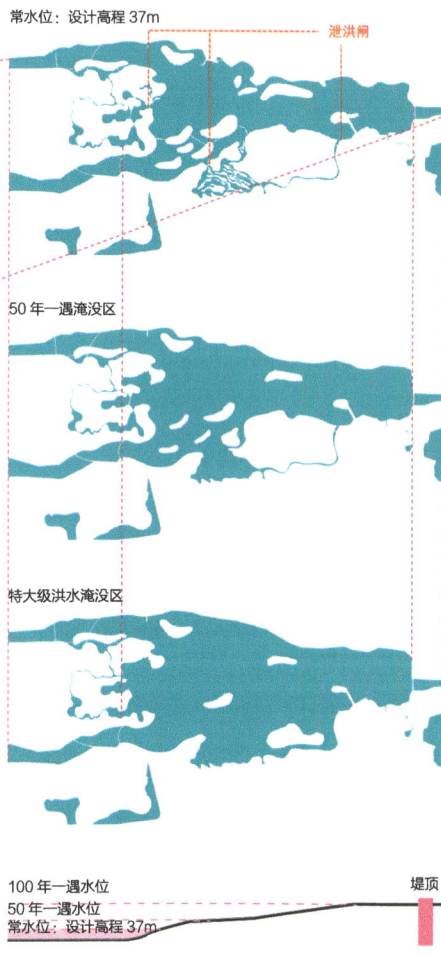

50 年一遇淹没区

特大级洪水淹没区

节点现状总结——与未来需求之前的差距

水资源构成　　水质分析　　　驳岸类型　　蓄滞洪与闸坝　　交通问题

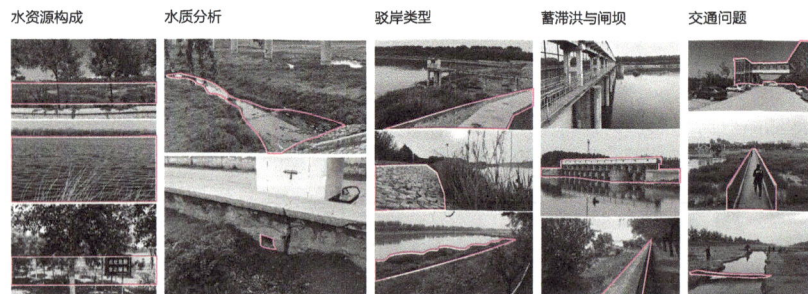

100 年一遇水位　　　　　　　　　　　　　堤顶
50 年一遇水位
常水位：设计高程 37m

节点 B：沙河水库
Node B：Shahe Reservoir

节点专项——生物多样性

25%　水域
53%　湿地
22%　林地

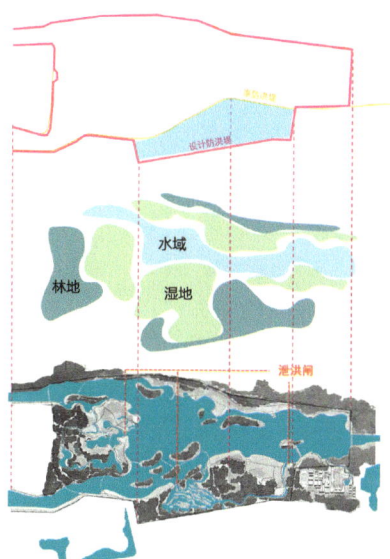

节点专项——水质净化与驳岸修复

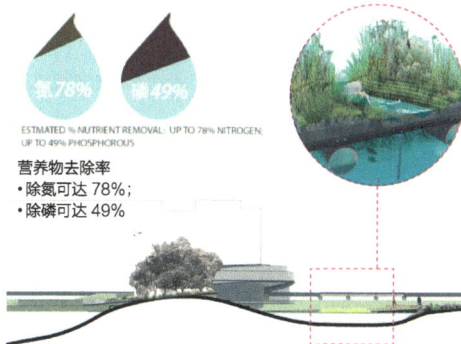

氮78%　磷49%

ESTIMATED % NUTRIENT REMOVAL: UP TO 78% NITROGEN;
UP TO 49% PHOSPHOROUS

营养物去除率
· 除氮可达 78%；
· 除磷可达 49%

生态浮岛 350000m²

游客活动中心

根据游客容量测算，沙河水库国家城市湿地公园最大日载客量20000人，需要设置中型游客中心服务 30~60 万人次 / 年的承载量。

亲水平台

沿水库南北两侧设置亲水平台，利用被动式栈道串联，为游人提供亲水游憩与观景区域，与弹性雨洪管理设施结合。

节点 B：沙河水库
Node B：Shahe Reservoir

观鸟站

利用生境的重塑，在南部水域设置观鸟站，合理利用沙河水库生物多样性资源，提供观鸟平台以及青少年科普教育区域。

湿地栈道

在沙河水库生态保护区设置被动式栈桥，限制人群活动方式的同时提供一定的观赏游憩功能。

节点鸟瞰图

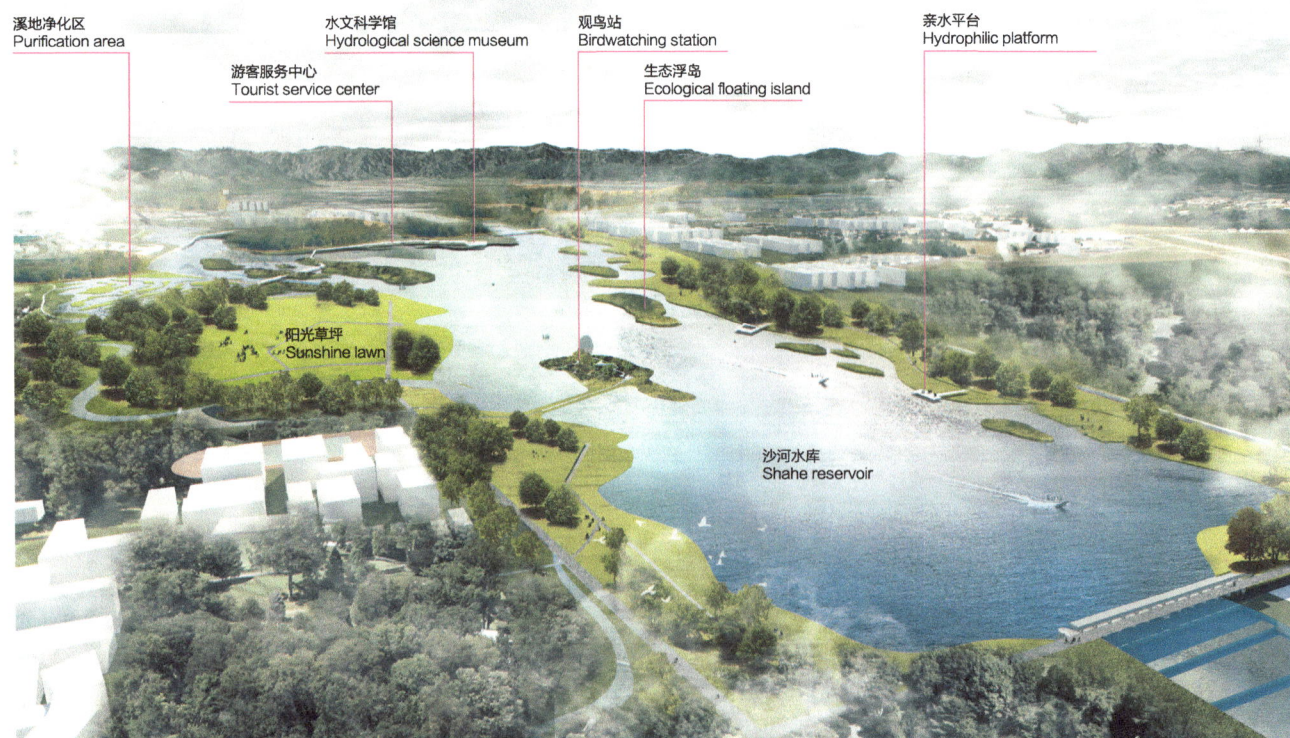

溪地净化区
Purification area

水文科学馆
Hydrological science museum

观鸟站
Birdwatching station

亲水平台
Hydrophilic platform

游客服务中心
Tourist service center

生态浮岛
Ecological floating island

阳光草坪
Sunshine lawn

沙河水库
Shahe reservoir

节点 C：耕地农田
Node C：Cultivated Land

节点定位：京北农业生活园

依托场地农业耕作基础和区位优势，以"京郊农耕文化"为最大特色，探索集现代农业、休闲文旅、田园社区为一体的乡村综合发展模式。打造以生态高效农业、休闲旅游农业、文化小镇为主体，体现花园式农场运营理念的农林、旅游、度假、文化、居住的"京北农业生活园"，为北京市居民度假休闲和外地游客观光提供新的选择。以旅游带动农业发展，建设生态友好、环境宜人的可持续人居环境。

现状分析

节点重要性

农业耕作基础

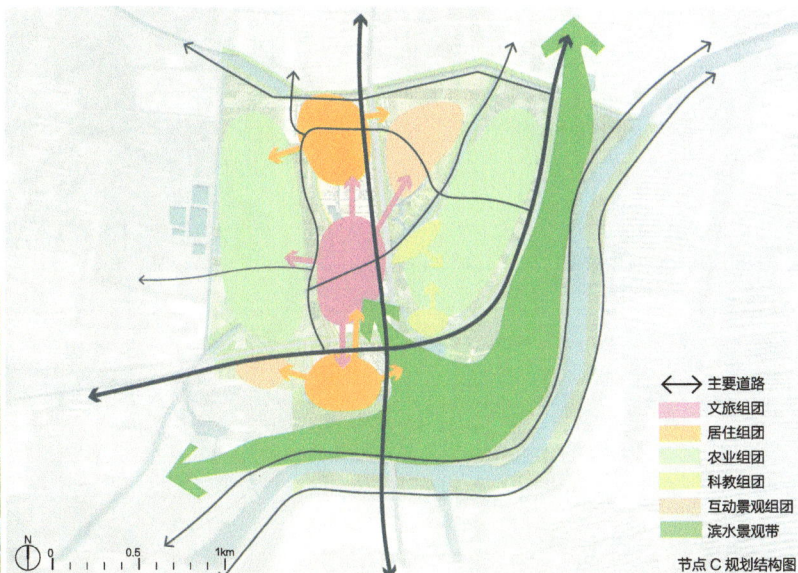

主要道路
文旅组团
居住组团
农业组团
科教组团
互动景观组团
滨水景观带

节点C规划结构图

农田

讲礼村街景

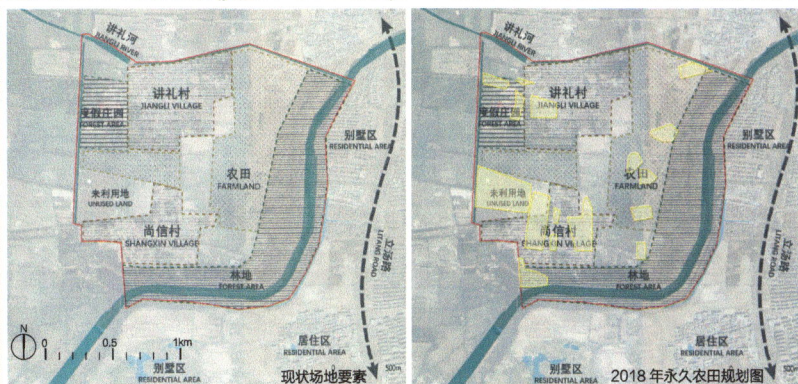

现状场地要素

2018年永久农田规划图

节点 C：耕地农田
Node C：Cultivated Land

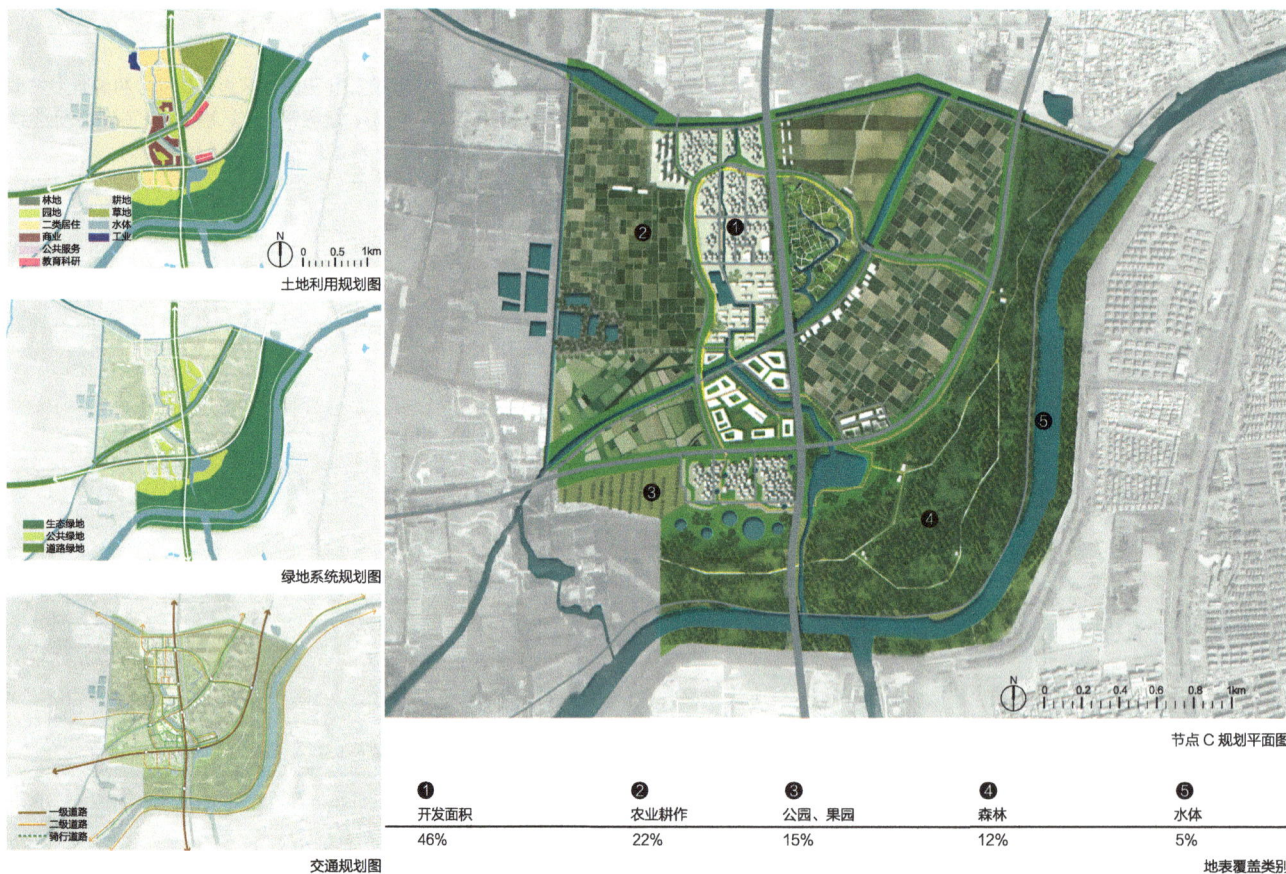

土地利用规划图

林地　耕地
园地　草地
二类居住　水体
商业　工业
公共服务
教育科研

绿地系统规划图

生态绿地
公共绿地
道路绿地

交通规划图

一级道路
二级道路
骑行道路

节点 C 规划平面图

❶	❷	❸	❹	❺
开发面积	农业耕作	公园、果园	森林	水体
46%	22%	15%	12%	5%

地表覆盖类别

鱼塘－农田节点剖面

降水

城市污水　净化　鱼塘　生物作用　粮食作物

节点 C：耕地农田
Node C：Cultivated Land

节点鸟瞰

生活节点

划分多层级绿地系统，串联起道路生态绿地和森林公园生态绿地，同时为骑行、散步、出游等活动提供宜人空间。

公共服务节点

打通秦尚路和温榆河南岸，增强节点与城区联系。打造开放的商业广场。建设绿色建筑，营造宜人友好的空间。

农业生活园节点

节点西侧放置生产型农业、大棚种植、鱼塘和采摘园，转变原有耕作模式，为讲礼村提供新的就业岗位，带动片区发展。

节点 D：活力廊道
Node D：Corridor of Vitality

活力廊道节点面积 4.86km²，位于连接郊野公园和沙河水库的生态廊道之上，属于从市域级绿色空间到社区组团内部的过渡空间。

在生态方面，现状场地生态功能薄弱，与规划目标差距较大，但大量闲置地与待拆迁用地为生态修复提供了机遇。

在社会活力方面，节点主要服务对象为北侧科教创新组团与南侧回龙观居住组团，亦可服务于其他组团及片区外天通苑等地区。

节点周边地区的人群组成具有强烈的青年化特征，以回龙观为例，70% 人口为 18 至 45 岁青年群体，仅 30% 为老年人与儿童。与此同时，回龙观地区整体缺乏结合商业、娱乐、文化、户外游憩的综合性场所，现状商业服务设施仅能满足日常生活基本需求，存在严重的消费娱乐活动外溢现象，且公共绿地匮乏。另外，该区域还需要非 IT 产业就业机会，以缓解通勤压力和职住失衡，促进本地就业与消费之间的良性循环。

基于 ECMO 规划目标与地区现状问题，此节点致力于打造生态连通性与社会连通性均好的活力廊道，采取疏通水网并打开滨水空间、确立绿色空间网络、大量置入连续的室内外公共活动场所、以道路和慢行系统保障节点内外可达性等四项关键策略，实现促进城市生物多样性、丰富居民和从业者休闲娱乐生活的目标，最终激发区域活力，促进 ECMO 运转。

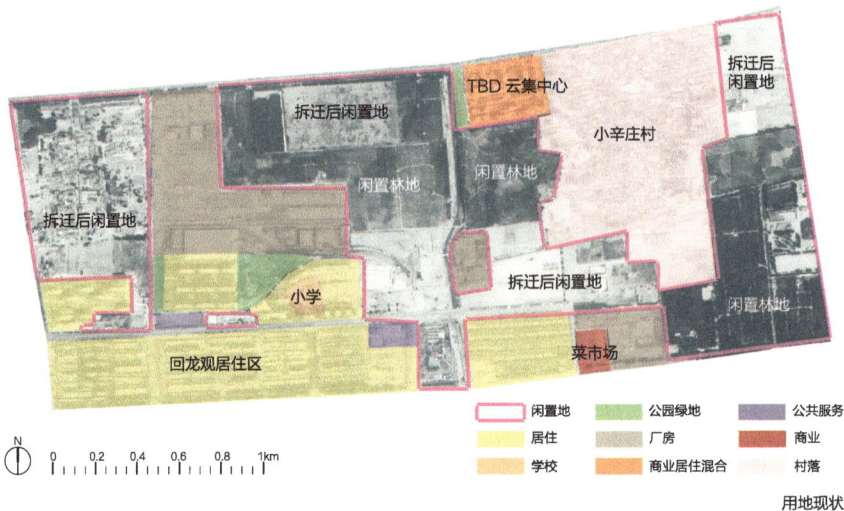

用地现状

河道现状 1

河道现状 2

水系 - 现状

交通 - 现状

节点 D：活力廊道
Node D：Corridor of Vitality

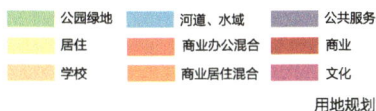

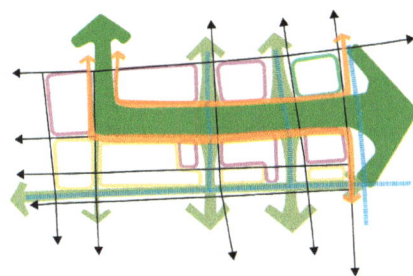

公园绿地	河道、水域	公共服务
居住	商业办公混合	商业
学校	商业居住混合	文化

用地规划

核心生态廊道
次级绿地廊道   商服组团
主要活动界面   居住组团
河道   绿地
机动车主干道

结构图

4.5m   4m

亲水河岸剖面图

驳岸生态化

水系 – 方案

机动车主干道   停车场
机动车支路   支路服务组团

机动车交通 – 方案

步行街   无车区域   公交站点

慢行交通 – 方案

节点 D：活力廊道
Node D：Corridor of Vitality

① 入口广场　② 儿童游戏场　③ 滑板场　④ 阳光草坪　⑤ 亲水台阶
⑥ 室外剧场　⑦ 展览广场　⑧ 郊野公园入口　⑨ 社区公园　⑩ 文化建筑群　⑪ 社区市场

N　0　0.2　0.4　0.6　0.8　1km

总平面图

3m	5m	8m	2m	2m
雨水花园	商业外摆区	步行街，消防通道	树池	通道

步行街剖面图

节点 D：活力廊道
Node D：Corridor of Vitality

鸟瞰图

步行街效果图

展览广场效果图

亲水河岸效果图

针对城市现状建设无序扩张、环境污染、公共空间缩减等突出问题，通过对温榆河流域的分析与定位，提出以"自然脉搏"作为城市发展新途径的思路，以自然蓝绿系统为"脉"，整合生态空间，发挥生态系统服务；以社区与交通为"搏"，激发城市新活力，实现区域新搏动，并由此探讨城市发展新模式。

自然脉搏——城市生长新途径

黄静丽
季　雨
彭　尚
晓　娟

SWOT 分析与总体定位
Interpretation of Upper Planning

S 优势
1. 经济发展基础良好，发展潜力较大
2. 地方文化特色显著，游憩资源丰富
3. 大学、科研机构和人才集聚地
4. 具有良好的科创研发产业基础

W 劣势
1. 空气质量较差，水资源不足且污染问题严重
2. 城镇建设无序扩张，区域发展不平衡
3. 南北交通不畅，现状基础设施分布不均衡
4. 生态面积缩减，生态连接度不足

O 机遇
1. 京津冀一体化发展，有效疏解非首都功能
2. 推动产业转型与产城融合
3. 完善生态建设，构建山水田园城市
4. 旅游组团开发潜力较大，加强区域交通联系

T 挑战
1. 实现二元水循环耦合和水资源的可持续利用
2. 协调产业发展与环境治理
3. 加强精细化管理，创建一流人居环境
4. 降低环境风险水平，提高城市韧性

（结合前期流域专题分析与北京市上位规划解读所得）

四大愿景

绿色新型城镇化的引领地　　高新科创技术人才的国际平台　　多元化且服务便捷的现代城市　　生态服务价值优越的示范区

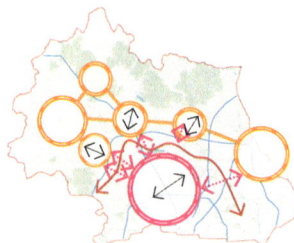

概念演变
Evaluation of Concepts

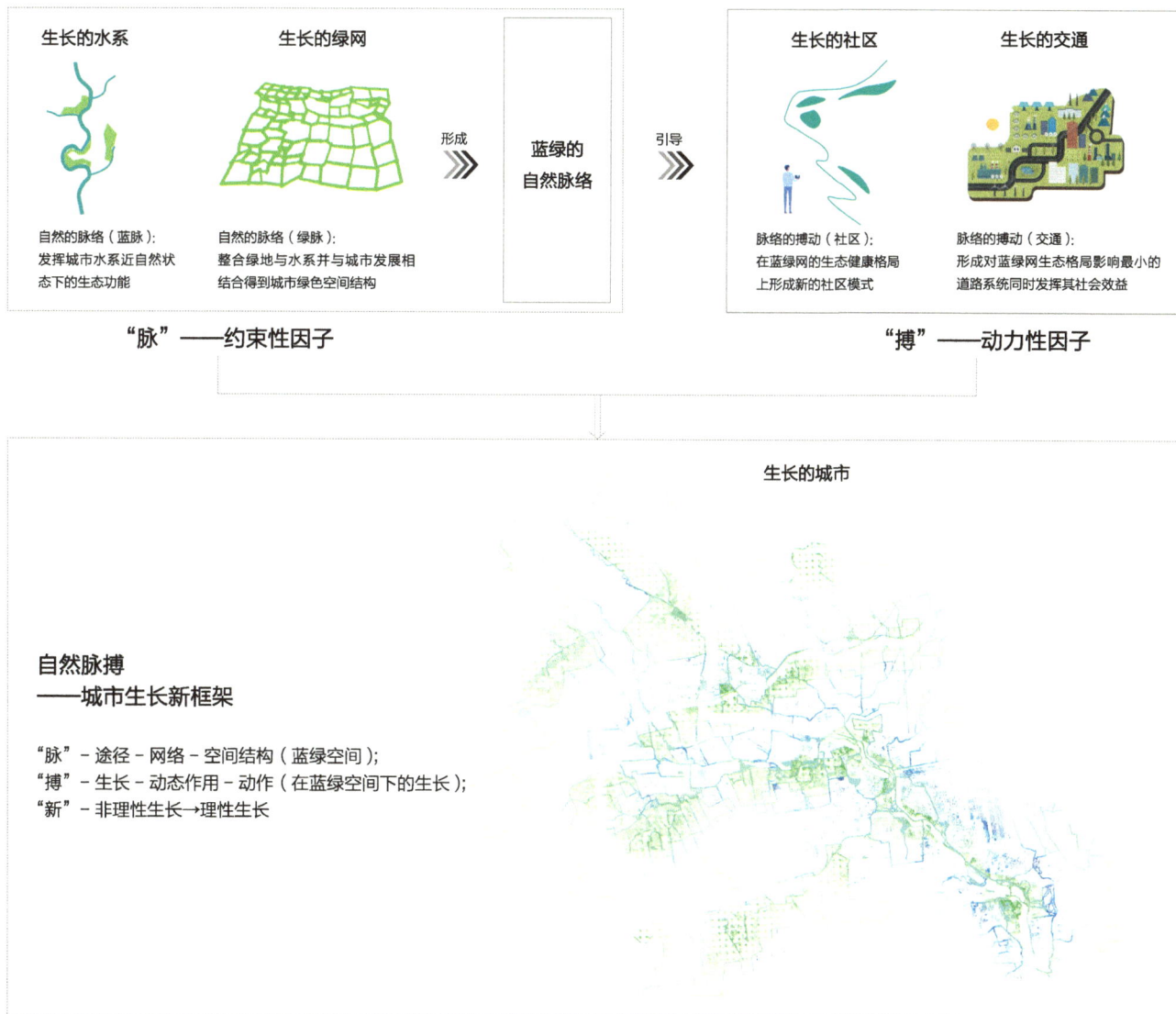

生长的水系

生长的绿网

形成

蓝绿的
自然脉络

引导

生长的社区

生长的交通

自然的脉络（蓝脉）：
发挥城市水系近自然状
态下的生态功能

自然的脉络（绿脉）：
整合绿地与水系并与城市发展相
结合得到城市绿色空间结构

脉络的搏动（社区）：
在蓝绿网的生态健康格局
上形成新的社区模式

脉络的搏动（交通）：
形成对蓝绿网生态格局影响最小的
道路系统同时发挥其社会效益

"脉"——约束性因子

"搏"——动力性因子

生长的城市

自然脉搏
——城市生长新框架

"脉" – 途径 – 网络 – 空间结构（蓝绿空间）；
"搏" – 生长 – 动态作用 – 动作（在蓝绿空间下的生长）；
"新" – 非理性生长→理性生长

生长的水系
Growing Drainage

　　对温榆河流域水系不同河段分别设立规划目标。上段水系以涵养水源为主，通过疏通地表径流，让水资源尽可能多地汇入河流；中段水系以提高河流防洪等级与缓解地下水短缺问题为主，通过建立蓄滞洪区和生态湿地系统留住大部分的水资源；末段水系以缓解洪涝灾害为主，通过升级通州堰分洪体系来提高其蓄洪能力。

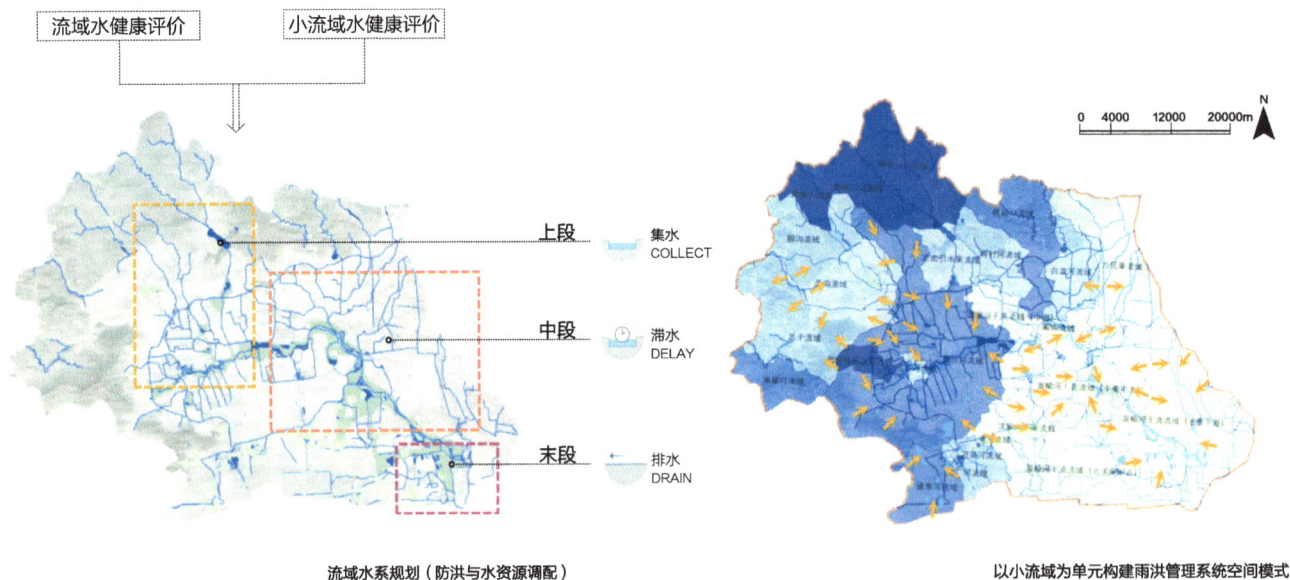

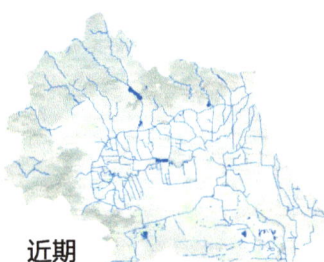

流域水系规划（防洪与水资源调配）

以小流域为单元构建雨洪管理系统空间模式

近期

中期

远期

总体分期目标

疏通地表径流路径，改善水体连通性和修复水质，对水资源进行合理布局。

实现水资源合理的空间调配，落实小流域的雨洪管理，将河流逐渐恢复自然化。

近自然化的河流发挥生态与社会效应，并带动区域生态网络的发展，形成温榆河生态带。

流域水系分期规划

生长的绿网
The Green Web of Growth

　　综合叠加自然、生物和人文过程分析结果，形成流域生态格局，优先构建城市发展的生态本底，由大型斑块、廊道、开放空间节点构成城市生态基础设施，维护城市生态健康。附属于流域生态格局形成的绿色开放空间，将充分满足城市居民的休闲游憩需求。

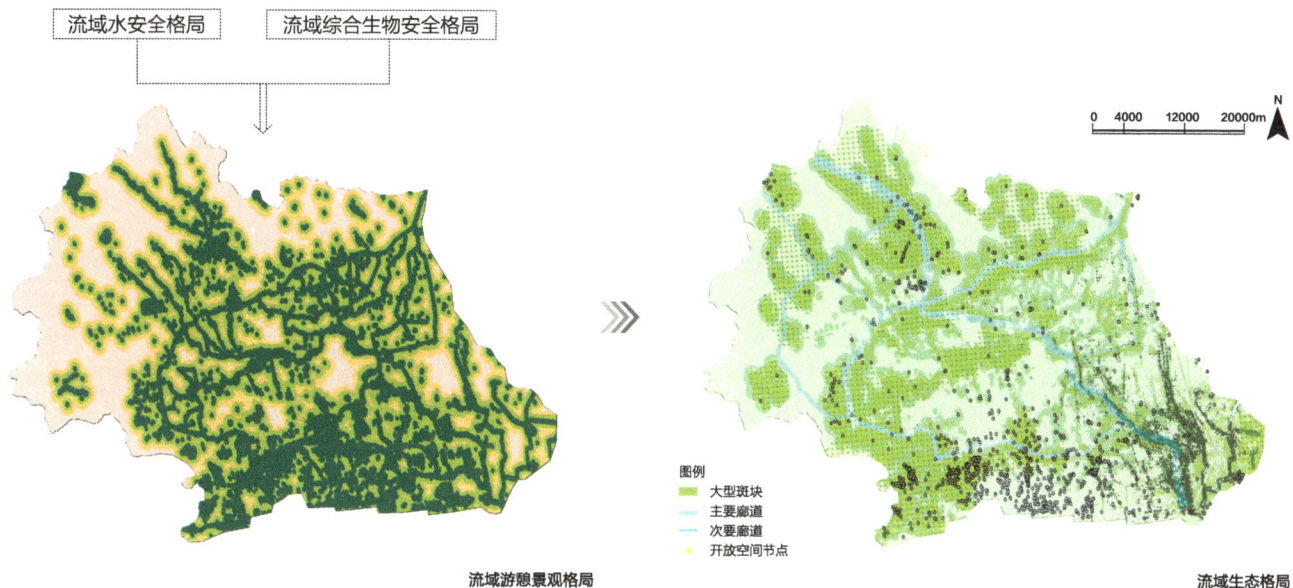

流域水安全格局　　　流域综合生物安全格局

流域游憩景观格局

图例
- 大型斑块
- 主要廊道
- 次要廊道
- 开放空间节点

流域生态格局

近期

整合生态斑块，初步建设河流生态廊道。

中期

完成河流生态廊道的建设，初步建设道路防护林网络和农田防护林网络。

远期

形成完善的流域绿网结构，构建复合多功能的城市公园绿地系统。

总体分期目标

流域绿网分期规划

111

生长的社区
Growing Community

流域承担着重要的疏解功能以及新型科技创新功能。基于三个规划新城区，利用场地资源优势促进社区生长。随着新城发展，逐步完善周边配套设施用地。产业的发展推动原有农业社区形成居住及休闲社区。充分发掘周边文化旅游资源，形成文化特色社区。

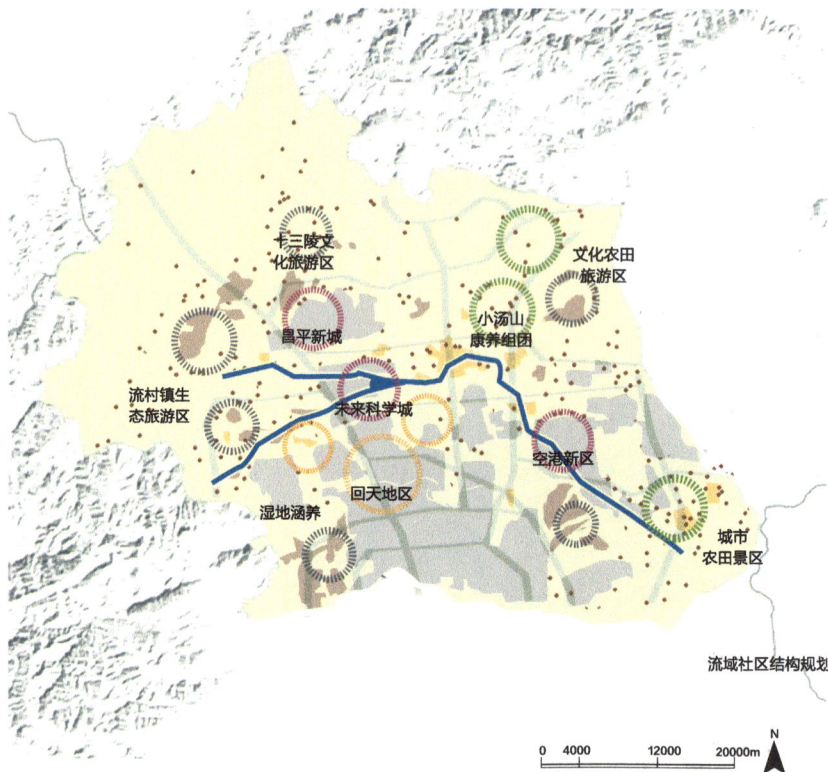

十三陵文化旅游区

艾化农田旅游区

昌平新城

小汤山康养组团

流村镇生态旅游区

未来科学城

空港新区

湿地涵养

回天地区

城市农田景区

流域社区结构规划

0 4000   12000   20000m   N

近期

疏解中心城区人口及产业，深度挖掘周边文化资源，打造文旅游憩产业，进一步提高社区品质。

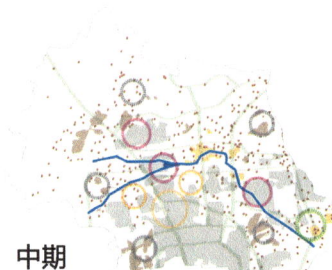

中期

完善城市配套服务设施，拆迁零散村落，搬迁工业设施，形成集约高效的生产和发展模式。

远期

形成宜居的高品质社区环境，实现产城融合与新型田园观光城市。

总体分期目标

流域产业分期规划

生长的交通
Growing Traffic

流域内部各特色空间组团串联成完整体系，辐射周边区域，与中心城区及北部景区、农业保留区产生互动，以内部活力向外激活全域范围，形成集生态、休闲、游憩、产业等多种功能于一体的城镇体系。为实现这个目标，需要进一步建立便捷的快速与慢行交通网络骨架体系。

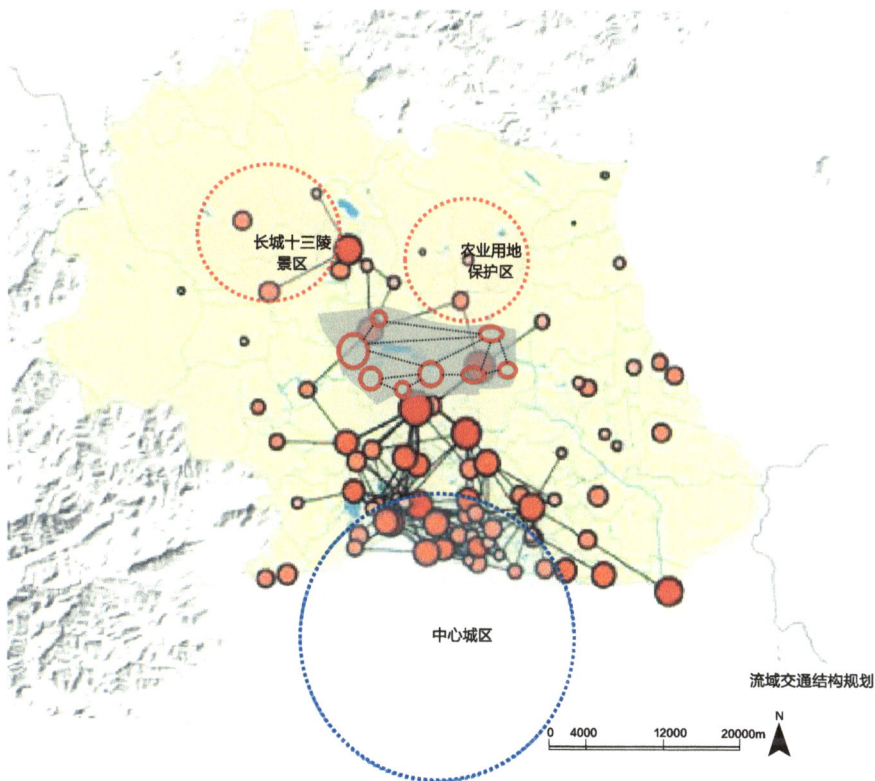

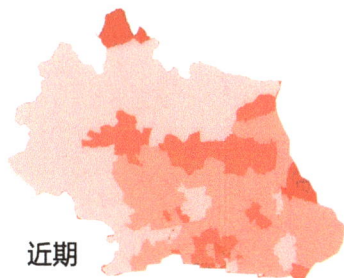

长城十三陵景区

农业用地保护区

中心城区

流域交通结构规划

0   4000   12000   20000m

N

近期

对城乡体系现状进行梳理，结合多种因素综合评价，根据评价结果相应地完善交通骨架体系。

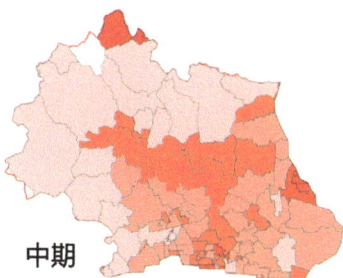

中期

将城市服务配套设施与社区体系高度结合，实现功能集约化，并结合水、绿网络综合发展提升。

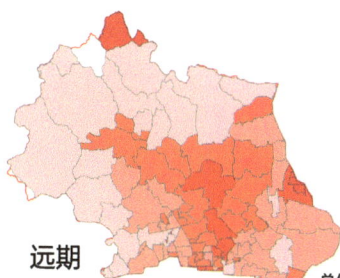

远期

以 500~1000m 的宽度在建设用地周围预留缓冲带，为未来的城市发展预留足够的生长空间。

总体分期目标

流域交通分期规划

片区范围
Scope of Region

片区重要地位

蓝绿脉络关键搏动点

激活水域空间，链接绿网，实现蓝绿交融

宜居宜游未来社区

整合自然文化资源，传播文化，营造生态社区

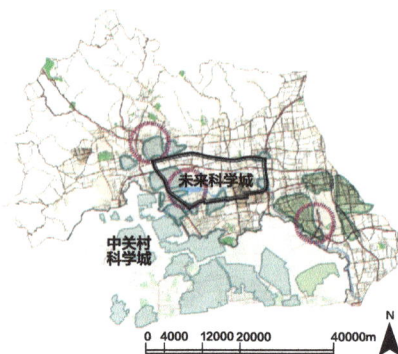

疏解非首都功能的示范区

产业升级，职住平衡，吸纳人才

研究区域范围

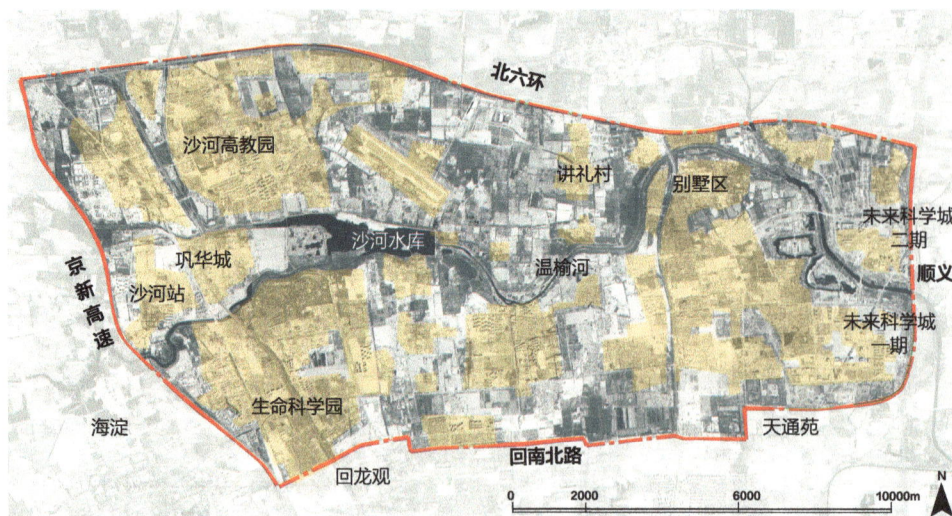

未来科学城片区

区位：昌平区南部平原区

面积：面积 181.4km²

关注重点：在科技新城建设中如何利用自然生长引导城市建设健康有序发展

"断点"

以沙河水库为界存在明显环境、地下水位、污染情况等的差异

↓"断点"

拦截污染物、阻断河流自然流动
"与人、城之间断点"

现状分析
Status Analysis

片区现状问题总结：缺乏生态与建设的有序整合

1. 用地：类型较为复杂，村镇转型过程中存在较多土地利用矛盾，产业分散于村落间，用地零散效率较低，产业园区基础设施配套不足。
2. 城镇体系：村镇发展较为独立，缺乏有序开发组织，城镇化区域配套设施不足，道路连通性不足。
3. 水文：近年水域萎缩严重，连通度减弱，易涝区分布在城镇建设用地中，西区主要为人水关系问题，东区主要是水生态系统问题。
4. 生态：斑块破碎化且区域南北纵向连通度不够，片区集中性绿地空间较少。
5. 城市生长途径：沿道路线性生长与"飞地"型点状生长并存，缺乏各要素之间联动及相互关系的有序组织。

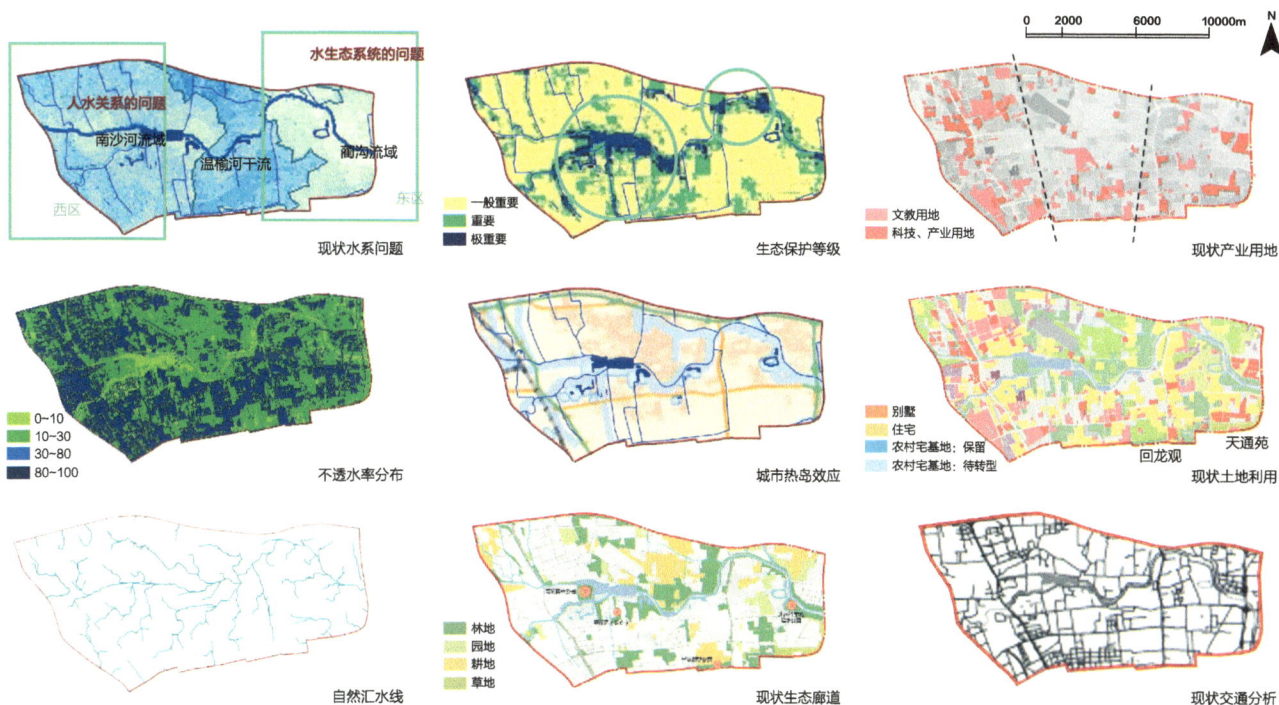

现状水系问题

生态保护等级
一般重要
重要
极重要

现状产业用地
文教用地
科技、产业用地

不透水率分布
0~10
10~30
30~80
80~100

城市热岛效应

现状土地利用
别墅
住宅
农村宅基地：保留
农村宅基地：待转型
天通苑
回龙观

自然汇水线

现状生态廊道
林地
园地
耕地
草地

现状交通分析

115

现状分析
Status Analysis

　　城市生长旧途径——随着路网加密，城市建设快速扩张，先占用水体及农田，然后再建立城市公园绿地系统，说明城市建设虽意识到公园绿地的重要性，但是目前的建设方式是孤立、点状的，未来应系统实现以自然为脉的有序的城市生长新途径。

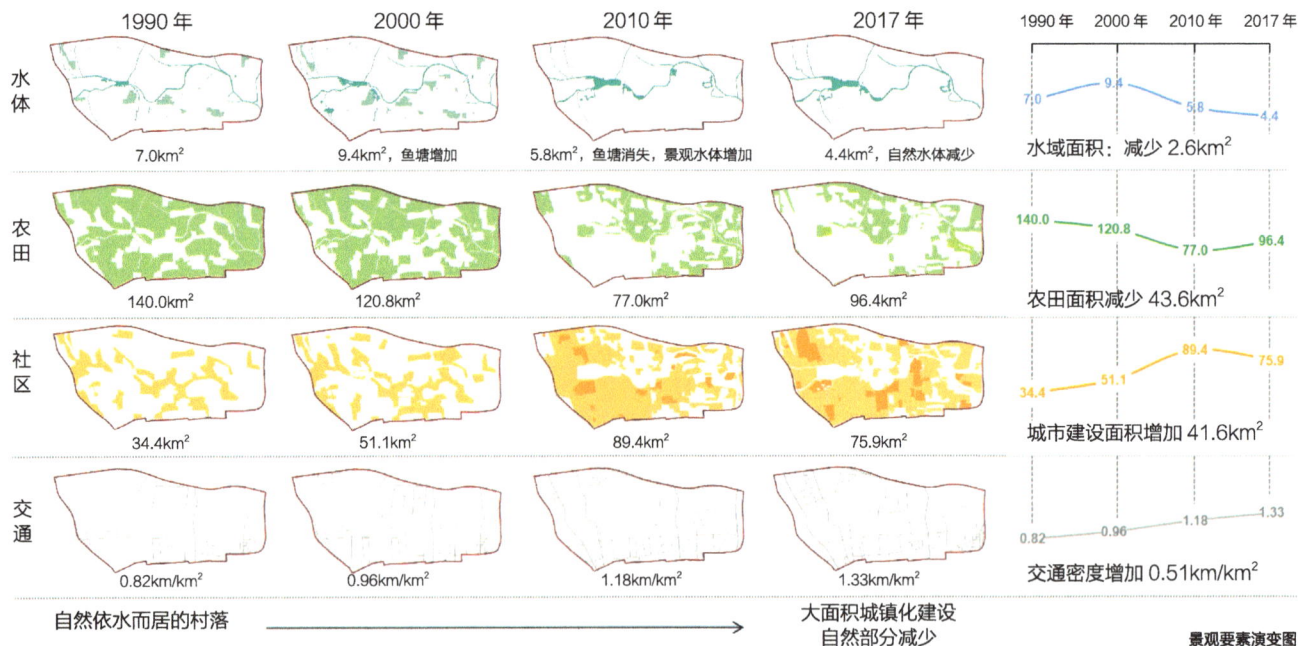

	1990 年	2000 年	2010 年	2017 年	
水体					水域面积：减少 2.6km²
	7.0km²	9.4km²，鱼塘增加	5.8km²，鱼塘消失，景观水体增加	4.4km²，自然水体减少	
农田					农田面积减少 43.6km²
	140.0km²	120.8km²	77.0km²	96.4km²	
社区					城市建设面积增加 41.6km²
	34.4km²	51.1km²	89.4km²	75.9km²	
交通					交通密度增加 0.51km/km²
	0.82km/km²	0.96km/km²	1.18km/km²	1.33km/km²	

自然依水而居的村落 ——————————————→ 大面积城镇化建设 自然部分减少

景观要素演变图

功能布局：产城融合、职住一体、蓝绿交织基地、生态宜居

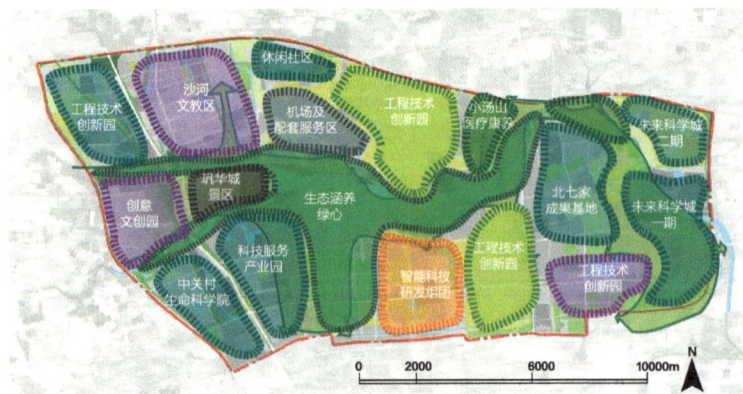

功能布局图

科技产业组团
未来科学城东西区，实现组团内部职住一体，打造宜居工作生活社区。

农业产业组团
梳理整合现有农田，并与科技产业结合，实现农业产业的升级与转型。

科教文化组团
依托众多大学、科研机构及巩华城景区，打造文化创意组团。

绿色发展组团
整合周边绿地资源，集中打造片区生态涵养绿心，为片区健康生长提供动力。

规划方案
Regional Landscape Planning

规划结构：以绿心带动周边生态产业，形成绿色功能组团，向周边辐射，最终与温榆河一起形成东西延伸、南北贯通的片区发展脉络。自然蓝绿脉络约束城市增量过度发展，并为居民提供可公平享用的绿色空间。

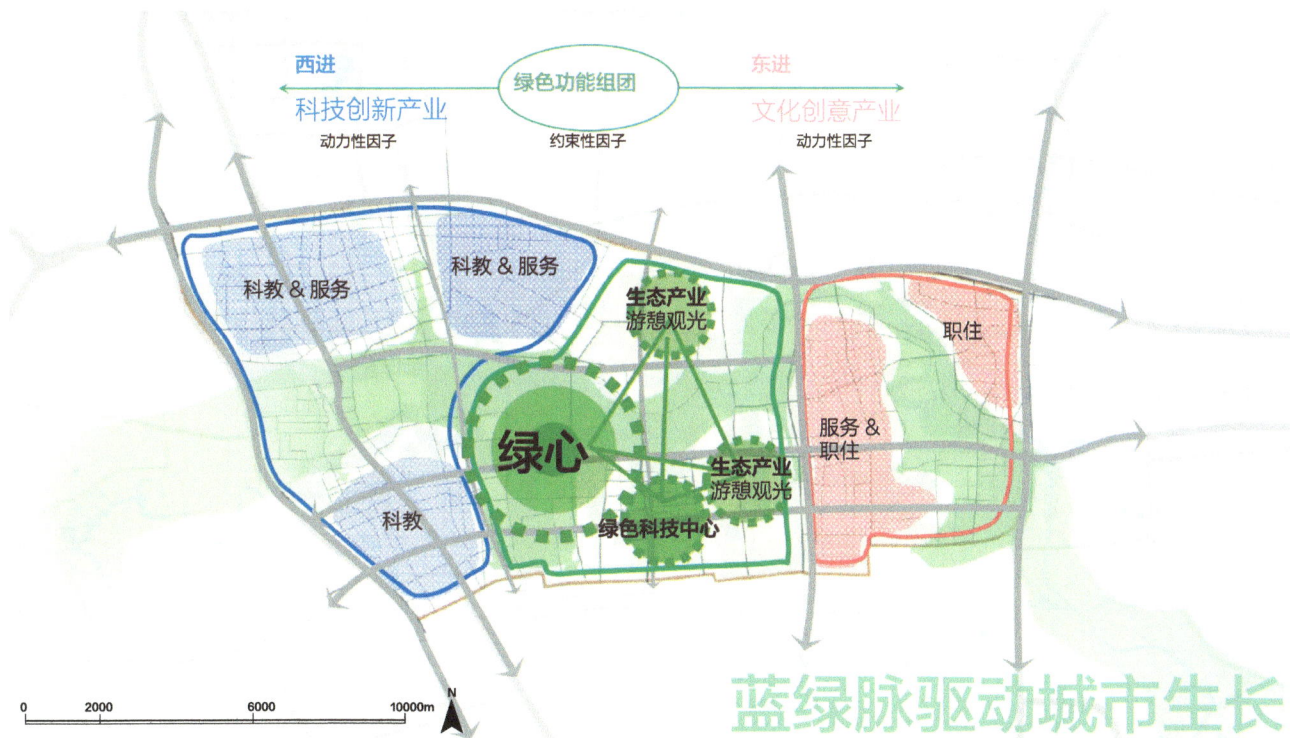

规划结构图

用地规划：有机融合的用地规划，便捷舒适的职住生活尺度

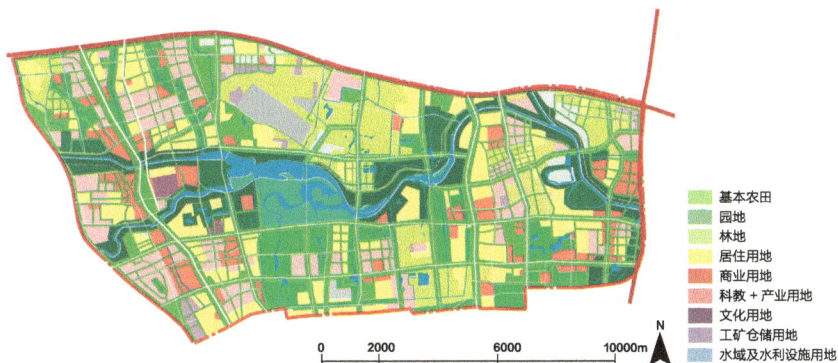

基本农田
园地
林地
居住用地
商业用地
科教＋产业用地
文化用地
工矿仓储用地
水域及水利设施用地

用地规划图

现状
布局临散，大面积闲置土地。

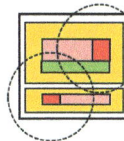

规划后：有机混合组团
以产业园为中心布局居住组团，社区公园及商务配套均在步行尺度内，让社区组团更有机，更宜居。

专项设计
The Special Design

水系生长

是什么：水系形态的自然化、生态功能的恢复
1. 恢复或保持水系自然形态，构建生态可持续的水文功能区域
2. 营建生态化的水利设施，满足河流四维连通性
3. 带动城市的经济社会发展，实现综合生态效益

怎么做：疏通健康的水网脉络
1. 构建健康流动水网（流动——改造沙河水库水利工程设施，增加水系连通度；健康——净化湿地、梯级系统）
2. 构建健康人水关系：制定功能分区、综合岸线规划

改变后：健康的水网脉络结构，发挥搏动作用
1. 实现多功能安全、健康的水网结构
2. 发挥其自身生态效益及社会、经济效益

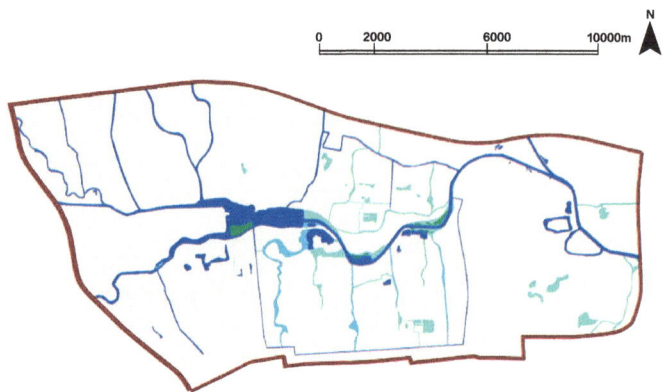

规划后水系空间分布图

■ 原水系
■ 改造水系
■ 新水系

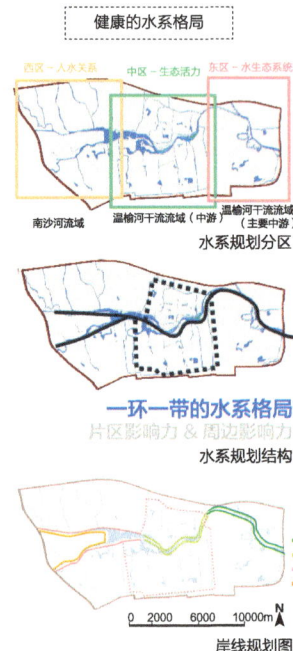

健康的水系格局

西区-人水关系　中区-生态活力　东区-水生态系统

南沙河流域　　温榆河干流流域（中游）
温榆河干流流域（主要中游）
水系规划分区

一环一带的水系格局
片区影响力 & 周边影响力
水系规划结构

■ 生态恢复区
■ 生态保育区和生态科普区
■ 适度开发区（生活岸线）
■ 适度开发区（文化岸线）

0　2000　6000　10000m

岸线规划图

连通的水脉络

· 沙河水库的生态化改造
· 七燕干渠的生态化处理
· 历史泛洪区的恢复
· 建立沿岸净化系统

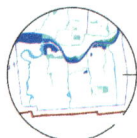

七燕干渠生态化处理

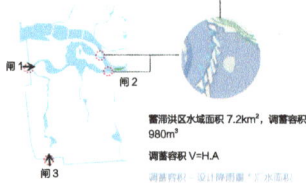

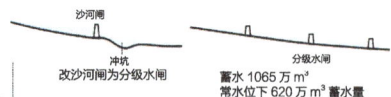

沙河闸
冲坑
改沙河闸为分级水闸

分级水闸
蓄水 1065 万 m³
常水位下 620 万 m³ 蓄水量

规划后闸坝雨洪调控图

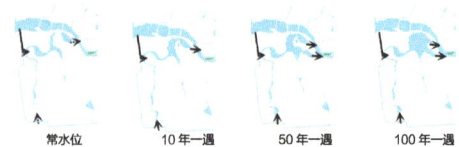

蓄滞洪区水域面积 7.2km²，调蓄容积 980m³
调蓄容积 V=H.A

常水位　　10年一遇　　50年一遇　　100年一遇
拆坝建立蓄滞洪区

专项设计
The Special Design

绿网生长

是什么：
1. 绿色空间的延伸、体系化，实现生态功能的提升
2. 恢复和增加生物栖息地，提高生态服务功能和生态综合价值

怎么做：连接生态廊道、增加城市绿色空间
1. 对现有河流绿色生态廊道进行合理的拓宽，增强其连续性
2. 增加城市绿地规模空间，以满足生态功能及城市居民的使用

改变后：连续的绿地系统结构，为社区提供优良的环境质量
1. 实现生态系统的高安全格局
2. 发挥环境和社会效益，带动区域产业升级和社区更新
3. 城市基础设施的完善

规划绿地系统演变过程

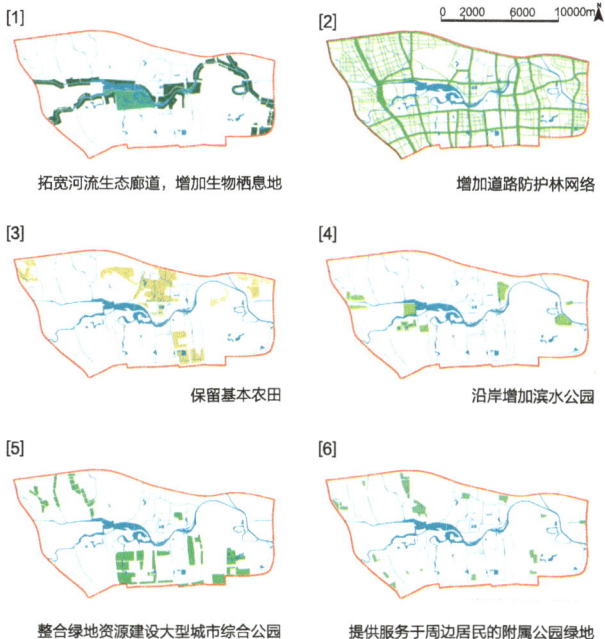

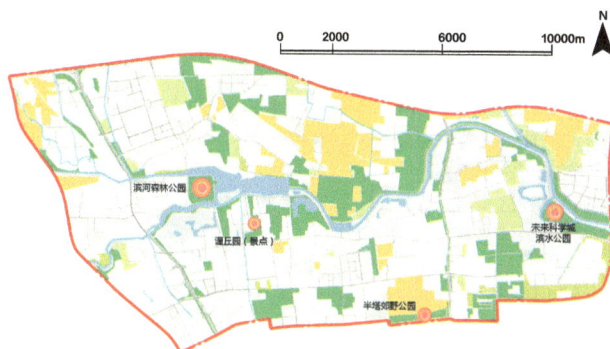

[1] 拓宽河流生态廊道，增加生物栖息地

[2] 增加道路防护林网络

[3] 保留基本农田

[4] 沿岸增加滨水公园

[5] 整合绿地资源建设大型城市综合公园

[6] 提供服务于周边居民的附属公园绿地

现状绿地类型及空间分布图

图例
林地　园地
耕地　草地

现状各类型绿地面积统计及占比

用地类型	占地面积（km²）	空间比例（%）
林地	30.08	16.58
园地	7.25	4.00
耕地	18.80	10.36
草地	2.97	1.64
总面积	59.10	32.58

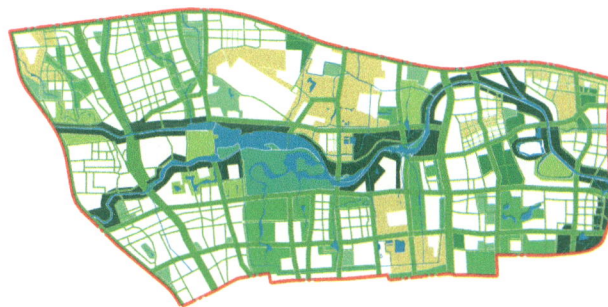

规划后绿地类型及空间分布图

图例
带状公园　湿地公园
滨水公园　防护绿地
基本农田　生产绿地
综合城市公园　生产绿地

规划后各类型绿地面积统计及占比

绿地类型	占地面积（km²）	空间比例（%）
带状公园	16.72	9.22
湿地公园	4.84	2.67
滨水公园	8.75	4.82
防护绿地	50.35	27.76
基本农田	16.97	9.36
综合公园	15.30	8.43
生产绿地	3.18	1.75
其他公园	5.68	3.13
总绿地面积	121.79	67.14

专项设计
The Special Design

社区生长

是什么：复合功能、提高效率、绿色节能
1. 节能减排的设施
2. 舒适的社区尺度
3. 便捷有效的基础设施

怎么做：以功能组团为单位，复合生长
1. 功能复合型社区组团
2. 促进产业转型及升级
3. 职住平衡的用地比例

改变后：形成有机生长的社区脉络结构
1. 舒适宜人的社区尺度
2. 丰富多彩的社区生活
3. 多维构建的产业结构

现状职业居住空间对比图

职业居住面积变化表

职住类型	用地类型	现状面积（km²）	规划后面积（km²）	增减量
产业用地	商业服务用地	11420489	15990794	+40%
	公共管理用地	24049898	32133278	+33%
	工矿仓储用地	6656162	3252547	−51%
居住用地	城市居住用地	30674852	34469621	+11%
	农村宅基地	9538716	4399490	−53%
职业居住面积比	——	1：1.2	1：1.6	

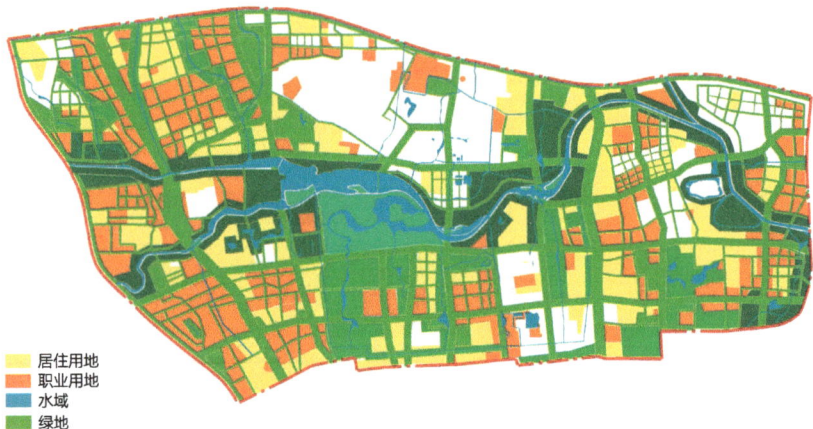

规划后职业居住空间对比图

专项设计
The Special Design

【交通生长】

是什么：支撑居住、产业功能，服务高效出行需求
1. 满足环境景观提升、产业升级对高质量交通的要求
2. 便捷交通提升居住质量，吸引人才进驻，带动城市的经济社会生态综合效益

怎么做：以蓝绿网络引导城市发展建设格局
1. 依托水网绿网发展完善的交通体系
2. 形成城市级核心服务圈，以服务廊道与已建城区及周边待开发区域相连，共同成长

改变后：建立特色化生态化交通体系
展现京北文化风貌，开辟密集建设地区与山水联系的通道，提供宜居宜游的理想游憩场所

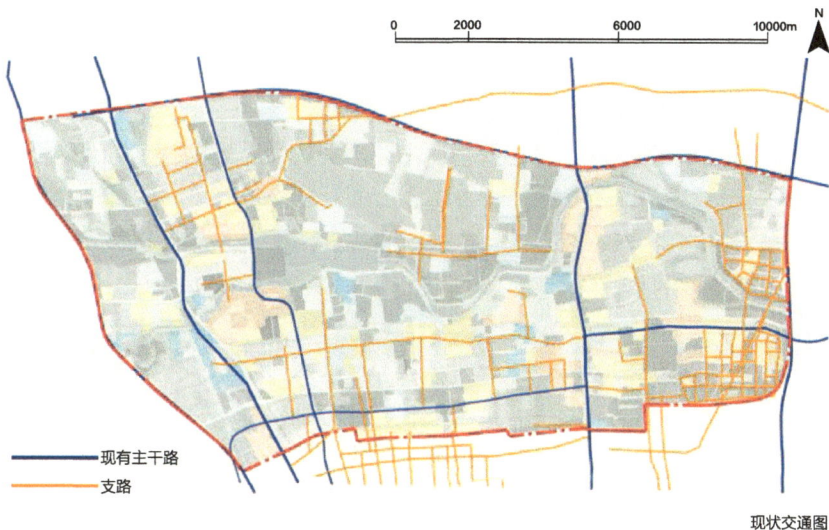

| 0 | 2000 | 6000 | 10000m | N |

现有主干路
支路

现状交通图

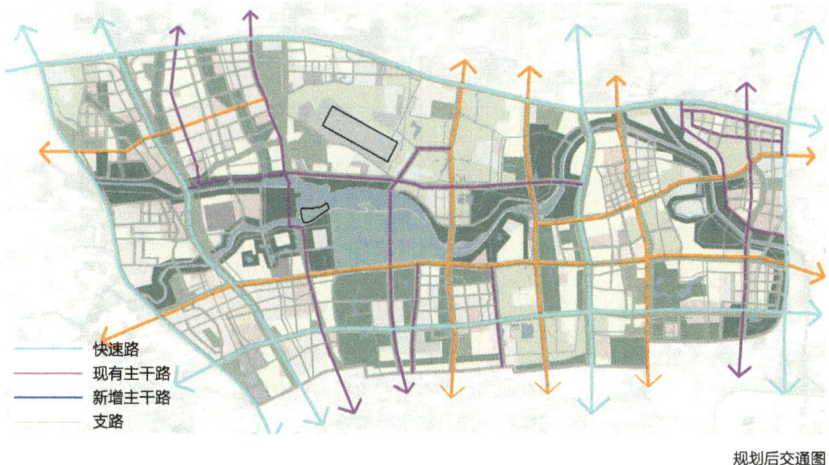

快速路
现有主干路
新增主干路
支路

规划后交通图

交通路网密度变化统计表

	现状路网密度统计		规划路网密度统计	
	路网长度 （km）	路网密度 （km/km²）	路网长度 （km）	路网密度 （km/km²）
快速路	94	0.51	94.03	0.51
主干路	101.5	0.56	58.3	0.32
支路	129.5	0.71	91.6	0.5
合计	325	1.78	243.9	1.33

备注：面积按照 181.4km² 计算。

环境影响评价
Environmental Impact Assessment

评价过程

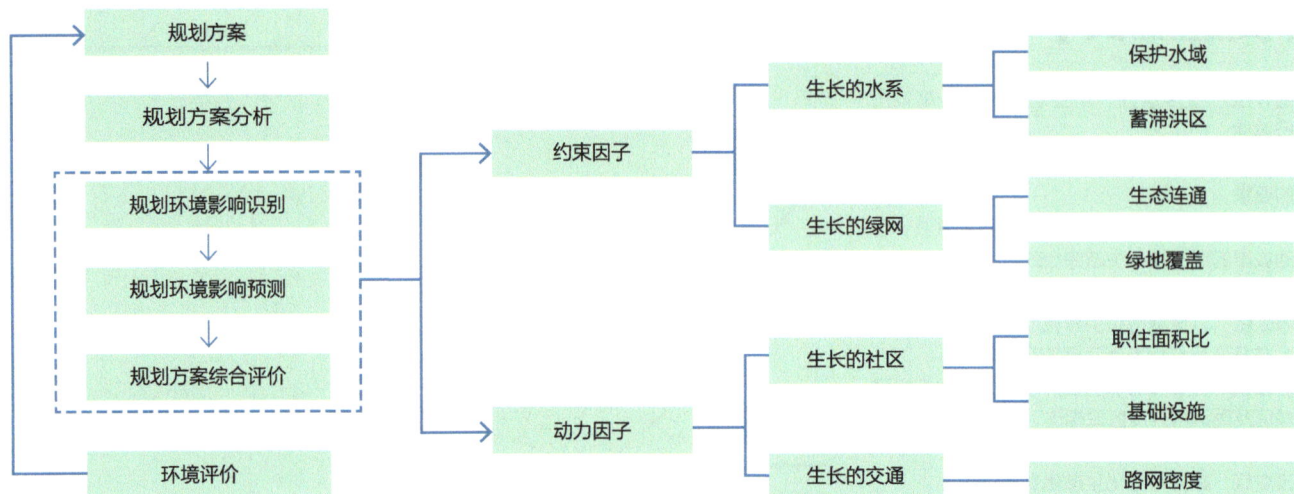

规划方案环境影响综合评价

环境要素	无为方案	规划方案	标准方案	评分标准	
绿地覆盖率	68	130	100	面积 <30%=60；面积 30%~40%=80； 面积 40%~50%=90；面积 50%~60%=100	绿地覆盖率增加约 35%
蓄滞洪面积	45	120	100	面积 <1km²=30；面积 1~2km²=50；面积 2~3km²=70； 面积 3~4km²=80；面积 4~5km²=100	规划保护水域增多，与绿地系统形成良性效益
保护的水体	40	110	100	面积 <15%=40；面积 15%~30%=50；面积 30%~50%=80； 面积 50%~60%=100	规划保护水域增多，与绿地系统形成良性效益
生态连通性	50	130	100	出现断裂 =50；勉强连接 =60；正常连接 =80；较好连接 =90； 大型连通廊道 =100	生态廊道由单一沿线转向丰富的多元网络，连通性大大增强
约束	50	122.5	100	—	
路网密度	40	70	100	道路密度 <2=45；密度 2~5=80；密度 5~8=100	规划路网密度基本约为 2，生态条件较好的片区适度降低标准，片区基本达到理想路网密度
基础设施	45	85	100	设施不足 =45；满足使用 =75；方便使用 =90；使用体验 =100	
职住面积比	60	90	100	职住比 1：1=50；0.9：1=60；0.8：1=70；0.7：1=80； 0.6：1=90；1：0.5=100	本新城为产城融合新城，规划后的职住面积比达到 0.6：1
动力	57	81.67	100		
整体综合	53.5	102.09	100		

约束因子和动力因子的分数在规划后均有显著上升，其中生态约束因子比社会动力因子的上升幅度更大；社会动力因子虽在个别指标上低于标准方案，但并不影响规划方案综合评分高于标准方案，对综合评分起正向作用。可以看出该规划达到了以自然驱动城市生长的目的，并且在此过程中生态约束因子不对动力因子产生抑制作用，而是形成了城市蓝绿脉络良性约束下的城市有序扩张。

各节点概况
Nodes Design

科教文化组团
依托众多大学及巩华城景区打造。

SITE1

绿色发展组团
利用周边资源打造智能科技研发组团，成为区域国际交流会议中心。

SITE2

农业产业组团
梳理现有农田，整合农田资源，并与村镇发展结合实现农业产业的升级与转型。

SITE3

科技产业组团
东西区未来科学城，组团内部职住一体，打造宜居工作生活社区。

SITE4

节点选取情况

0 200 600 1000 2000m N

节点综合平面

- ❶ 巩华城遗址公园
- ❷ 文创职住
- ❸ 湿地公园
- ❹ 弹性蓄滞洪公园净化区
- ❺ 弹性蓄滞洪公园服务区
- ❻ 农业生产生活功能区
- ❼ 综合田园体服务区
- ❽ 居住功能区
- ❾ 服务和产业区

节点设计——巩华城节点
Partition and Nodes Design

水系现状分析　　　现状自然资源　　　现状社区及配套　　　现状交通状况　　　文化资源分析

防洪标准 20 年和 50 年，待提高
北沙河：1976 年 20 年一遇，全长 23km。
南沙河：1970 年 50 年一遇，原来的河高田低状况更为严重，稍遇洪水，农田即淹没。

水质为 V 类水
现状水系为 V 类，主要用途为防洪、景观防涝用水主要来源因包括污水直排、面源污染等，沟渠是巩华水库周边生活污水，雨水径流入库的重要涂径。

利用率较低，可达性差
地临近沙河水库，有森林公园，自然基地良好，但是利用率较低，亲水性较差，与社区割裂，未能提供亲近自然的需求。

现状分析

巩华城历史变化分析

市级文物保护单位
保护范围：现存东、西、南、北四个瓮城城墙外侧墙皮各向外延伸 20m 的范围（包括瓮城内部所围合的面积）；城东南角及城东侧古城残留部分墙体外皮范围内。

建设控制地带
I 类：城墙：沿原巩华城城墙中线向内 30m、向外 40m（共计 70m）宽的地带。城东、城南、城北保证 40m 视线走廊；城西保证 60m 的视线走廊。
V 类：沿原巩华城内侧所有内城区范围；高度控制为 6~9m 以内，建筑应为坡屋顶，中国传统建筑形制，总容积率控制在 0.7 以内。

永乐七年（1409 年）　永乐十九年（1421 年）　嘉靖十九年（1540 年）　现在　未来

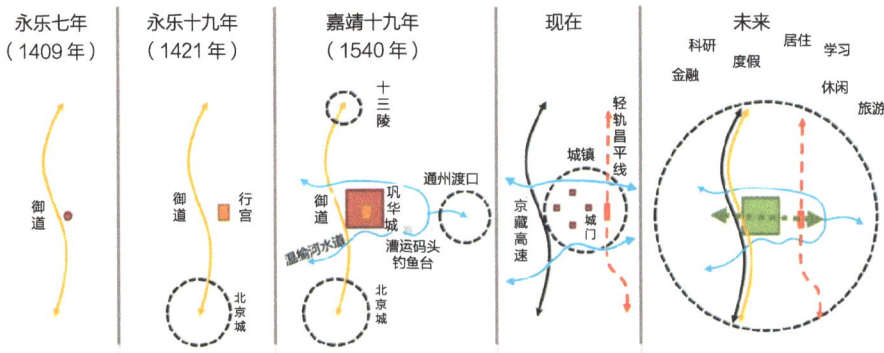

北京市市级以上文物保护单位保护范围及建设控制地带

节点设计——巩华城节点
Partition and Nodes Design

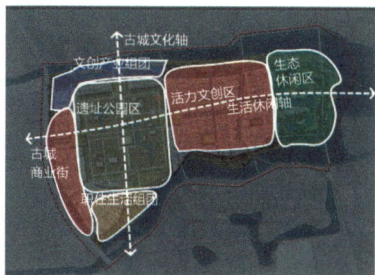

文创职住
① 扶京门
② 威漠门
③ 展思门
④ 镇辽门
⑤ 行宫遗址
⑥ 泰清宫
⑦ 龙王庙
⑧ 工商街
⑨ 清真寺
⑩ 杨增新墓
⑪ 护城河
⑫ 滨水广场码头

文化展示
⑭ 主题文创工坊
⑮ 文创集市
⑮ 创意产业园
⑯ 生活社区
⑰ 商业综合体
⑱ 商务公园
⑲ 社区公园
⑳ 休闲绿轴
㉑ 滨水步道

生态休闲
㉒ 生态湖区
㉓ 休闲花谷
㉔ 生态浮岛
㉕ 滨水商业街
㉖ 景观花台
㉗ 湿地涵养

总平面图

策略

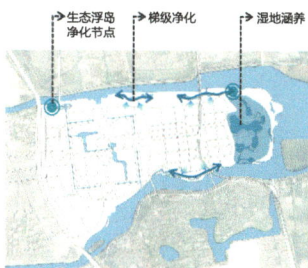

水系

- 引水入园，复原古城水系
- 设置内河形成梯级净化
- 利用水系形成丰富滨水空间

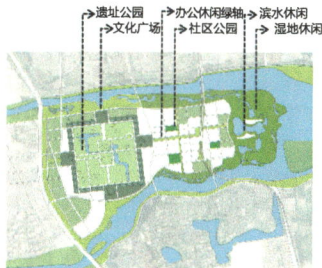

绿网

- 依托水脉打造蓝绿网络
- 利用观赏草景观手段勾勒城墙轮廓
- 形成生态休闲系统网络
- 形成多样化的城市绿地空间

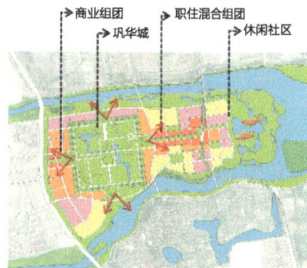

社区

- 形成功能复合社区
- 促进产业转型升级
- 职住平衡的用地比例
- 区域限高 9~12m，瓮城四周留出视线通廊

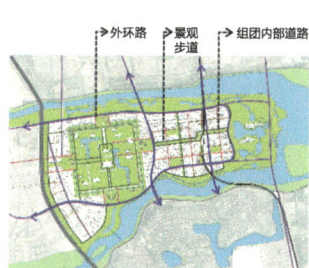

交通

- 外部交通，加强南北两岸联系
- 内部交通，结合绿廊实现慢行系统

节点设计——巩华城节点
Partition and Nodes Design

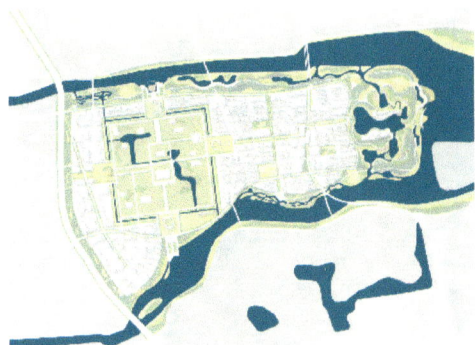

常水位

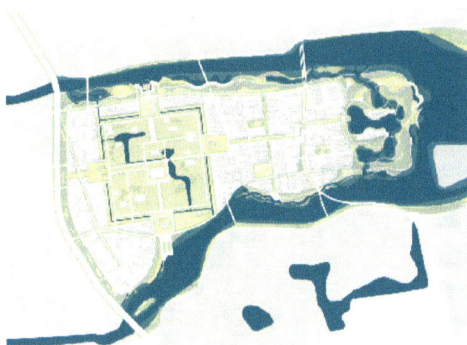

20 年一遇

50 年一遇

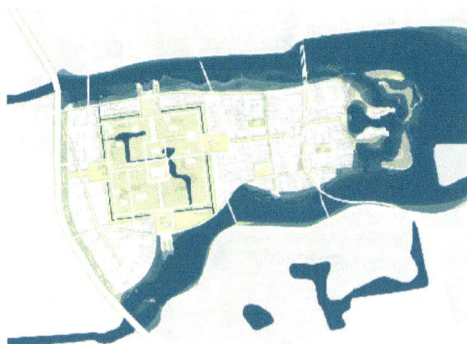

100 年一遇
可淹没分析

扶京门效果图

休闲绿轴效果图

打造集文化传承、花园办公、生活休闲、生态涵养于一体的文化创意组团。

鸟瞰图

湿地涵养效果图

滨水步道效果图

节点设计——蓄滞洪弹性公园
Partition and Nodes Design

历史地图

水洼 + 生产池塘 + 农田

1990 年

水洼增加 + 生产池塘减少 + 农田

2000 年

池塘变为高尔夫球场 + 村庄 + 农田

2010 年

高尔夫球场 + 村庄 + 农田

2017 年

场地要素提取

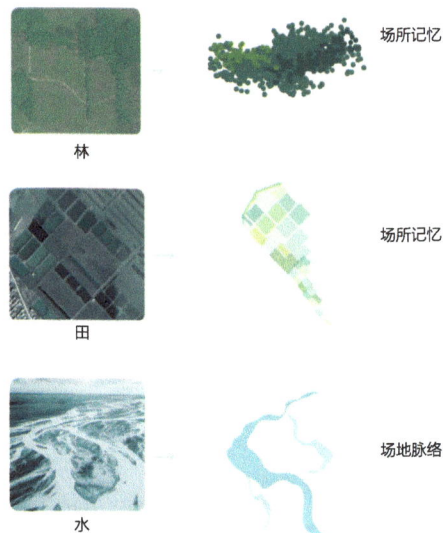

林

场所记忆

田

场所记忆

水

场地脉络

通过对历史地图的研究，提取林、田、水的要素，
延续场所记忆，延续场地脉络。
（卫星图来源：Google Earth）

高程信息
地势西高东低，中间局部地势低。

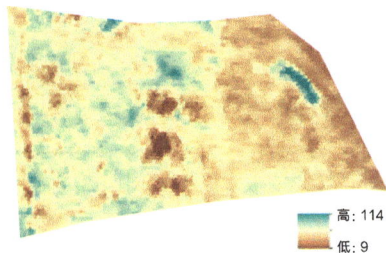

高：114
低：9

自然汇水线
整体自南北向中间汇集，后向东流。

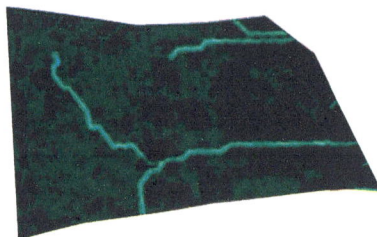

交通
现状交通横穿场地，但南北联系弱，规划后具有
较强可达性。

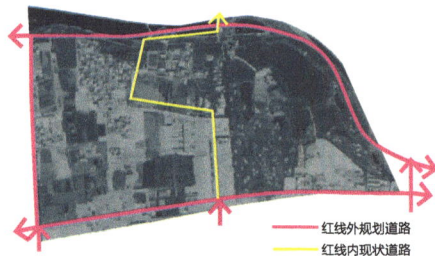

—— 红线外规划道路
—— 红线内现状道路

节点设计——蓄滞洪弹性公园
Partition and Nodes Design

设计定位　　实现水生态、水安全目的，满足城
市发展需求的绿色基础设施。

一个服务城市生长的生态绿心
一个发挥蓝绿脉动作用的关键点

1. 服务区A
2. 乡野记忆
3. 科普区
4. 净化湿地
5. 生态涵养区
6. 弹性湿地
7. 水下科技博物馆
8. 生态岛
9. 花溪
10. 服务区B（花街）
11. 滨河步道

总平面图

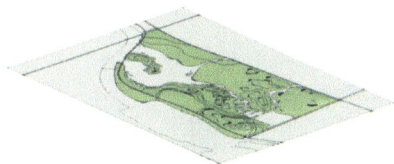

绿网　　　　　　　　水系　　　　　　　　交通　　　　　　　　社区

节点设计——蓄滞洪弹性公园
Nodes Design

弹性设计

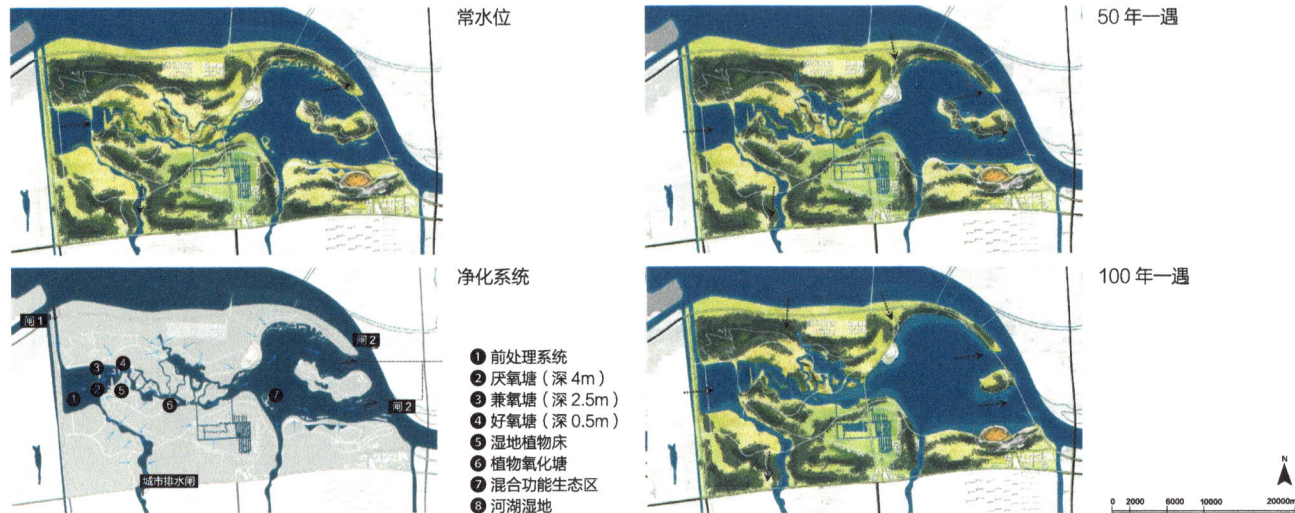

常水位

50 年一遇

净化系统

100 年一遇

闸1
闸2
闸2
城市排水闸

❶ 前处理系统
❷ 厌氧塘（深 4m）
❸ 兼氧塘（深 2.5m）
❹ 好氧塘（深 0.5m）
❺ 湿地植物床
❻ 植物氧化塘
❼ 混合功能生态区
❽ 河湖湿地

0 2000 6000 10000   20000m

鸟瞰图

节点设计——蓄滞洪弹性公园
Nodes Design

通过对水系的塑造，创造水与生物、水与人类的和谐关系，成为区域氧吧、京北绿心、鸟类乐园。

效果图 1

效果图 2

效果图 3

节点设计——生态田园乡村
Nodes Design

除农业种植产业以外的其他经济类型较少。

多为私人种植林或栽培园，耕地面积日趋较少。

场地内共有三个村落，其中吕各庄村和尚信村发展状况较好。

道路系统较简单，以农林小道为主。

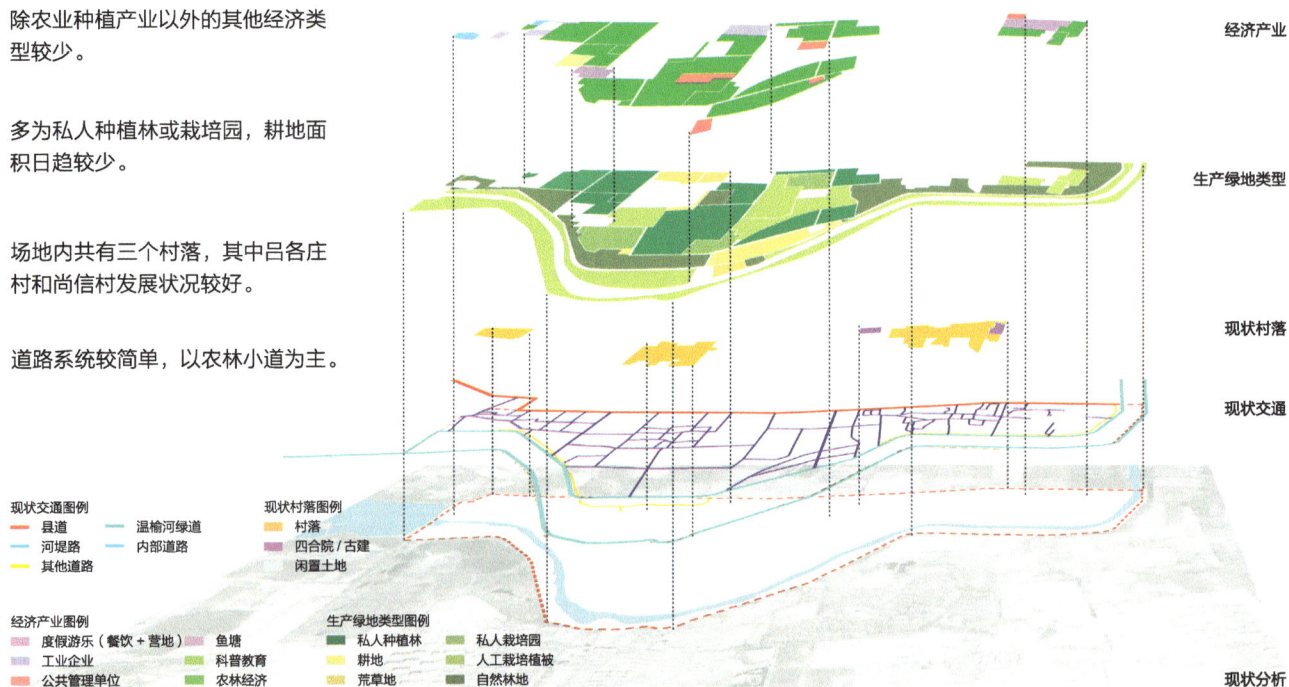

经济产业

生产绿地类型

现状村落

现状交通

现状交通图例
- 县道
- 温榆河绿道
- 河堤路
- 内部道路
- 其他道路

现状村落图例
- 村落
- 四合院/古建
- 闲置土地

经济产业图例
- 度假游乐（餐饮＋营地）
- 工业企业
- 公共管理单位
- 鱼塘
- 科普教育
- 农林经济

生产绿地类型图例
- 私人种植林
- 耕地
- 荒草地
- 私人栽培园
- 人工栽培植被
- 自然林地

现状分析

设计定位
- 生产基地
- 田园风光
- 科普体验
- 休闲游憩

基本策略
- **自然生态廊道**——强化河流的生态廊道和栖息地功能，同时也作为游憩及视觉走廊，将南侧城市居民引向现代农业观光区
- **湿地公园**——利用现存鱼塘，构建湿地景观，系统提升生物栖息地与游憩价值
- **农林生产基地**——以组团形式进行集中化管理
- **村镇建设**——针对村落现状进行品质提升，结合现有基础设施，创造多样活力点
- **田园综合体验**——整合农林生产和旅游观光产业，吸引游人

节点设计——生态田园乡村
Nodes Design

图例

1. 居民村落
2. 温榆河滨水绿道
3. 生物栖息地
4. 湿地公园
5. 灌溉水渠
6. 灌区集水塘
7. 四季果园
8. 园林经济林
9. 田园耕作区
10. 苗圃栽培区
11. 田园综合体验中心
12. 野营游乐基地
13. 农产品加工基地
14. 科普教育中心

0 200 600 1000m   N

总平面图

- 增加河流蓄滞洪区面积；
- 引水进入农林区作为灌溉渠道；
- 增加生态净化水塘。

图例
- 现状水体
- 新增水体
- 灌溉干渠
- 灌溉支渠
- 灌溉斗沟
- 灌溉农沟

生长的水系

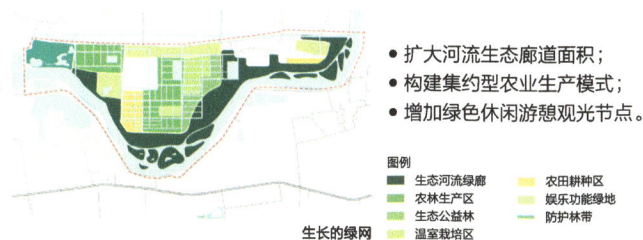

- 扩大河流生态廊道面积；
- 构建集约型农业生产模式；
- 增加绿色休闲游憩观光节点。

图例
- 生态河流绿廊
- 农林生产区
- 生态公益林
- 温室栽培区
- 农田耕种区
- 娱乐功能绿地
- 防护林带

生长的绿网

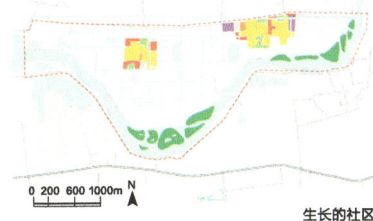

- 提高村落环境质量；
- 调整村落产业结构；
- 完善村落基础设施。

0 200 600 1000m N

图例
- 居住区
- 商业服务设施
- 文化观光区
- 公共活动社区
- 村镇公园建设
- 公共停车场

生长的社区

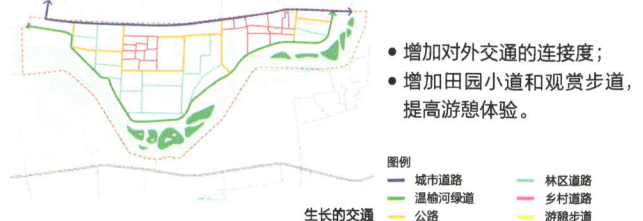

- 增加对外交通的连接度；
- 增加田园小道和观赏步道，提高游憩体验。

图例
- 城市道路
- 温榆绿道
- 公路
- 林区道路
- 乡村道路
- 游憩步道

生长的交通

节点设计——生态田园乡村
Nodes Design

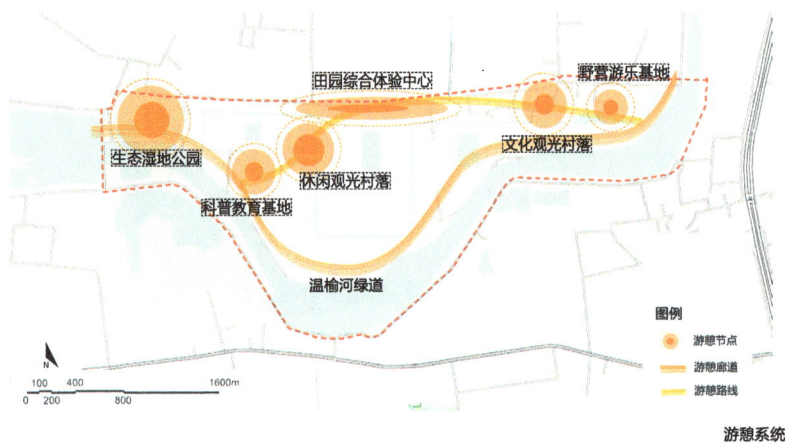

田园综合体验中心

野营游乐基地

生态湿地公园

文化观光村落

休闲观光村落

科普教育基地

温榆河绿道

图例
- 游憩节点
- 游憩廊道
- 游憩路线

100 400   1600m
0   200 800

游憩系统

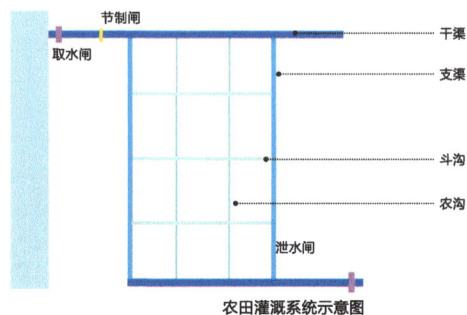

节制闸

取水闸

干渠

支渠

斗沟

农沟

泄水闸

农田灌溉系统示意图

利用河流引水与自然雨水收集系统，缓解农田灌溉用水压力，利用生态功能湿地净化地表径流，通过人工湿地过滤灌溉用水，改善水质。

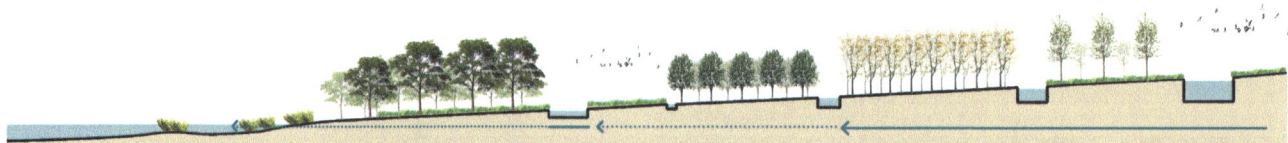

农田灌溉系统剖面图

净化湿地   自然林地   净化水塘 灌溉农沟   灌溉斗沟   灌溉支渠   灌溉干渠
                        耕地   种植果林   栽培林地   疏林草地

生态河岸带效果图

节点设计——生态田园乡村
Nodes Design

森林生态系统
长耳鸮、红隼、麻雀

保护和改善
生物栖息地

湿地生态系统
鸳鸯、野头鸭、鼠妇

农田生态系统
昆虫、鼠类、鸟类

鸟瞰图

观光田园效果图

围绕"韧性"概念，构建温榆河流域多中心的生态、城镇与产业体系，优化"林－田－城"格局，规划集生态建设与居养服务为一体的小城镇带，创建温榆河畔承上启下、水城相融、人水共生的城东后花园，实现"流水穿城过，人在乡野间"的美好愿景。

水·林·田·城·人——多中心治理下的韧性景观

伦玉昆
武　宁
姚久鹏

概念与研究框架
Concept and Researching Structural Framework

　　"生态韧性"，即生态系统受到外部干扰时，在维持本质生命过程和结构不发生根本性改变的前提下所能够维持运行并且自我恢复的能力[1]。"多中心治理"则与适应性治理密切相关，近年来广泛应用于规划设计领域，以提升区域景观韧性[2]。在温榆河流域规划中引入"韧性"概念，实现应对水安全、水环境挑战的水生态"韧性"格局，以及多中心治理、共治共享的社会－产业－空间复合"韧性"机制。

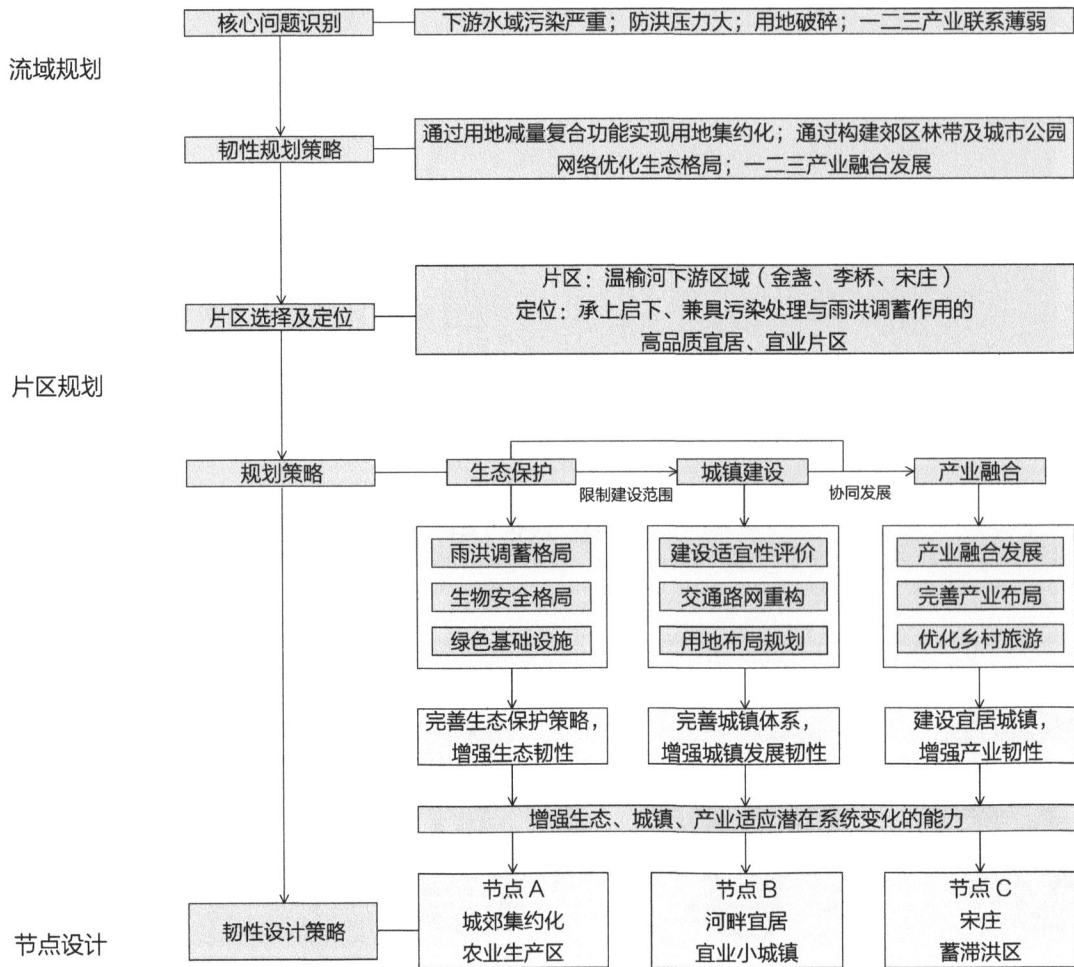

流域规划	核心问题识别 →	下游水域污染严重；防洪压力大；用地破碎；一二三产业联系薄弱
	韧性规划策略 →	通过用地减量复合功能实现用地集约化；通过构建郊区林带及城市公园网络优化生态格局；一二三产业融合发展
片区规划	片区选择及定位 →	片区：温榆河下游区域（金盏、李桥、宋庄） 定位：承上启下、兼具污染处理与雨洪调蓄作用的高品质宜居、宜业片区

规划策略 → 生态保护 → 城镇建设 → 产业融合

限制建设范围　　协同发展

生态保护：雨洪调蓄格局 / 生物安全格局 / 绿色基础设施 → 完善生态保护策略，增强生态韧性

城镇建设：建设适宜性评价 / 交通路网重构 / 用地布局规划 → 完善城镇体系，增强城镇发展韧性

产业融合：产业融合发展 / 完善产业布局 / 优化乡村旅游 → 建设宜居城镇，增强产业韧性

增强生态、城镇、产业适应潜在系统变化的能力

韧性设计策略 → 节点A 城郊集约化农业生产区 / 节点B 河畔宜居宜业小城镇 / 节点C 宋庄蓄滞洪区

节点设计

[1] C S. Holiling. Resilience and Stability of Ecological Systems [J]. Annual Review of Ecology and Systematics, 1973, （4）: 1-23.
[2] 刘伟. 引入多中心性以提升景观韧性 [J]. 景观设计学, 2019, 7（3）: 8-11.

生态基底分析
Ecological Base Analysis

　　温榆河流域现状洪涝风险区主要分布在下游区域（即通州副中心以北），流域现状绿色空间分布较为破碎化。对现状用地类型进行分析，可见温榆河中下游林、田呈现错综分布的关系，生态格局较为散乱。分别选取涉禽、陆禽、游禽中的大白鹭、环颈雉、绿头鸭作为生物多样性指示物种，结合流域观鸟记录，对流域生物安全格局进行分析，可见流域西北部山地、河流沿线沙河水库段、下游段部分蓄滞洪区对于流域生物多样性保护最为重要，规划"湿地＋浅滩"模式建立生物栖息地及迁徙走廊，流域生物多样性。

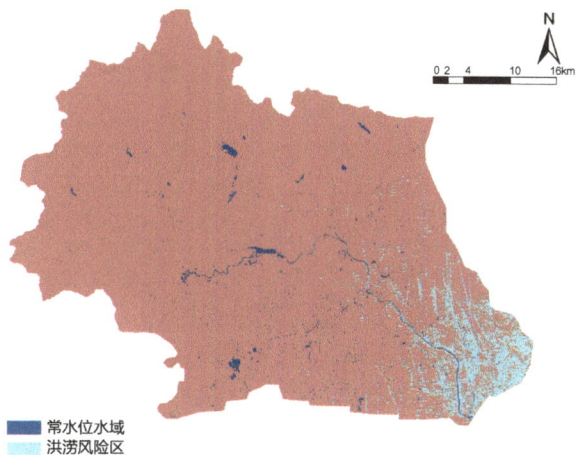

常水位水域
洪涝风险区

现状洪涝风险区分布图

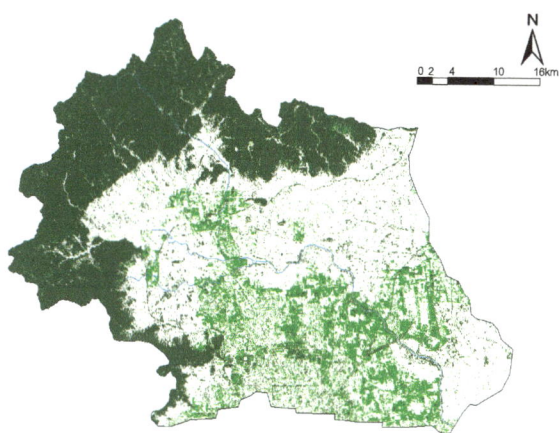

现状绿色空间分布图

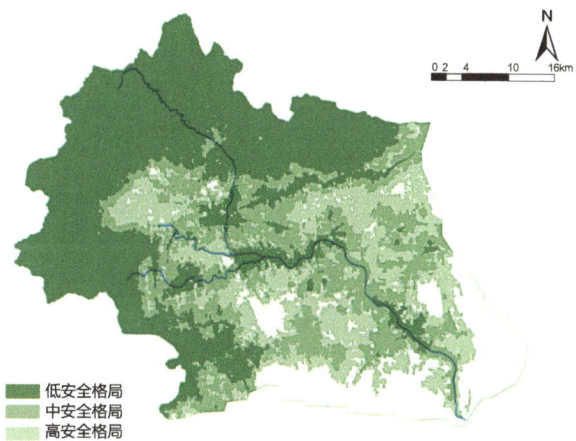

低安全格局
中安全格局
高安全格局

现状生物多样性安全格局图

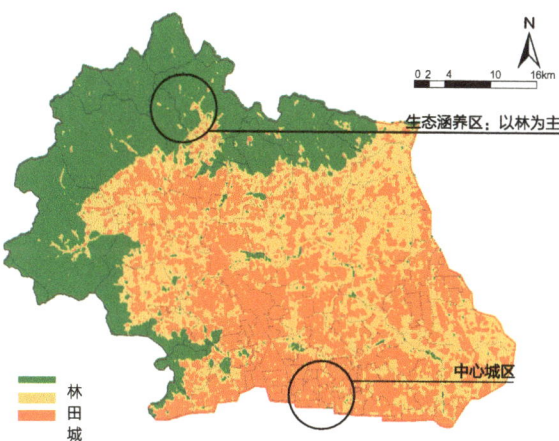

生态涵养区：以林为主

中心城区

林
田
城

现状林－田－城格局图

139

城镇体系策略
Urban System Strategy

　　根据流域现状交通及城镇体系结构，基于 29 个乡镇、街道现状用地面积、人口数据，减量划定城镇建设用地，实现用地集约化，城镇间通过带状公园串联形成区域生态绿网。在温榆河沿岸增加湿地水处理系统，满足雨洪调蓄、污染处理及生境恢复。在划定的城镇建设用地边界周边设置生态景观缓冲带，可发展农业综合体、游憩拓展功能等，形成建设用地与田园共融的林－田－城规划格局。

城镇体系结构规划

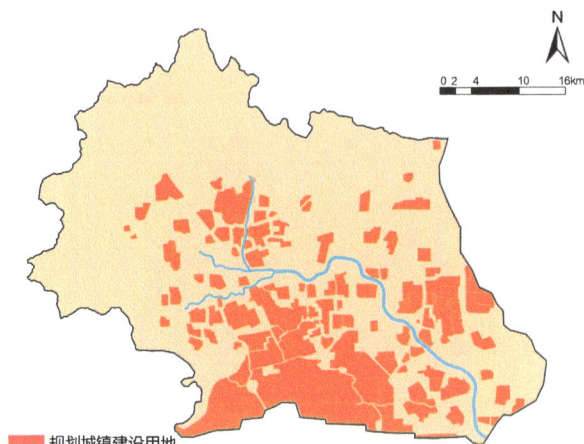

规划城镇建设用地

城镇用地范围划定

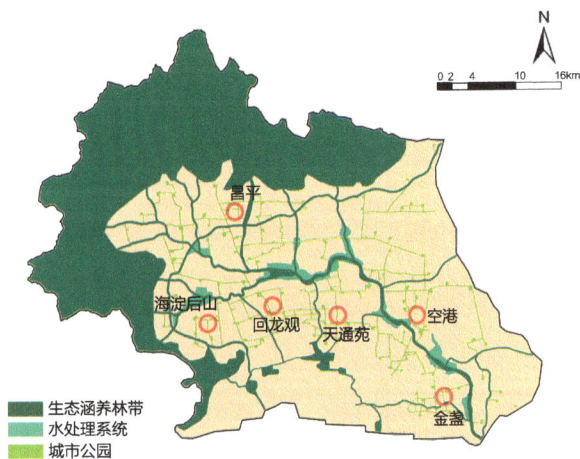

生态涵养林带
水处理系统
城市公园

城镇绿色空间规划

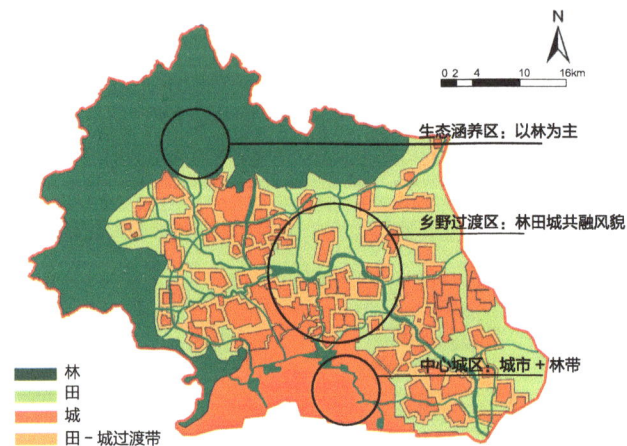

生态涵养区：以林为主

乡野过渡区：林田城共融风貌

中心城区：城市＋林带

林
田
城
田－城过渡带

林－田－城格局规划

韧性产业策略
Resilient Industrial Strategy

通过对区域内现状产业进行分析，发现目前一二三产业各自独立，相互联系薄弱，但旅游游憩等第三产业潜力较大，有待挖掘。在此基础上制定韧性产业规划，注重一二三产业协调发展，打通各产业间联动关系，实现互相促进，形成集约化高质量产业格局，尤其实现重点产业间的互相带动发展。

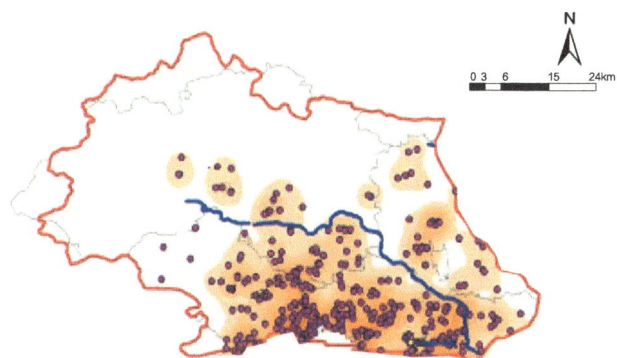

● 第二产业
核密度等级
1
2
3
4
5

第二产业核密度分布图

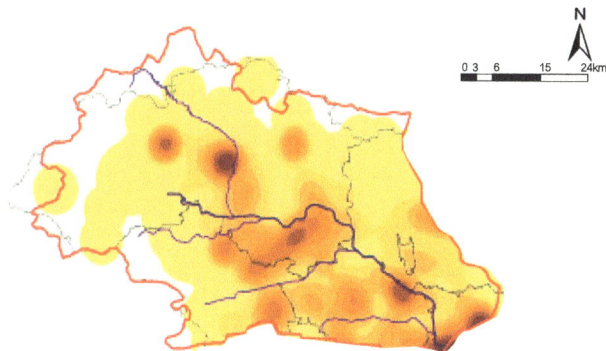

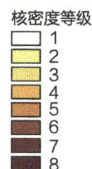

核密度等级
1
2
3
4
5
6
7
8

第三产业核密度分布图

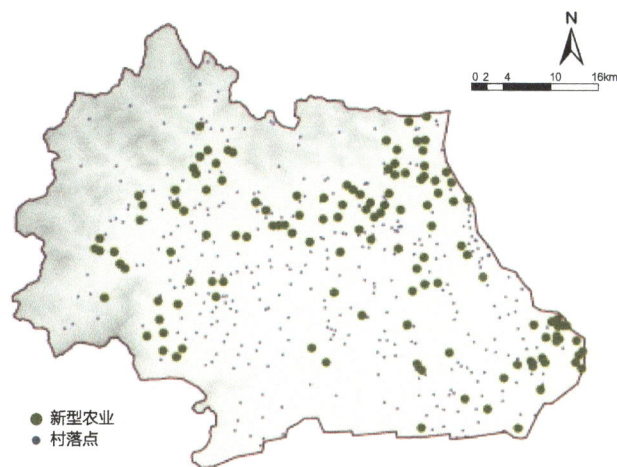

● 新型农业
● 村落点

流域内村落和新型农业发展潜力点

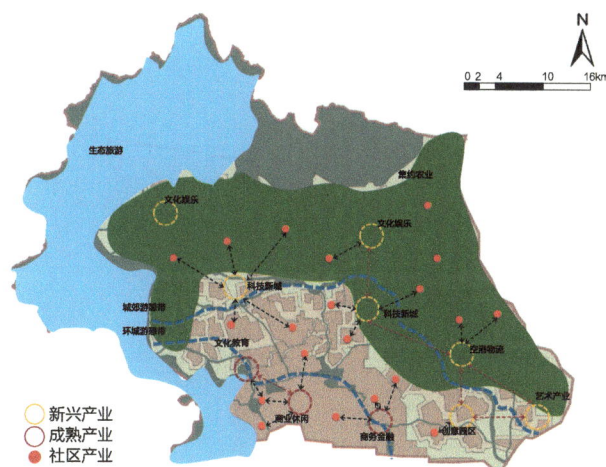

生态旅游
景农业
文化娱乐
文化娱乐
城郊游憩带
环城游憩带
科技新城
科技新城
空港物流
文化教育
艺术产业
创意园区
旅游休闲
商务金融

○ 新兴产业
○ 成熟产业
● 社区产业

流域产业规划图

141

片区选择及区域定位
Site Selection and Positioning

　　选择流域下游金盏、李桥、宋庄三个乡镇范围作为片区规划范围，面积为 183.89km²。片区处于概念规划中的乡野过渡带，且存在较多淹没区，水污染问题突出。

　　同时片区临近首都机场、城市副中心等多个重要功能区，承担着服务空港、行政副中心、新兴金融产业等功能，片区兼具处理上游河段累积污染及调节雨洪、保护下游副中心的作用，因此不宜大规模发展建设，适宜结合良好的农林生态格局发展新型产业。

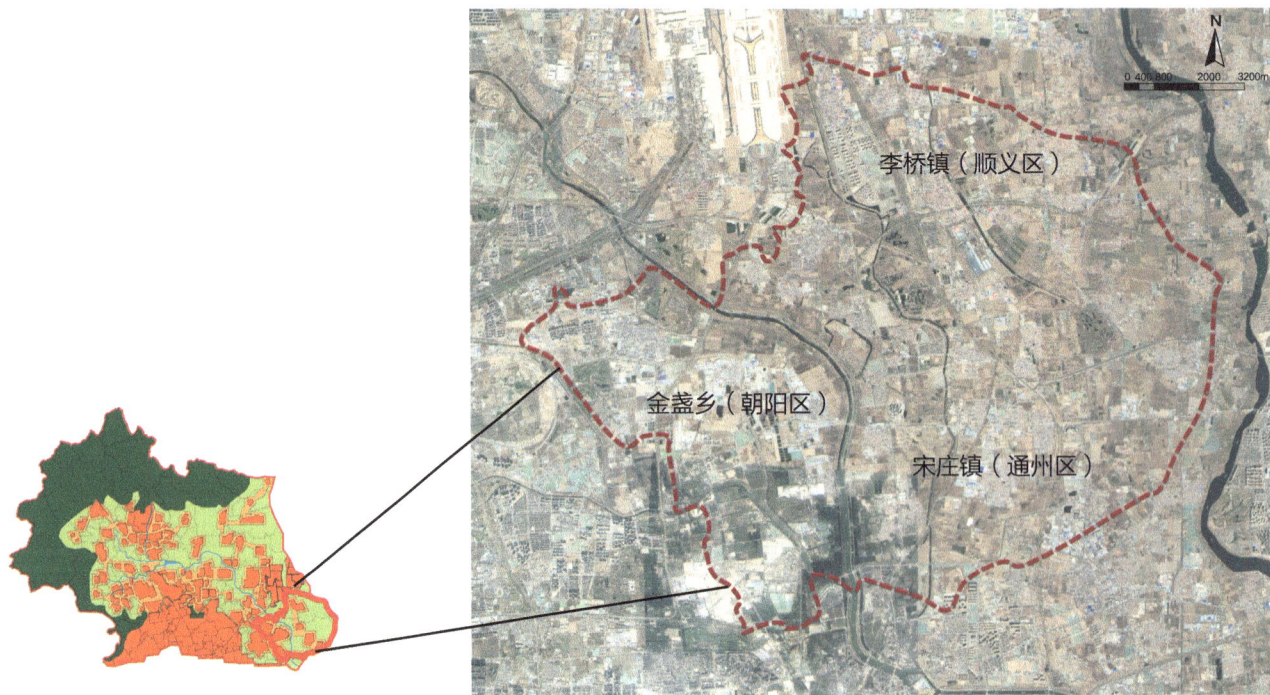

规划片区区位选择

洪涝风险及生物保护格局
Flood Risk and Biological Protection Pattern

片区对于温榆河流域雨洪安全及生物多样性保护有重要意义，需要对其洪涝风险及生物保护格局进行分析。绿头鸭为北京最常见旅鸟，主要栖息在淡水水域和农田，营巢条件较为丰富，环境敏感度较低，常见于北京各大公园的水域，可以反映城市化地区的生态环境状况，因此将绿头鸭作为片区生物保护安全格局的指示物种。

通过对阻力面进行赋值，进行源间连接度计算，可知现状区域生物连通性较低，生物迁徙受到阻碍，需要建立多条连通廊道。

阻力因子赋分表

阻力因子	阻力系数
水体	1
林地	20
草地	50
灌木	30
农田	100
建设用地	500

权重叠加分析表

阻力因子		分值	权重
土地覆盖分类	湿地	10	0.4
	林地	8	
	草地	6	
	农田	5	
	水体	4	
	城镇	2	
与水体距离	10~30	10	0.2
	30~50	6	
	50~100	4	
	>100	2	
与居民点距离	1~10	0	0.2
	10~50	4	
	50~100	6	
	>100	10	
与公路距离	0~10	0	0.2
	10~50	2	
	50~100	6	
	>100	10	

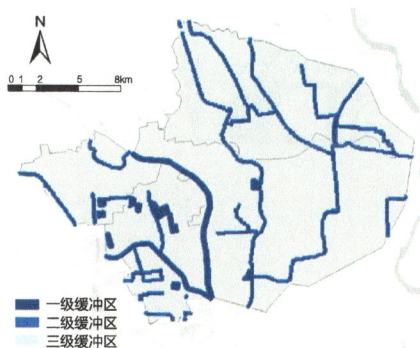

河道洪泛风险格局

一级缓冲区
二级缓冲区
三级缓冲区

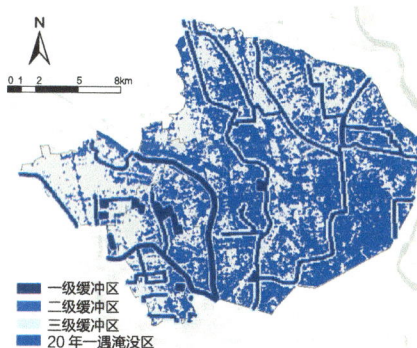

场地易涝风险格局

一级缓冲区
二级缓冲区
三级缓冲区
20年一遇淹没区

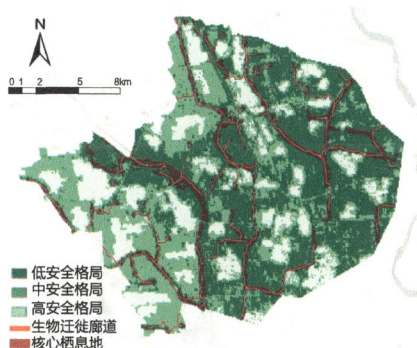

生物保护安全格局

低安全格局
中安全格局
高安全格局
生物迁徙廊道
核心栖息地

143

综合生态安全格局
Comprehensive Ecological Security Pattern

　　综合叠加洪涝风险格局、生物保护格局与基本农田保护区、上位规划蓄滞洪区等图层，获得综合生态安全格局。基于此，在城镇建设用地周边设置宽度为 100m 的生态景观缓冲林带，在控制城镇扩张的同时，与道路、河流廊道纵横交织，营造出城林紧密融合的效果。选择地势较低的易涝区或现状坑塘区域作为城市郊野公园，构建绿色生态基础设施体系，以 30~40m 宽的廊道连接城市郊野公园。

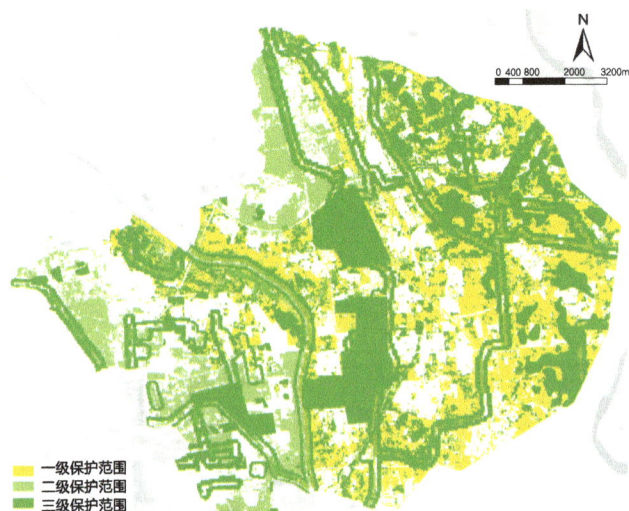

一级保护范围
二级保护范围
三级保护范围

综合生态安全格局

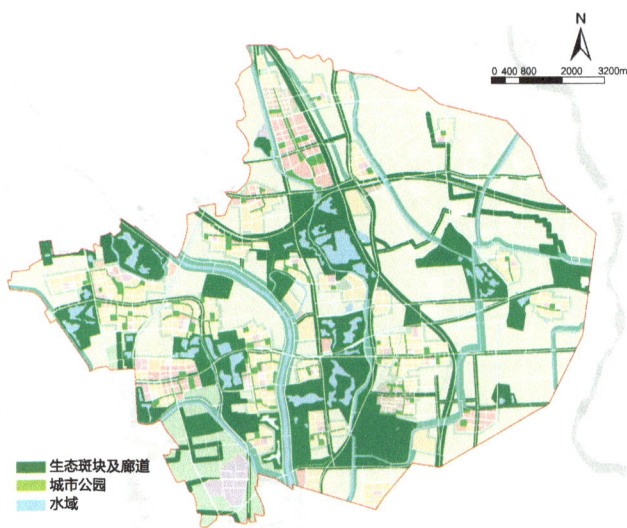

生态斑块及廊道
城市公园
水域

生态基础设施规划

规划用地布局
Urban Landing Layout Planning

　　片区现状城镇建设用地面积为 65.4km²。为选取适宜的城镇建设用地，实现建设用地的集约化，选取现状用地类型、配套服务设施和基础设施、交通状况及生态环境四类指标对建设适宜性进行评价。

　　根据城镇建设适宜性评价，选择得分在 55 分以上且处于限制建设范围外的区域，作为集中城镇建设区域。规划城镇建设用地 35.73km²，保留 15 个村庄建设用地 3.12km²，总建设用地面积 38.85km²，较现状减量 40.6%。根据城镇规模，规划金盏乡人口为 14.51 万人，李桥镇人口为 6.58 万人，宋庄镇人口为 10.39 万人，共计 31.48 万。

　　基于综合生态安全格局、城镇建设适宜性分析得到规划用地布局。其中，蓄滞洪区、城镇缓冲林带及河流廊道用地类型为生态景观用地，要求绿化覆盖率不低于 80%，乔木配比不低于 30%；道路生态廊道用地类型为防护绿地，要求绿化覆盖率不低于 80%，乔木配比不低于 40%。

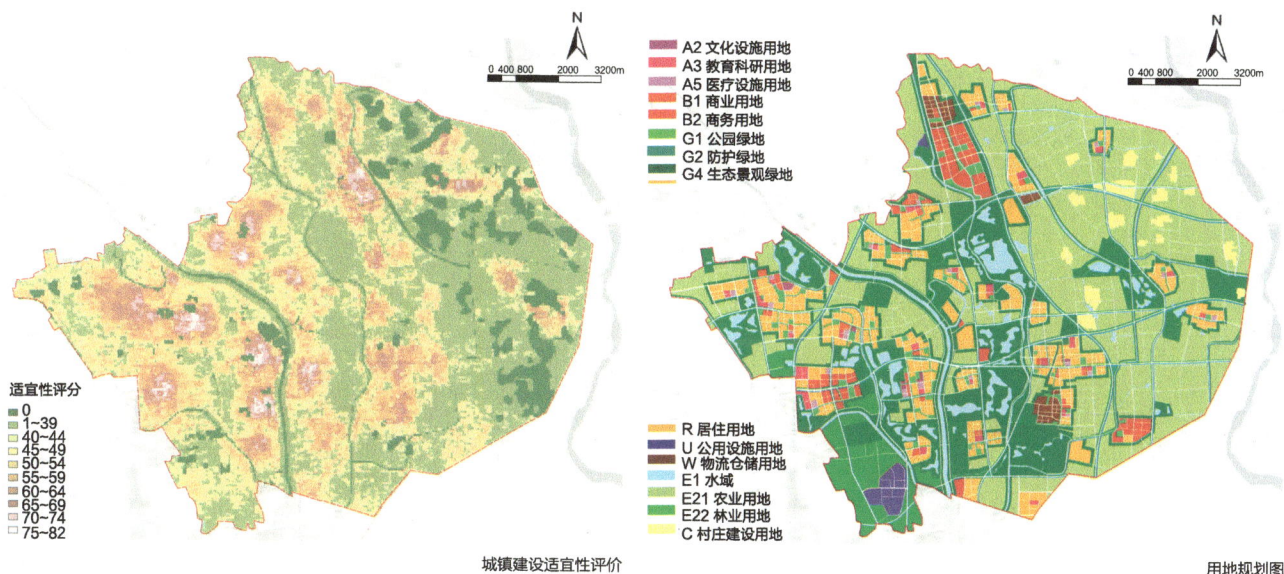

城镇建设适宜性评价

用地规划图

城镇交通与产业规划
Urban Transportation and Industrial Planning

现状次干路、支路路网不完善，需要结合现状肌理重新进行梳理。规划次干路路网间距 500~800m，支路路网间距 150~300m。以次干路形式增加 4 座桥梁用于连接河道两岸的建设用地。

主要建设空港经济区、金盏金融产业区及宋庄艺术区三个产业片区，结合蓝绿网络，以空港经济、生态农业、艺术产业、金融服务、生态文旅五大特色板块为建设重点。

空港、李桥片区保留现状地理信息产业园，新增高端物流产业用地；金盏片区进一步拓展建设中的金融经济区；宋庄片区在发展艺术区的同时，在徐辛庄组团新增物流园区；东部尽量保留、修复农田生态基底。

片区未来作为城郊后花园、高端生活服务片区，规划设置更多服务设施，增大服务半径，提升居民生活质量。规划设置 1km 生活服务圈，集中配套商业、教育及医疗等设施。规划教育科研设施共 25 处，总用地面积 60hm²；医院及社区卫生服务中心共 24 处，总用地面积 15hm²；大型商业综合体、高端商业街共 24 处，总用地面积 32hm²。

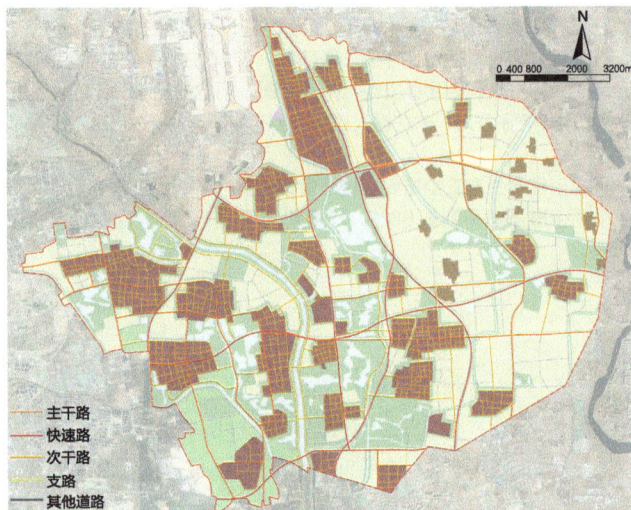

路网交通规划

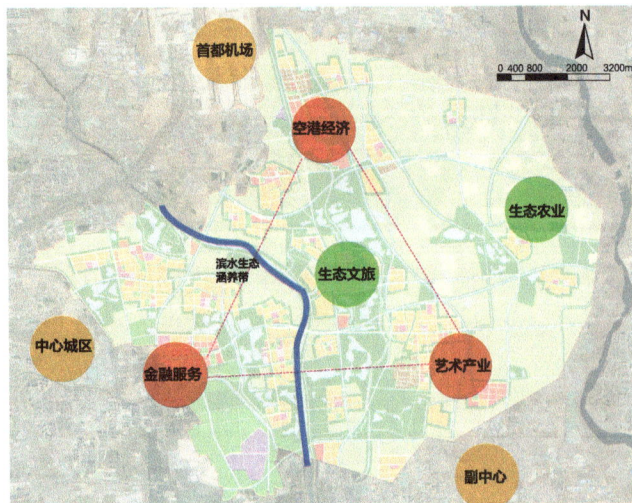

产业布局规划

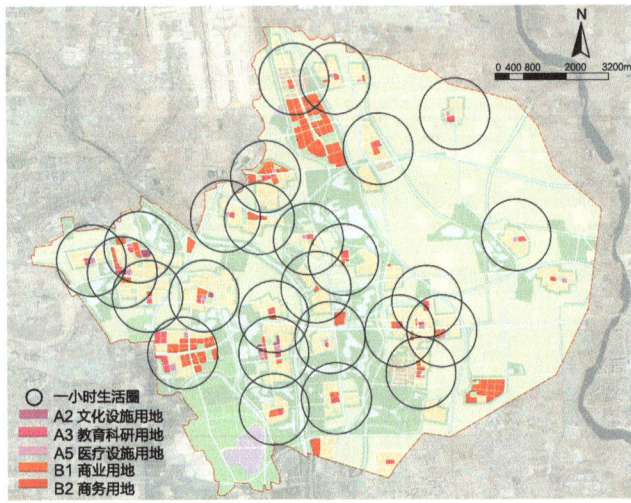

一小时生活圈规划

环境影响评价
Environmental Impact Assessment

　　对规划方案进行综合环境影响评价，可见规划后区域生态环境质量得到提高，城镇体系、相关设施得到完善，整体上片区环境韧性得到增强。

规划目标	一级指标	二级指标	现状	规划后	规划变化内容	指标对比	达标情况	总结
韧性生态	生态绿网	绿地覆盖率	10.17%	40.27%	大幅增加	40%	√	生态绿化状况得到很大完善，形成较为完整的生态基础设施系统
		人均公园绿地面积	3.5	14.2	大幅增加	按朝阳区2018年规划为18	未达标	
	生态水网	水域面积	2.2km²	12.79km²	增加10.59km²			水网密度增加，对洪水调蓄能力增强，实现区域韧性发展
		蓄滞洪面积	7.81km²	34.5km²	大幅增加			
	生态连通性	生态连通性（CONNECT指数）	0.13	1.73	大幅增加			生态连通性提升
韧性生产	第一产业	农田面积	84.92km²	70.05km²	减少14.87km²	按农田面积大于总用地面积35%算，为 > 64.4km²	√	就业 - 居住人口比较为适中，基本实现职住平衡
	职住平衡	职住用地比	—	1：2.42		1：2.5	√	
		就业-居住人口比	—	0.53		0.46~0.62	√	
		人口规横（万人）	21.8	31.48	增加10万左右	30~35	√	
韧性生活	建设用地	总建设用地面积	65.4km²	38.85km²	建设地大幅减少	<40km²	√	建设用地减量40%以上，实现用地组团、集约化发展
	交通路网	城镇建设区路网密度（km/km²）	4.23	8.59	路网密度翻倍	2035年规划：8km/km²	√	建设区以小街区、密路网为主，极大提升了交通连接度和可达性；非城镇建设区基本维持了现状
		非城镇建设区路网密度（km/km²）	2.52	2.31	路网密度变化不大	2~3km/km²	√	
	基础设施	商业设施	—	32万m²		按2019年版千人指标计算18.9~29.6万m²	超标	商业、医疗设施用地超出标准，可适当缩减用地，作为公园、广场或居住用地
		医疗设施	—	15万m²		按2019年版千人指标计算8.2~11.3万m²	超标	
		教育设施用地	—	60万m²		按2019年版千人指标计算31.5~75.6万m²	√	

设计节点选择
Node Selection

　　节点围绕温榆河下游西侧河岸空间展开，其中节点 A 面积 4.90km²、节点 B 面积 5.84km²、节点 C 面积 4.88km²，包括蓄滞洪区、生态缓冲区、城市绿地、集约化农田和特色产业。

漫滩湿地结合农田，缓解洪水压力，净化水质

漫滩结合坑塘与建设用地，水系引入城镇，削减洪峰，带动产业

水系结合蓄滞洪区，起到雨洪调节、生态涵养、生物多样性保护的作用

节点综合平面图

节点 A——城郊集约化生产农田区
Site A—Intensive-Producting Farmland

苗圃

分散洪水压力

综合公园

农业示范

居住商服

集约化农业

建设用地规划

① 河漫滩
② 综合公园
③ 滨河游憩带
④ 苗圃
⑤ 森林游憩带
⑥ 农业示范区
⑦ 农业科普区
⑧ 集约化农田
⑨ 住宅

节点 A 总平面图

该节点跨温榆河两岸，北侧属顺义区李桥镇，南侧属朝阳区金盏乡。在上位规划中是重要的农业示范区与森林涵养区，在规划时均予以保留。此外有马术俱乐部、越野场地等项目设施，有望整合发展成服务城区的休闲娱乐产业。但现状建设用地的土地利用率不高，且将农田切割破碎，居住与产业不配套，规划中进行了整合优化。

节点 A——城郊集约化生产农田区
Site A—Intensive-producting Farmland

① 休闲场地
② 滨水栈道
③ 生态湿地
④ 台地种植

洪水淹没区

生态栈道设计

节点 A——城郊集约化生产农田区
Site A—Intensive-producting Farmland

| 淹没区 | 雨洪调蓄 | 河道 | 雨洪调蓄 | 淹没区 |

23.6   21.6   19.8

弹性河道断面图

产业叠加、韧性持续

苗圃：在原有苗圃基础上改造提升为林地游憩节点，融入滨河游憩带，实现产业叠加；
农田：对原有建设用地进行腾挪，实现农田集中连片保护，建设农田示范区；
游憩：依托良好生态基底，利用滨河游憩带将各个节点串联，延长游憩体验。

休闲空间
休闲步道
生态涵养

河道效果图

观光农业效果图

节点 B——河畔宜居宜业小镇
Site B—Town Suitable for Living and Business

该节点全部属于金盏乡，地块整体东高西低，西侧现状废弃鱼塘为易淹没区，但未与产业、游憩功能结合，也未与温榆河有联系。地块东侧皮村及周边工业区存在脏乱差现象，空间狭窄逼仄，缺少公共活动空间。

建立"一带、两片区、两廊道"的景观结构，形成兼具景观游憩、雨洪管理及水质净化功能的片区内部韧性水生态系统。西部片区以湿地景观为主，新增一系列坑塘，并以水道、溪流连接，向南汇入坝河蓄滞洪区。东部片区使温榆河与地块内部水系连接，对河水进行部分分流至西部湿地和坝河蓄滞洪区。

规划 3 个居住组团，地势相对较高，地表径流排放到周边坑塘进行净化；由廊桥游憩步道构成慢行交通系统。

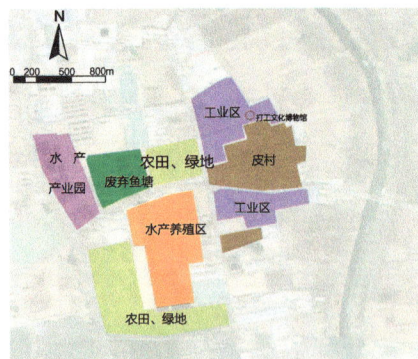

节点现状图

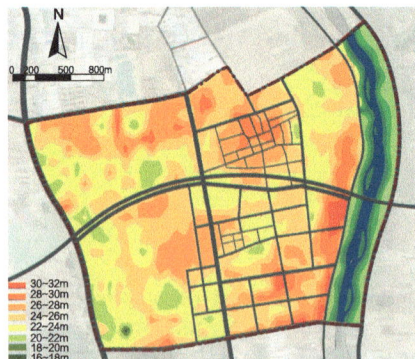

现状地形分析图

现状淹没区分析图

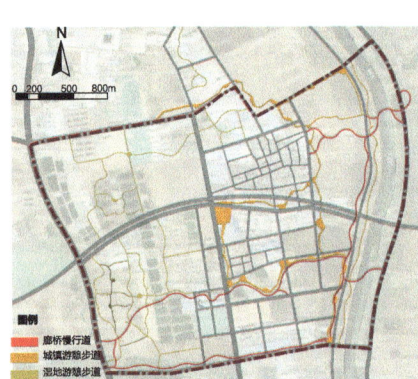

慢行系统设计图

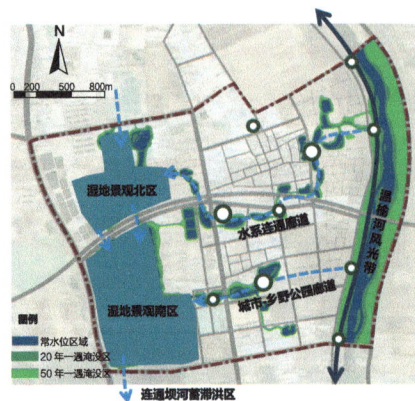

韧性水系统构建图

社区排水系统设计图

节点 B——河畔宜居宜业小镇
Site B—Town Suitable for Living and Business

节点 B 总平面图

图例

❶ 湿地生态坑塘
❷ 疏林花甸
❸ 湿地林带
❹ 生态田园观光区
❺ 坑塘花园
❻ 打工文化创意园区
❼ 慢行步道
❽ 打工博物馆
❾ 慢行廊桥
❿ 垂钓鱼塘
⓫ 滨水餐吧
⓬ 滨水剧场
⓭ 湿地生物群落
⓮ 城市游憩公园
⓯ 市民广场
⓰ 滨河步道
⓱ 滨水商街
⓲ 中高端住宅区
⓳ 工业园区
⓴ 主题民宿区
㉑ 活动中心

坑塘湿地系统

城市水系公园

城镇缓冲带公园

节点 C——宋庄蓄滞洪区
Site C—Detention Basin of Songzhuang

该节点属于朱庄镇，是北京市最重要的蓄滞洪区，也将成为京东地区最大的休闲公园。该节点在流域中发挥承接上游洪水，削减下游洪峰的作用，使通州的防洪标准由 50 年一遇提高到 100 年一遇，并呈现林水相印、水鸟翔集的大美湿地景观。

图例

❶ 滨水活动区
❷ 尹各庄村
❸ 滨河步行道
❹ 活动广场
❺ 湿地体验区
❻ 暗渠潜流
❼ 入口广场
❽ 特色农田
❾ 生态鸟岛
❿ 阳光草坪

节点 C 总平面图

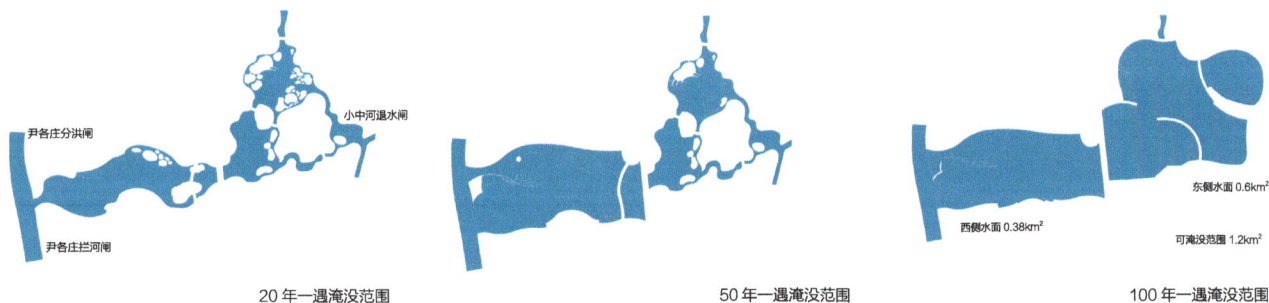

尹各庄分洪闸　小中河退水闸

尹各庄拦河闸

20 年一遇淹没范围

50 年一遇淹没范围

东侧水面 0.6km²

西侧水面 0.38km²　可淹没范围 1.2km²

100 年一遇淹没范围

节点 C——宋庄蓄滞洪区
Site C—Detention Basin of Songzhuang

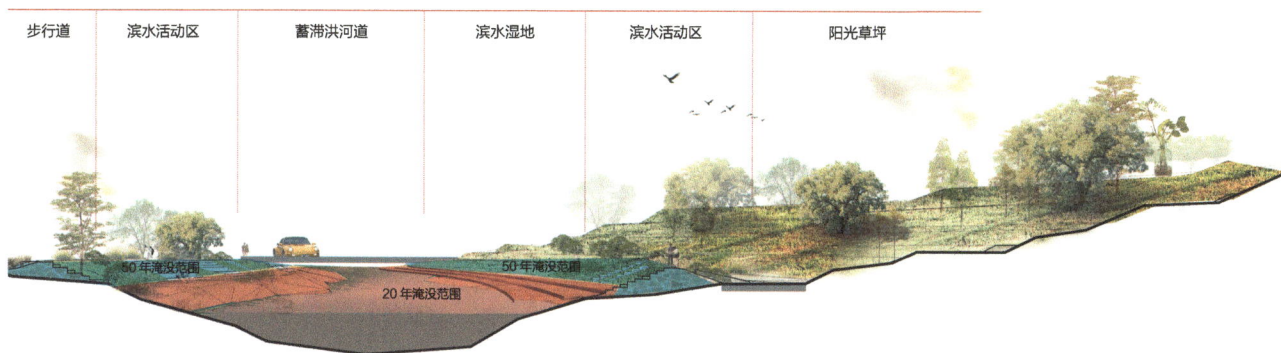

| 步行道 | 滨水活动区 | 蓄滞洪河道 | 滨水湿地 | 滨水活动区 | 阳光草坪 |

50 年淹没范围
50 年淹没范围
20 年淹没范围

A-A 剖面图

节点专项——亲水平台

节点专项——蓄滞洪草坪

以北京市中心城区人口疏解与建设世界城市为背景，"温榆湾"集优良生态、智慧发展、开放交流、优质生活于一体，是京城北部的新兴发展中心。选取"温榆湾中央交流中心"进行深化规划，探讨流域内生态保护、产业升级、旅游发展、社区建设的典型模式，并通过四个节点的深入设计，营造多种交流空间，促进不同角度的交流。

京北"温榆湾"

王方邑
王　晓
原　茵
曾心周

规划定位 / 目标
Planning Positioning/Objective

"温榆湾"

总体目标

为北京迈向"世界城市"搭建的国际化交流平台　　　　　为中心城区"人口疏解"创造宜居宜业的生态家园

流域在市域的地理形态特点：北京西部是太行山余脉的西山，北部是燕山山脉的军都山，两山在南口关沟相交，形成一个向东南展开的半圆形大山湾，被称为"北京湾"，温榆河流域与此形态特征相一致，具备"湾区"特征。

流域在市域的发展定位：温榆河流域未来将是多种高新技术产业、高等教育园区的聚集地，也将是北京市对外交流的重要窗口，为首都成为"世界城市"提供产业技术、人才培养、国际交流等多方面的支持。

人口疏解政策下的城市未来发展：温榆河流域范围是重要的中心城区人口疏解承载地，通过产业外迁可以带动人口疏解。

愿景	子目标	分期目标		
		近期 2025 年	远期 2040 年	远景
生态湾 （建设控制）	保障流域生态安全； 维持农田生产功能； 创造绿色生活空间； 关注滨水生态空间。	生态涵养空间实现全面保护，严守农田基本红线，总规划确定的基本农田集中区内完成腾退更新，优先建立滨水生活生态空间体系。	农业生态空间一般控制区全面实现腾退更新。拓展生活生态空间。	形成完整的生态空间体系，限制城市扩张、提供良好生活环境，引导城市健康发展。
智慧湾 （发展动力）	形成有不同高端支柱产业和配套产业的完整产业组团； 形成布局均衡的温榆河科研教育智慧带； 产业与教育共同发展，互相支撑。	整理闲置用地及空间； 增加投资； 细化产业发展定位； 发展非中心城区教育科研机构； 产业与教育共同发展，互相支撑。	中心城区功能外迁，教育产业强化空间联系； 建设配套功能； 初步形成组团。	教育、产业、配套发展完善，形成"智慧湾"对流域及市域起到带动作用。
生活湾 （服务配套）	有序疏解人口，改善人居环境； 职住平衡，形成与产业组团相适应的宜居组团； 生活湾各区域有特点有差异有层次。	优化山区及近山区生活环境，缓解人口流失； 划定各产业组团居住空间规模，腾退与产业组团冲突的乡村，起步配套设施建设。	远郊近郊生活空间形成； 完成城中村功能转化； 产业组团工作生活空间基本形成，基本完成人口疏解目标。	全面形成定位明确、配套完善的远郊文旅生活空间、近郊休闲生活空间、平原产业生活空间，中心城区综合生活空间。
交流湾 （走向国际）	形成旅游与交通配套复合的发展格局； 优化以航空、铁路、高速、国道、省道为主的对外交通体系，健全以轨道为核心的内部城市公共交通； 向市域、全国乃至全球范围推广流域形象。	重点完善对外交通体系，提升高等级道路及设施配比； 流域中、北部路网密度达到 3.4km/km² 象。	充分发挥优质景区的带动作用，形成规模化、品牌化的成熟旅游组团，促进周边产业、人口发展。	交通与旅游作为流域对外展示的重要平台，形成良好的耦合关系； 构成流域对内对外交流的良性发展。

意象图来自百度搜索

整体结构
Planning Structure

　　生态空间成网络，重点加强中心城区和郊区的生态联系，保护农田并使其生产生态功能得到完善；产业新城在生态空间的约束与限制范围内组团发展，避免无序扩张造成生态网络的断裂；蓝绿空间与城市交织，构成良好生活与游憩空间；交通网络串接发展组团、旅游游憩点，使其之间保持便捷交通联系。

生态绿地	农田	新城发展核心
核心保护地	村落建设用地	城际干道内环路线
水体	城市建设用地	城市道路支线
水系	产业新城范围	新建滨水风景道

整体规划结构图（近期 2025 年）	整体规划结构图（远期 2040 年）

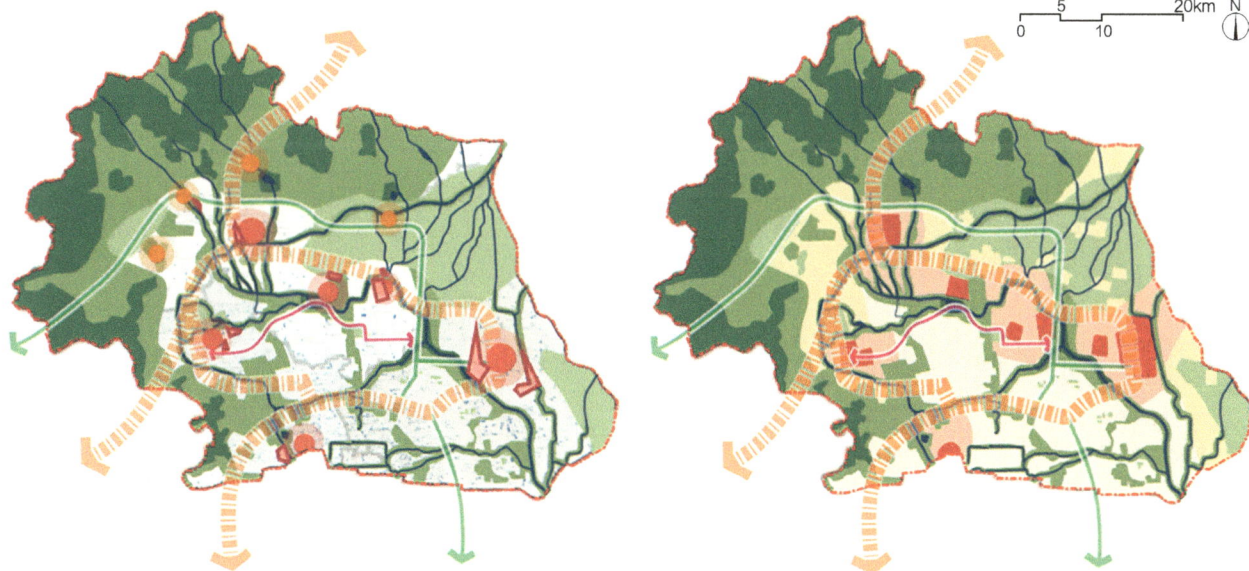

生态湾
Ecological Bay

规划策略

从三生空间的角度构建城乡野一体的生态空间格局，保障生态安全，维持生产功能，创造美好生活环境；设定指标，规划格局，统筹各类自然保护地和城乡绿地；加强对滨水空间的保护与修复，在不同的河段分别关注水体的生态保护、生活休闲、景观风貌功能，针对重点片区提升水质、保护生物多样性并塑造水景。

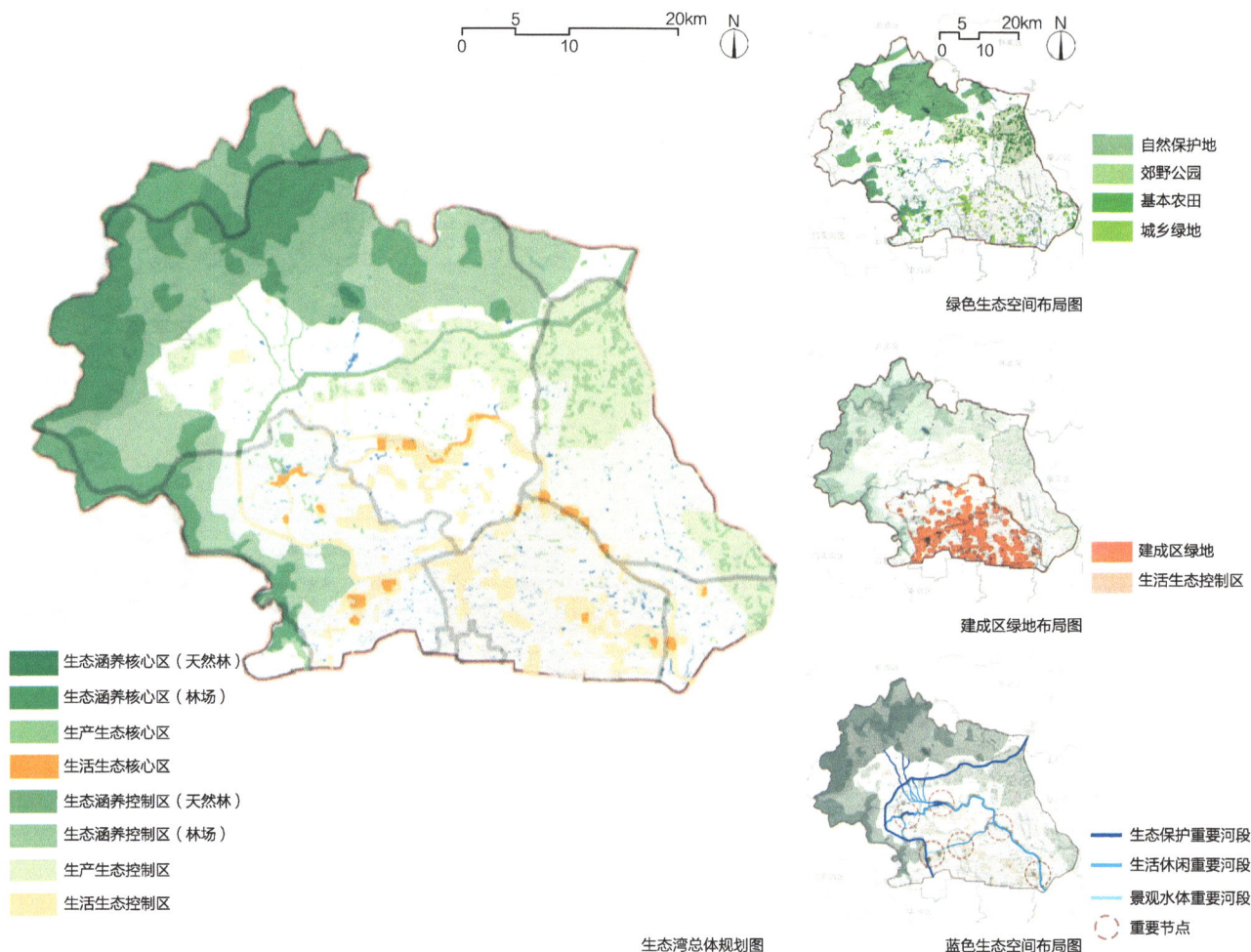

绿色生态空间布局图

	自然保护地
	郊野公园
	基本农田
	城乡绿地

	建成区绿地
	生活生态控制区

建成区绿地布局图

	生态保护重要河段
	生活休闲重要河段
	景观水体重要河段
	重要节点

蓝色生态空间布局图

生态涵养核心区（天然林）
生态涵养核心区（林场）
生产生态核心区
生活生态核心区
生态涵养控制区（天然林）
生态涵养控制区（林场）
生产生态控制区
生活生态控制区

生态湾总体规划图

智慧湾
Wisdom Bay

教育科研

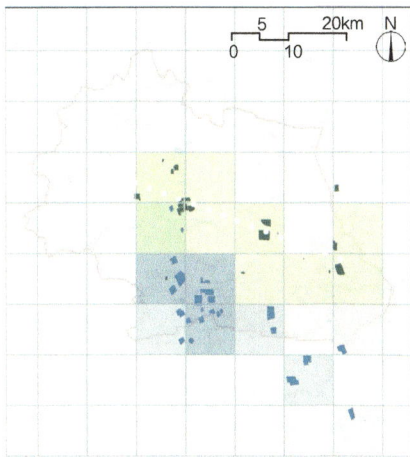

科研教育分期规划（近期 2025 年）

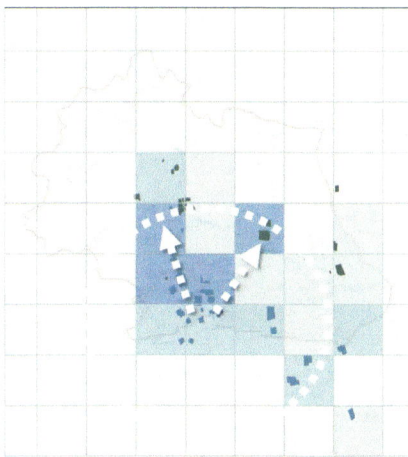

科研教育分期规划（远期 2040 年）

规划策略

　　强化发展温榆河主河道北岸的教育科研机构组团；逐步整理腾退周边状况较差的村落和闲置用地；将中心城区部分大学研究功能外迁，建设分校区，强化与主校区之间的交通联系；教育园区与高端产业在空间上形成组团，发挥输送人才和支持技术研发的作用。

- 南岸教育科研机构
- 北岸教育科研机构
- 教育科研机构质量（低）
- 教育科研机构质量（高）

产业发展

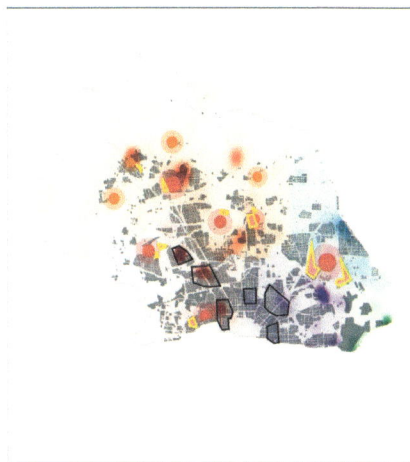

产业发展分期规划（近期 2020—2025 年）

产业发展分期规划（远期 2025—2040 年）

规划策略

　　有序腾退低端产业，为流域内各产业园寻找详细定位；提升产业园空间利用效率，达到集约化、积聚化，建设配套空间；以产业科研组团为核心，对周边形成智慧和人才的吸引与带动作用。

- 产业组团核心
- 产业组团辐射范围
- 产业组团质量（低）
- 产业组团质量（高）

生活湾
Community Bay

规划策略

　　进行社区组团分类规划，使居住组团与配套产业、生态空间相适应。西北部山区村落发展文旅服务，近山乡镇形成休闲农业特色小镇；平原社区逐步发展成为产业配套组团；既无明显自身优势条件又远离产业组团的村落，有序向乡镇中心、产业组团转移；建成区内的城中村逐步拆迁，疏解土地用于公共服务设施及绿地建设；补充高质量公共服务设施，15分钟社区服务圈由城市全覆盖到城乡全覆盖。

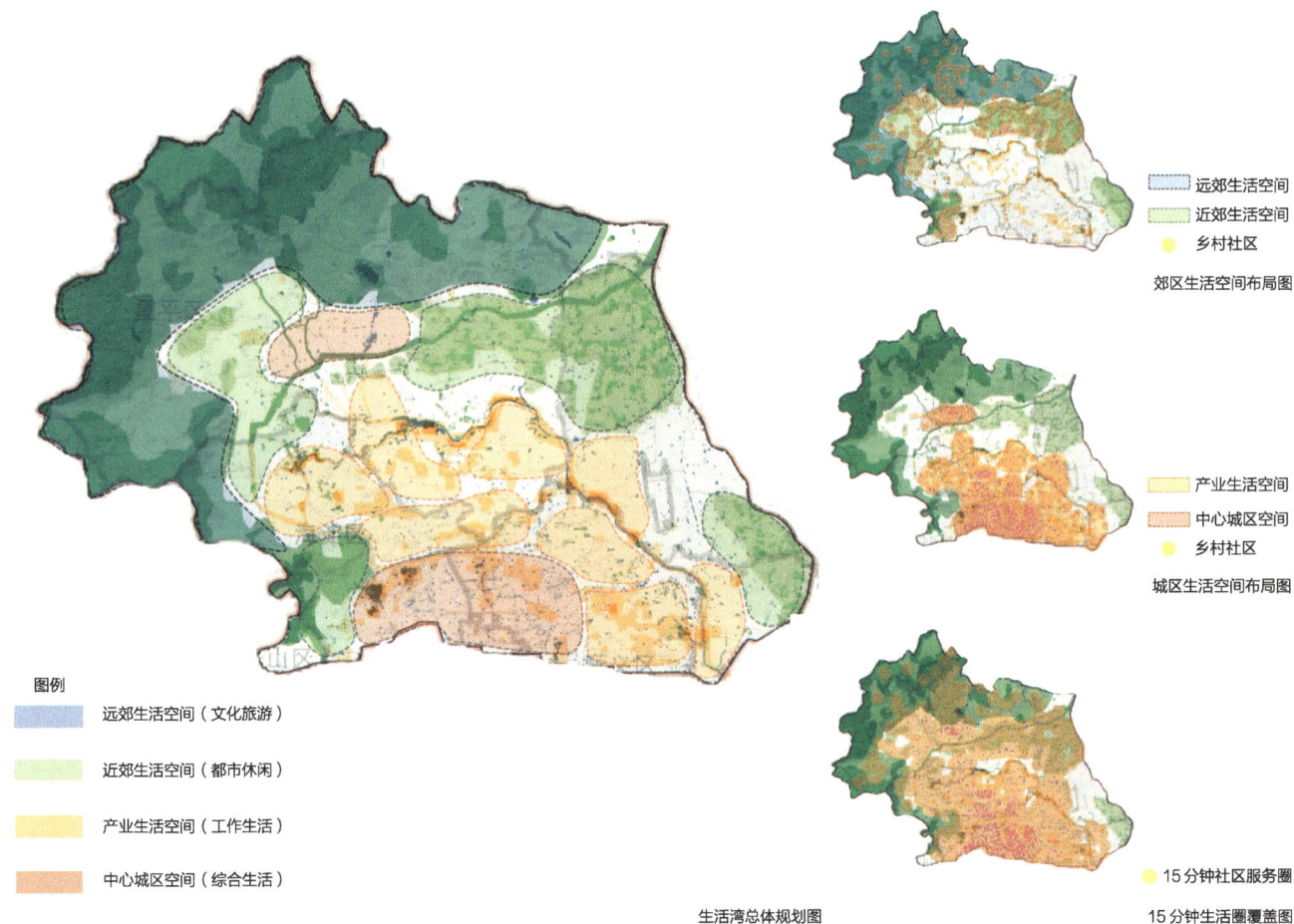

远郊生活空间
近郊生活空间
乡村社区

郊区生活空间布局图

产业生活空间
中心城区空间
乡村社区

城区生活空间布局图

15分钟社区服务圈

15分钟生活圈覆盖图

图例

远郊生活空间（文化旅游）

近郊生活空间（都市休闲）

产业生活空间（工作生活）

中心城区空间（综合生活）

生活湾总体规划图

交流湾
Communication Bay

交通设施

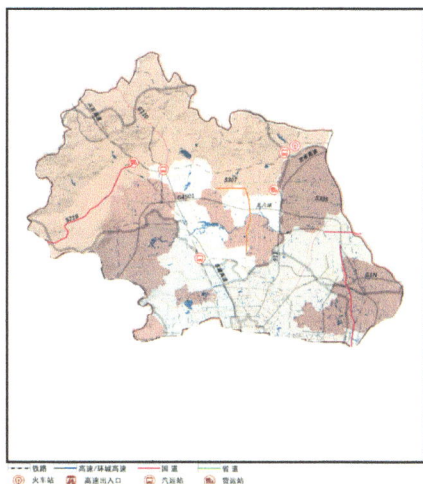

交通设施分期规划（近期 2025 年）

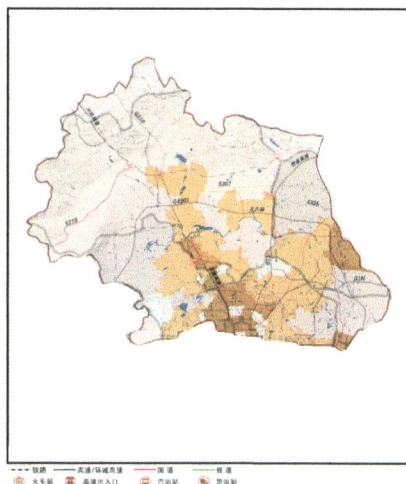

交通设施分期规划（远期 2040 年）

规划策略

　　交通设施作为物质交流的载体，对外交通整体提升、优化布局，道路升级、提升路网密度、新增设施点；对内交通有的放矢，区域缝合；以轨道交通为抓手，增设 5 号线延长线，建构海淀区 16 号线与昌平线的联系。

游憩活动

游憩活动分期规划（近期 2025 年）

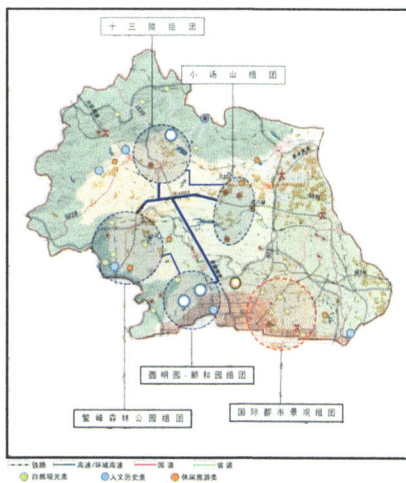

游憩活动分期规划（远期 2040 年）

规划策略

　　旅游活动作为文化传播的载体，根据自然条件、旅游资源以及产业发展特色，划分四类特色片区；基于旅游资源的类型分布特征，打造三条主要的旅游观光廊道；向外拓展组建规模化旅游组团；形成"四位一体"的发展模式，建立流域特色旅游品牌。

片区选取
Site Selection

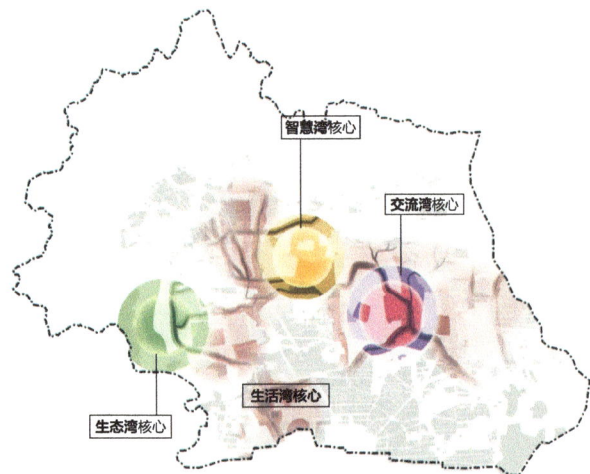

温榆湾核心

规划智慧湾、生态湾、交流湾、生活湾四大核心。选取片区位于中心城区东北部，五至六环之间，面积 133.5km²，为昌平、顺义、朝阳区交接地带，在流域规划中为交流湾核心位置，对周边区域及中心城区有辐射带动作用。

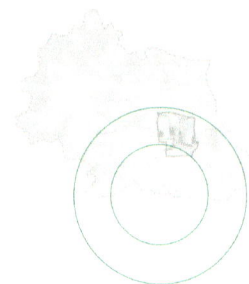

片区与中心城区关系　　片区行政区划概况

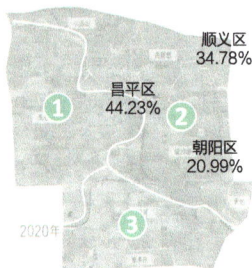

选取理由：一是片区位于两河交汇口，水文与生态效益均较突出，有优质自然基底；二是巨大发展潜力，片区涵盖未来科学城东部（一期）、空港新城外围区域，其中未来科学城部分重点发展电子电信、清洁能源及高新材料产业；空港新城部分有交通、物流等临港优势潜力。

片区定位与机遇挑战
Site Particularity，Opportunity and Challenge

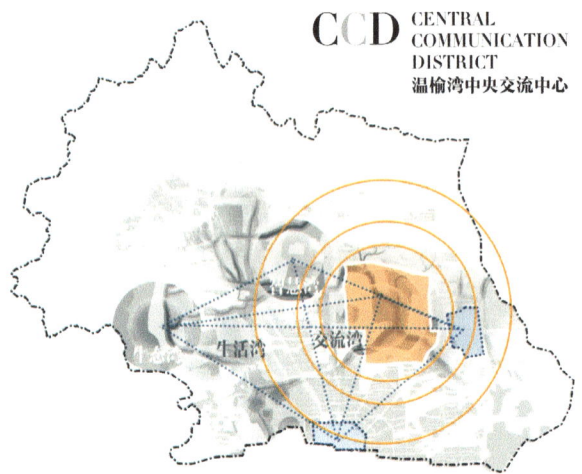

片区区位

机遇一：未来可能成为村落人口搬迁集聚点

在北京非首都功能疏解和布局调整的背景下，片区未来可能成为人口搬迁聚集点。片区内现状分布村落数量较少，根据村落保留价值评价结果，片区内有两个推荐保护村落，北部有一处非遗村落。

机遇二：适宜开展产业类型多样，未来发展潜力大

从 GDP 增长率分布情况来看，片区在产业发展与提升上具有突出潜力；适宜发展的产业类型多样，且与中心城区产业能够产生联系。因此，片区内未来产业多样化发展的潜力很高。

挑战：需要关注对组团发展边界的控制（限制）

为避免片区内新城与中心城区建设用地的粘黏，需要有意识地限制新城发展边界。新城、旧城间可获得交通上的联系，但需要通过绿色空间分隔以避免建设用地连成一片。片区内现状二产、三产分布密度较低，有作为绿色空间限制建设用地扩张的潜力。

片区调研
Site Investigation

线上调研 1：基于百度 / 谷歌地图的片区街景考察

云调研整体印象 ——
发展不均衡
有空间资源及景观资源
但滨水空间可达性不强
城市公共空间质量差

线上调研 2：网上问卷调查——公众需要怎样的户外公共空间？

通过线上问卷调研发现，被调查者最期待的公共通行耗时为 15~30 分钟车程，空间类型为绿地和滨水空间，最期待的活动类型为运动和野营。被调查者现在的周末出行偏好仍以传统皇家园林及有规模的主题园区为主，出行目的地空间落位集中在三环以内区域。

线下调研：温榆河沿岸骑行（片区河段）

河流沿岸空间总体水面宽阔，几乎无滩涂湿地，人工林为主，风景观赏价值一般。

滨水活动多以家庭为单位，以自驾出游为主，进行户外野营、垂钓、散步等活动。

骑行方面，自然背景基础优越，但骑行道建设程度参差不齐，部分区间缺乏标识系统。

02 片区景观规划
Regional Landscape Planning

片区分析——上位规划
Site Analysis: Upper Planning

片区处于三区交界地带，昌平一侧包含未来科学城东区，顺义一侧包含空港新城周边组团，朝阳一侧没有明确发展规划。片区处于朝阳区和顺义区发展的"边缘地带"。

在生态保护方面，朝阳区、顺义区的国土空间规划尤其强调沿温榆河西北－东南走向的生态带，保证南部通州区来水质量。

因此，尽管从经济产业发展来看片区处于边缘，受到各个方向的引力作用，但片区作为两河交汇口，其生态环境具有"内聚力"，是片区规划的核心。

片区上位规划要求拼图

（规划图纸来自昌平、顺义、朝阳区 2017—2035 年国土空间规划）

片区分析——生态专项
Site Analysis：Ecology

绿色空间现状

片区位于北京市第二道绿化隔离带所形成的郊野公园环上，同时位于从中心城区向东北方向延伸的生态绿楔上。温榆河公园是片区绿色空间的核心。

片区绿地在东西向起到阻隔城市发展扩张的作用，南北向起到联结城市绿地系统、构成连续生态空间的作用。

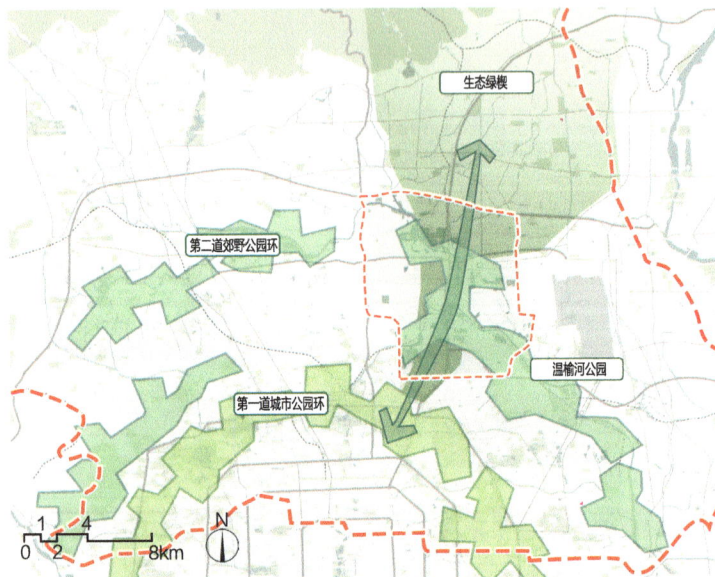

片区绿色空间分析

蓝色空间现状

片区内包含三条主要河道：温榆河、蔺沟河、清河。主要闸坝包括鲁疃闸、沙子营闸、沈家坟闸等。

水质方面，片区所处位置是温榆河流域中排污口分布最集中、点源污染最严重的的区域，河流沿线分布有多处污水处理厂。片区水质将影响南部通州区来水质量。

水安全格局方面，片区内包含沙子营蓄滞洪区、沈家坟蓄滞洪区，对温榆河及清河的水安全有重要影响。

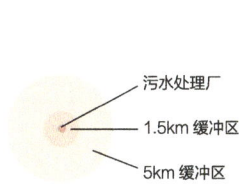

① 沙河闸　　　⑦ 鲁疃闸
② 尚信橡胶坝　⑧ 沙子营闸
③ 马坊橡胶坝　⑨ 沈家坟闸
④ 曹碾橡胶坝　⑩ 辛堡闸
⑤ 三岔口橡胶坝⑪ 下清河闸
⑥ 土沟橡胶坝　⑫ 苇沟闸

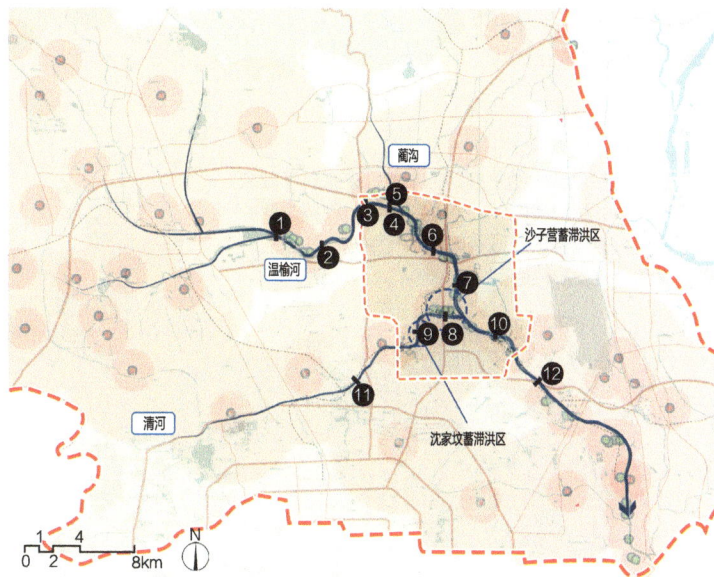

污水处理厂
1.5km 缓冲区
5km 缓冲区

片区蓝色空间分析

生态综合分析

总体而言，目前蓝绿系统对生态保护重要分区覆盖情况不理想，也缺乏对洪泛区的规划设计。局部水体周边缺少完整缓冲绿地。

分别来看，绿色空间面积不足，连通性不够，难以实现东西向的限制作用和南北向的连通作用。绿地利用方式较为单一，与周边其他功能的融合性不强。蓝色空间以河道为主，湖泊湿地面积不足。

现状绿地
现状农田
现状高尔夫球场
现状水体
生态保护极重要分区
生态保护重要分区

片区生态现状综合分析

片区分析——产业
Site Analysis：Industry

产业现状分析

从片区在流域中的发展地位来看，未来科学城东区位于"中关村科技园——怀柔科学城"科技走廊的中心位置，也位于各区域高新技术产业园区连线的交点，堪称产业发展核心。

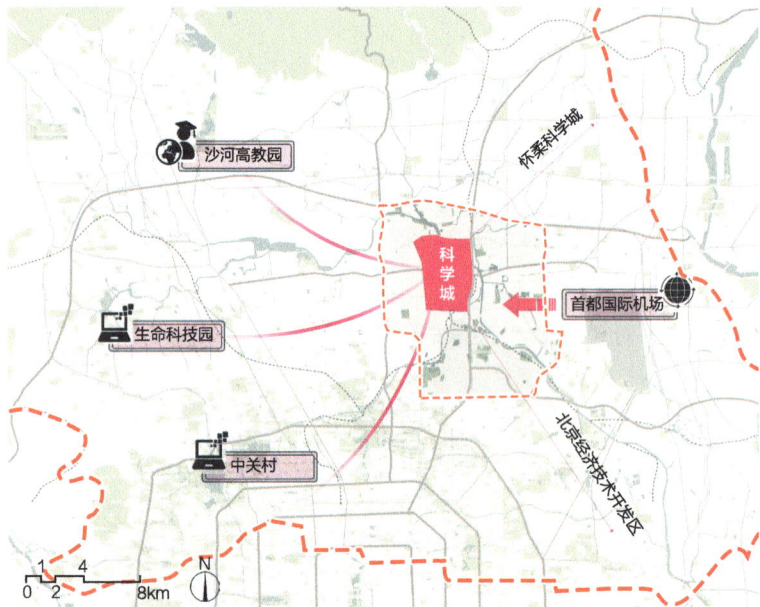

片区产业发展分析

从片区内部来看，片区内产业类型不一，而总体发展水平较低，低端产业、农业占比较高，而高新技术产业发展较弱，空间规模仍较小，不符合未来科学城的发展定位。

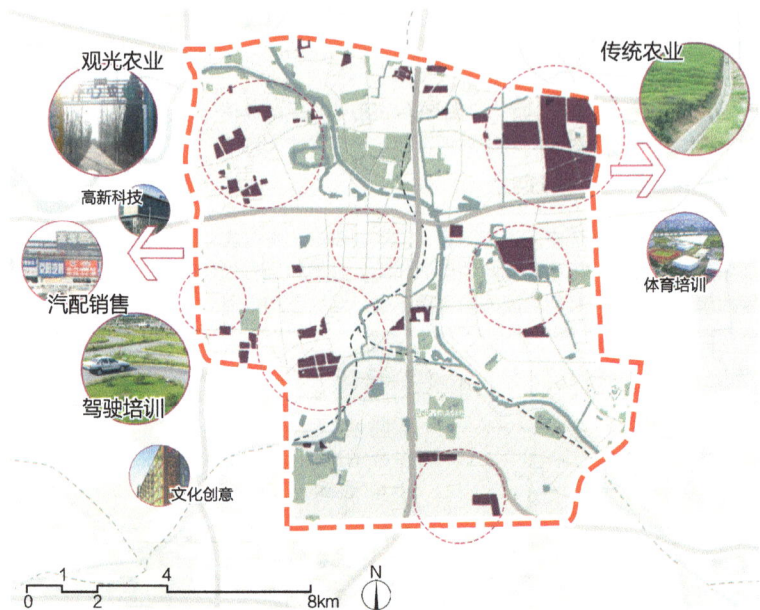

片区产业现状分析

片区分析——交通

Site Analysis：Transportation

交通现状分析

片区内的高等级道路系统可以概括为“三横一纵”，即北六环、机场北线高速、京平高速构成的“三横”与京承高速“一纵”。

然而，片区内高等级道路与片区本身交集较少，不能充分发挥片区临港优势。片区内也没有轨道交通系统伸入，慢行系统的建设也不充分。

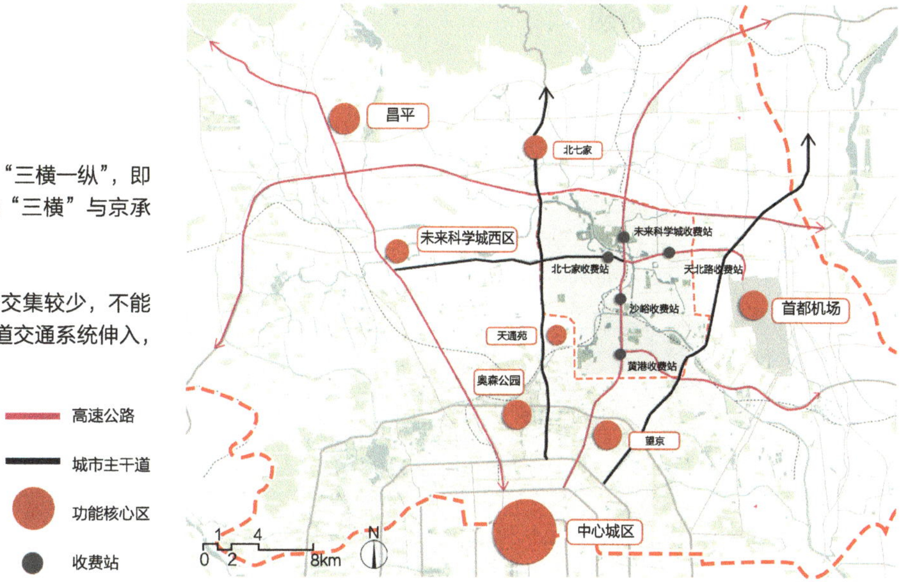

高速公路
城市主干道
功能核心区
收费站
昌平
北七家
未来科学城西区
未来科学城收费站
北七家收费站
天北路收费站
沙峪收费站
首都机场
天通苑
黄港收费站
奥森公园
望京
中心城区
0
1
2
4
8km
N

片区交通路网分析

片区整体的路网密度较低，不能满足区域发展，尤其是未来科学城发展建设的需求。未来应当提升集中建设区域的路网密度，加强片区与机场间的交通联系，发展慢行系统，完善片区基础设施建设。

路网密度 km/km²
0~1
1~2
2~3
3~4
4~5
5~6
6~7
7~8
现状路网
0
1
2
4
8km
N

片区路网密度分析

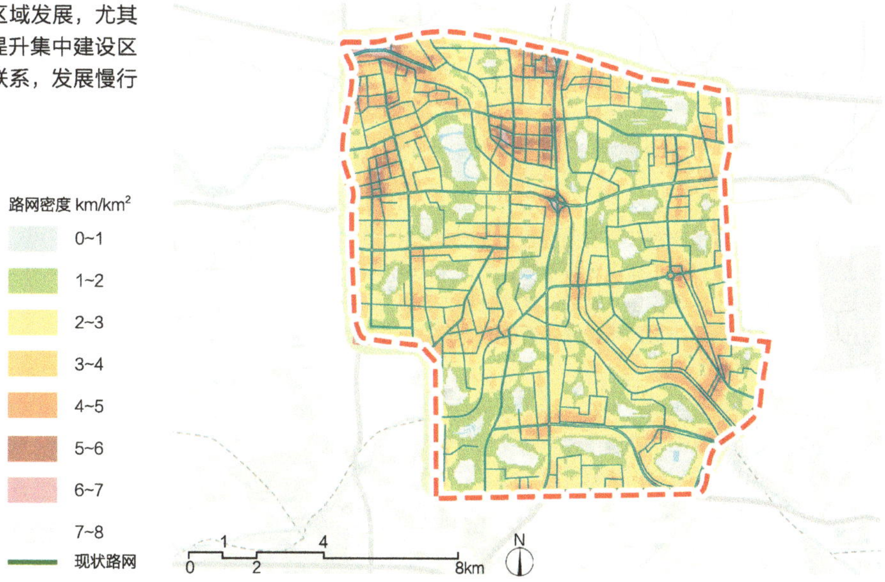

片区分析——旅游游憩
Site Analysis：Recreation

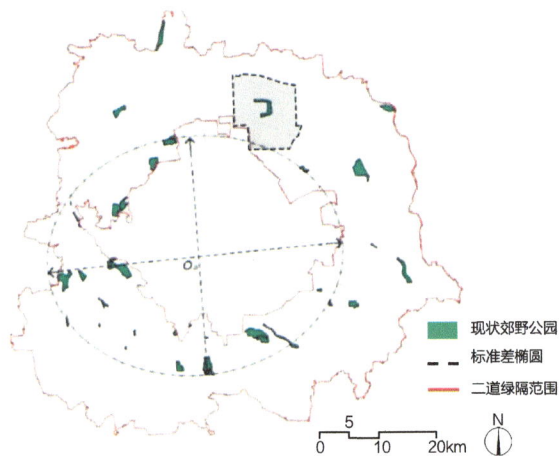

现状郊野公园群标准差椭圆分析（根据参考文献改绘：
王思杰．城市游憩视角下北京二道绿隔郊野公园布局优化研究 [D]．北京林业大学，
2019．）

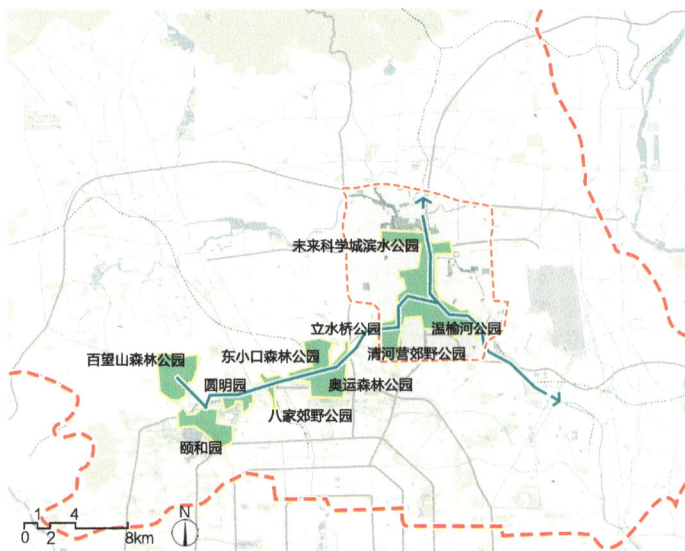

图例：
现状郊野公园
标准差椭圆
二道绿隔范围

"一河十园"片区旅游发展分析

旅游游憩现状分析

片区处于二道绿隔上，其中未来科学城滨水公园是现状唯一规模较大的公园，然而其辐射范围、对周边区域的影响力都比较低。"一河十园"的公园体系规划，为片区的旅游游憩升级带来了契机。

片区内的游憩系统存在三方面问题：定位同质化，片区游憩资源较丰富，但管理和建设分级不明；负面生态影响，由于缺乏分级管控和引导，钓鱼、烧烤、露营等行为在片区内随机分布；服务人群局限，人群多选择中近途开车前往，到达方式单一，停车设施不足。

此外，与交通系统结合来看，片区内的高速路普遍高架，在局部成为到达休闲游憩空间的阻碍，降低了公园绿地的可达性。

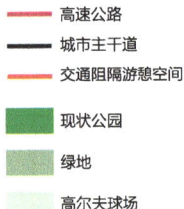

图例：
高速公路
城市主干道
交通阻隔游憩空间

现状公园
绿地
高尔夫球场

片区旅游现状分析

片区分析——居住设施
Site Analysis：Infrastructure

居住设施现状分析

片区内部未见明显独立的居住组团，而是与周边居住组团紧密联系。无高级别文化设施集中片区，受到周边文化设施辐射较弱，与空港国门文化联系相对紧密。体育设施方面仅有一处残奥训练中心和一处公共体育公园，周边体育设施对片区基本无辐射能力。

从居住条件来看，除了别墅区外，其他住区环境一般，社区乡村交错，形成明显差距；从文体设施分布情况看，文体设施与居住组团联系不强，无法满足居住组团正常文体休闲需求。

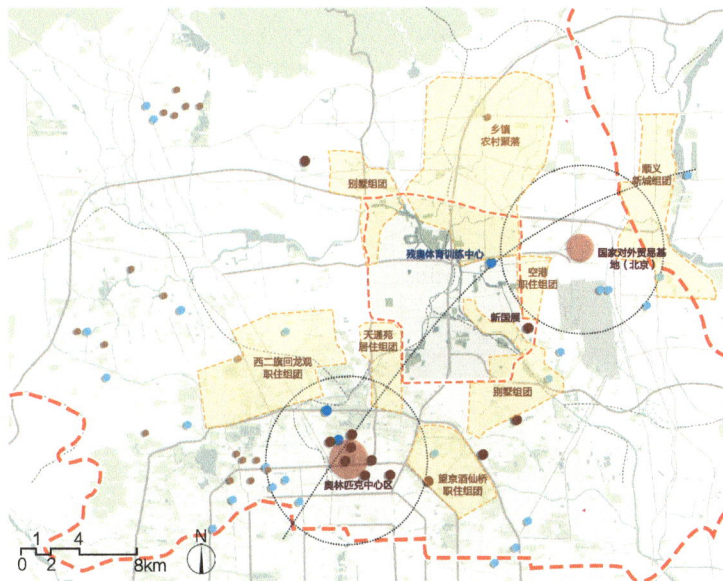

居住组团

文化设施

体育设施

片区居住组团与文体设施分析

从居住组团与产业发展的关系来看，片区内职住互动较弱，人口水平与新兴产业所需人才水平不匹配。片区内的产业难以对周边居住组团形成引力，在未来科学城（东区）与顺义下游区间出现了产业发展空缺和产业类型不匹配的空间。

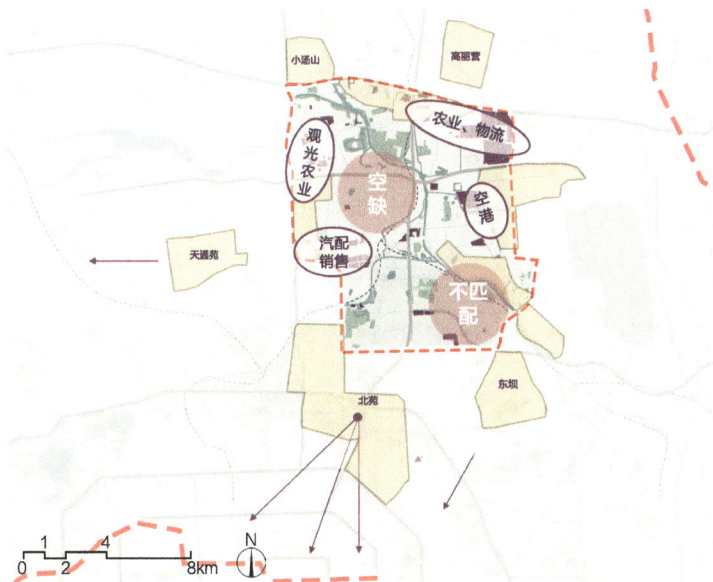

片区职住互动现状分析

规划总体策略
Planning Strategies

　　基于片区位于昌平区、顺义区及朝阳区三区交界的特殊地理位置，规划旨在突出生态本底特征，利用温榆河水体及沿线生态空间，将现状行政区划语境下的片区"边缘地带"转变为三生视角下的"内聚核心"。同时，通过用地性质调整与各子片区特色区别，加强片区人口引力，打造生态、产业、文化与生活的"交流湾"。

总体规划策略图

海淀区
HAIDIAN DISTRICT

顺义区
SHUNYI DISTRICT

朝阳区
CHAOYANG DISTRICT

行政区语境下的 "边缘地带"

海淀区
HAIDIAN DISTRICT

顺义区
SHUNYI DISTRICT

朝阳区
CHAOYANG DISTRICT

三生视角下的 "内聚核心"

规划总体结构
General Planning Structure

　　包括对外、对内两层结构。对外结构旨在打造中心生态圈联结昌平科技圈、顺义空港圈、朝阳金融文化圈，并对周边区域起到活化运营、产居互动、流量引导的作用；对内结构旨在打造活力绿心与生态绿心两大核心，沿主要河道及现状公园形成绿地骨架网络，串联各片绿地，包括公园及农田苗圃，产业、居住组团分布在绿地网络内。

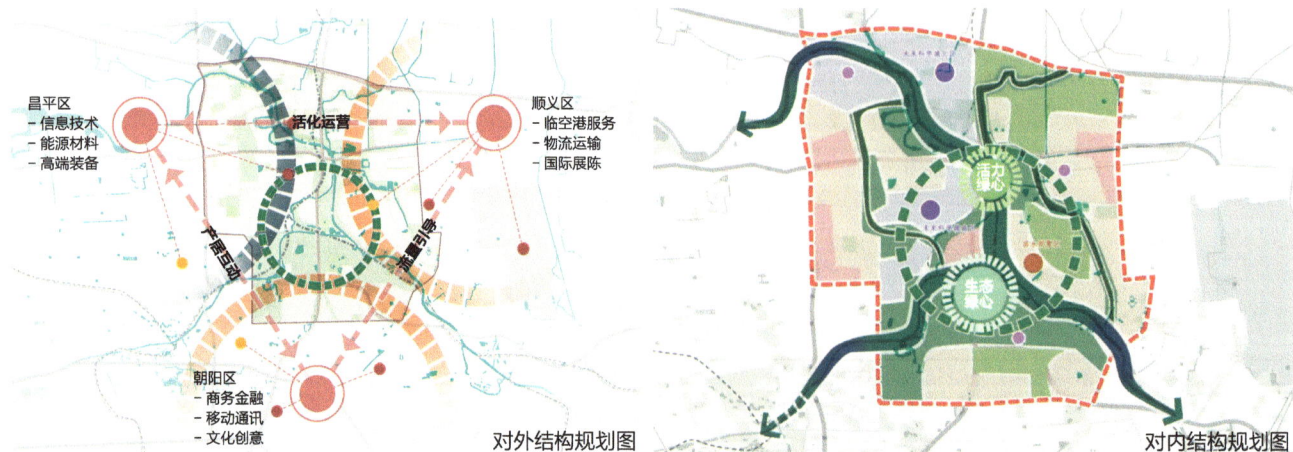

昌平区
- 信息技术
- 能源材料
- 高端装备

活化运营

顺义区
- 临空港服务
- 物流运输
- 国际展陈

朝阳区
- 商务金融
- 移动通讯
- 文化创意

对外结构规划图

活力绿心

生态绿心

对内结构规划图

土地利用变化统计
Landuse Variation

土地利用调整变化集中体现在绿地、二类居住用地及商业用地的增加，该部分新增用地主要由现状拆迁待建及荒地转化而来。用地调整总体策略主要包括三类：绿地整合拓展、居住组团整合、产业组团聚合。

调整前后土地利用变化统计表

	现状面积	占片区面积比	规划面积	占片区面积比	绝对改变值	改变百分比
道路	6.63	5.09%	8.0	6.0%	1.37	20.7%
水体	4.7	3.5%	9.2	6.9%	4.5	95.7%
教育科研	4.7	3.5%	6.7	5.0%	2.0	42.6%
工业用地	10.3	7.7%	4.9	3.7%	-5.4	-52.4%
村落	8.2	6.1%	4.3	3.2%	-3.9	-47.6%
一类居住	12.5	9.4%	8.0	6.0%	-4.5	-36.0%
二类居住	7.3	5.5%	18.5	13.9%	11.2	153.4%

	现状面积	占片区面积比	规划面积	占片区面积比	绝对改变值	改变百分比
公共文化设施	3.3	2.5%	5.5	4.1%	2.2	66.7%
商业用地	4.7	3.5%	8.7	6.5%	4.0	85.1%
设施农业	3.6	2.7%	2.1	1.6%	-1.5	-41.7%
绿地	14.67	11.0%	45.6	34.2%	30.93	210.8%
农林用地	29.4	22.0%	12.0	9.0%	-17.4	-59.2%
拆迁待建	20.2	15.1%	0.0	0.0%	20.2	-100.0%
不明荒地	3.3	2.5%	0.0	0.0%	-3.3	-100.0%
总计	133.5	100.0%	133.5	100.0%	0.0	0.0%

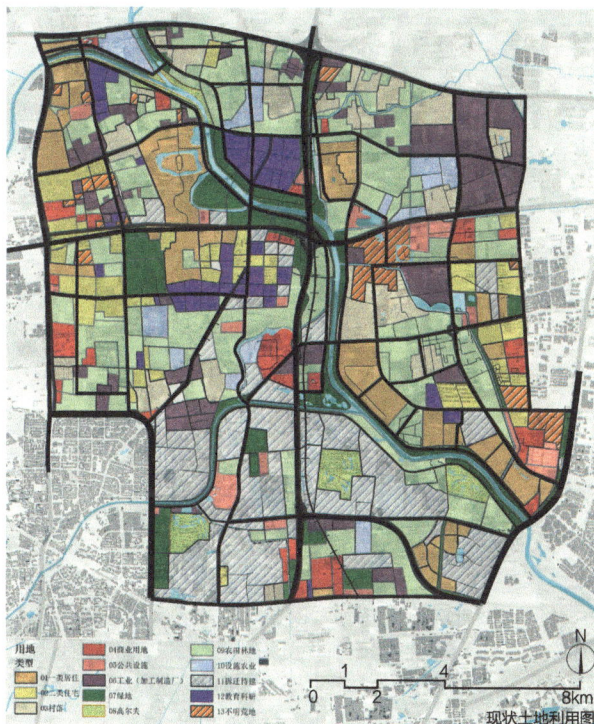

现状土地利用图

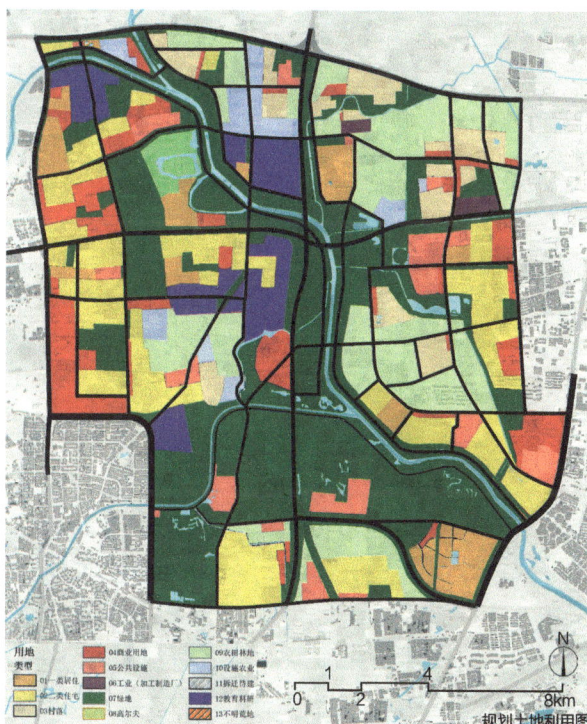

规划土地利用图

专项规划——生态
Specialized Planning：Ecology

绿地功能体系结构图

保护管理体系规划图

游憩开放区
协调控制区
核心保护区
农田及果园

公园类型布局规划图

专类公园
湿地公园
社区公园
综合公园

绿地类型布局规划图

公园绿地
其他绿地
防护绿地
附属绿地

用地转化变量统计表

绿地类型	改变量（规划面积-现状面积）	改变量/现状面积
公园	28.95	+284.0%
防护绿地	1.61	+48.5%
附属绿地	1.27	+1591.7%
其他绿地	−0.90	−82.9%
总面积	30.93	+210.8%

用地转化类型统计图

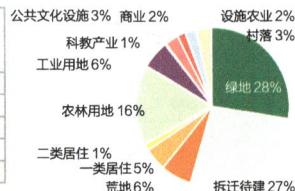

公共文化设施3% 商业2% 设施农业2%
科教产业1% 村落3%
工业用地6%
农林用地16%
绿地28%
二类居住1%
一类居住5%
荒地6%
拆迁待建27%

STEP 1：建构绿地功能体系
- 水质净化：限制滨水活动；开展水资源教育。
- 生态办公：低污染科创企业办公区域与生态环境结合，也与居住街区联结为整体。
- 活力水岸：开放绿地，多样活动。
- 净水湿地：生态需求为先，提供科研场所，局部开放为公园。

STEP 2：建构绿地保护管理体系
- 依据功能设定绿地管理要求，水质净化区、重要蓄滞洪区、河流沿岸实行较为严格的保护管理措施；提供大面积开放绿地供居民活动。

STEP 3：公园类型体系
- 依据功能和管理要求设定绿地公园类型，以沿温榆河和清河河岸的大型综合公园和湿地公园为主。

绿地指标统计
- 片区内绿地面积有大幅度增长，主要增加类型为公园绿地，规划后的主要绿地类型也是公园绿地。
- 绿地性质得到明确，附属用地面积增加，其他绿地面积减少。
- 除现状绿地外，规划绿地的主要增长面积来自拆迁待建用地和荒地。

专项规划——产业
Specialized Planning: Industry

产业类型与组团布局图
- 科创技术类
- 设施农业类
- 传统制造类

职住与商业核心规布局图
- 首都国际机场
- 规划绿地
- 科创技术类用地
- 规划居住组团
- 核心商业区

水智慧产业布局图
- 规划绿地
- 科创技术类用地
- 现状闸坝点位
- 水智慧产业展示区

驳岸布局类型分布图
- 规划绿地
- 科创技术类用地
- 城市功能型驳岸——硬质
- 天然游憩型驳岸——软质

STEP 1：类型置换，集中布局
- 强调高新科技在片区产业方面的引领地位，形成四区多片的结构。
- 对现有的设施农业（观光农业）与传统制造业进行用地整合。

STEP 2：产绿联合，产住联合
- 以水净化、水处理为核心，打造"水智慧"产业展示区。
- 填补职住互动的空缺地带；置入商业核心，作为配套。

STEP 3：生动岸线，活力绿心
- 对应不同的城市功能，实行差异化的岸线处理。
- 自然生态岸线和城市水岸形成对比。
- 不同类型的水岸设计对应不同的用地属性（产业、居住）。
- 局部增加两岸联系可达性。

专项规划——交通与游憩
Specialized Planning: Transportation & Recreation

道路交通规划图

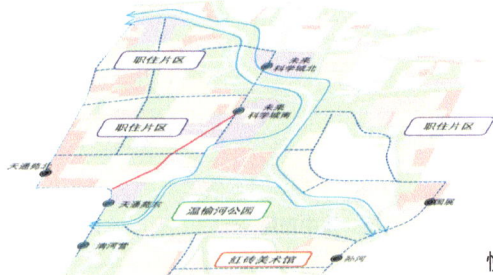

慢行系统规划图

规划后路网密度图

低密度

高密度

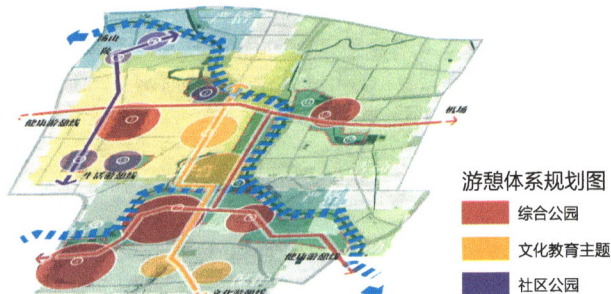

游憩体系规划图

综合公园

文化教育主题

社区公园

道路交通规划前后变化统计表

调整对象	现状	规划	变量
路网长度	388km	498km	增加110km（32.5%）
路网密度	2.9km/km²	3.7km/km²	集中建设区达到8km/km²
轨道交通里程	6km	13km	增加7km（116.7%）
交通门户		3个	增加3个
特色景观道路		9.3km	增加9.3km

STEP 1：梳理路网

● 在现状道路基础上梳理路网结构，在区域内形成五横五纵主干格局，以若干次级生活服务道路相连接。

STEP 2：建立慢行系统

● 依托道路及主要绿带，构建从地铁到职住片区、温榆河公园、河流沿线及展览馆的慢行交通骨架，加强区域内慢行交通联系。

● 优化城市道路/街头公园慢行路、滨河慢行路、通勤慢行路（天通苑–科学城）。

STEP3：桥下空间重点

● 重点梳理高速路桥下空间，跨越京承高速建立地面或地下人行通廊。

STEP 4：建立慢行系统

● 文化：未来科学城在承担基础科研创新功能的同时，发展其旅游教育潜力，结合南部红砖美术馆所在的艺术片区，形成文化游憩线。

● 生活：整合空间，为西侧住宅片区营造点状社区公园绿地，形成生活游憩线，连接至温榆河沿岸慢行系统。

● 健康：结合温榆河公园规划及现有体育公共设施，营造可连通至奥森公园的温榆河公园带健康游憩线。

专项规划——生活和设施
Specialized Planning：Infrustructure

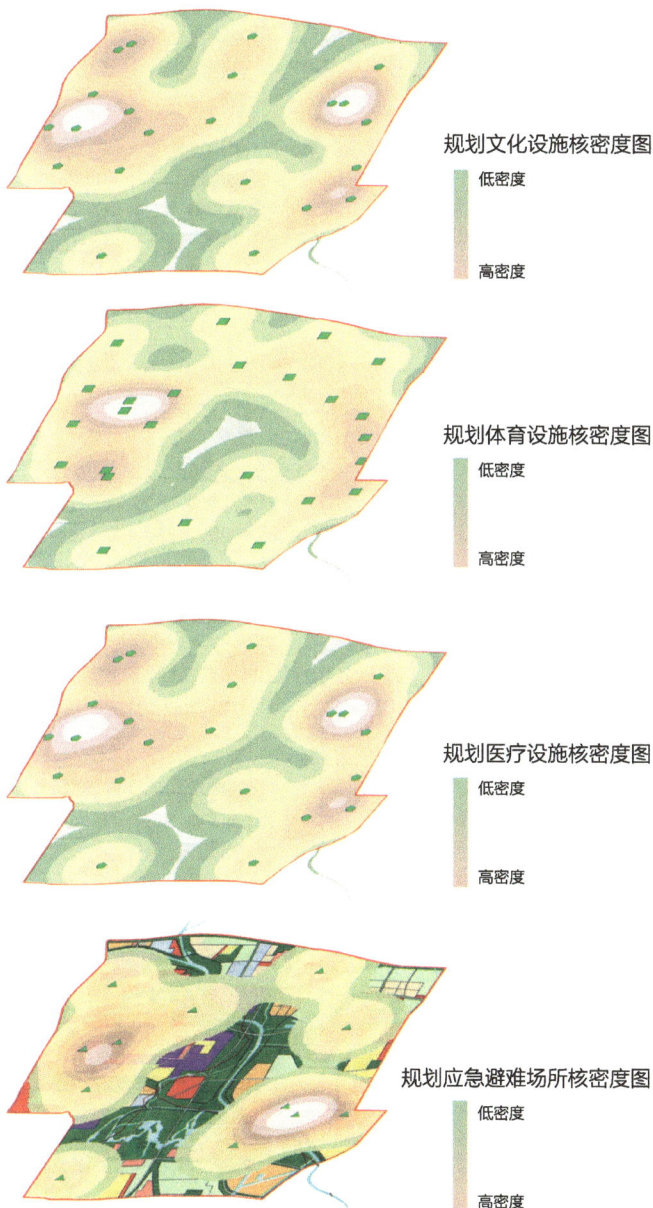

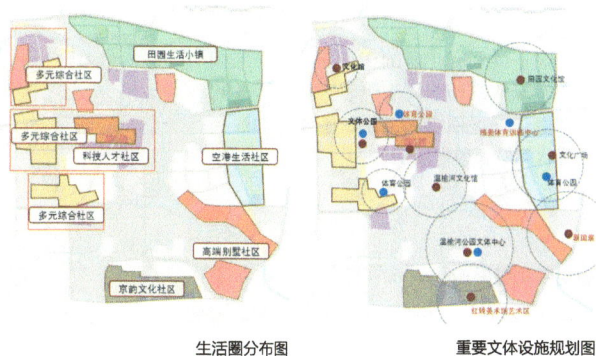

规划文化设施核密度图

低密度

高密度

规划体育设施核密度图

低密度

高密度

规划医疗设施核密度图

低密度

高密度

规划应急避难场所核密度图

低密度

高密度

生活圈分布图

重要文体设施规划图

STEP 1：建立生活圈

● 六类居住组团：根据周边生态、产业环境，将居住生活组团分为高端别墅社区、科技人才社区、多元综合社区、京韵文化社区、空港生活社区、田园生活小镇六类。

● 三个职住片区：根据科研产业布局，在东部形成三个职住平衡的片区，达到产城统合。

● 多样职住关系：围绕未来科学城（中部职住片区）、京韵文化社区、田园生活小镇小范围形成1：2的职住用地比例，其他区域职住关系与周边协调。

STEP 2：文体设施规划

● 基于现状，在主要居住组团内增加区域文体设施，让每个组团在自己的生活圈内找到文体场所，注重小型文化博物馆及图书馆书店建设。

STEP 3：公共服务设施规划

● 完善乡村社区级设施。

● 社区级以上设施提高质量。

● 人均公共文化服务设施建筑面积达到0.45m²。

● 增加国际会议中心一个，提高设施质量。

● 人均公共体育用地面积达到0.7m²。

● 千人医疗卫生机构床位数、千人养老机构床位数达到北京市平均水平。

规划环境影响评价
Planning Environmental Impact Assessment

针对绿地、景观格局、蓄滞洪区、路网、基础设施、职住 6 个方面的多个规划变化内容进行定性描述和定量统计分析。

对于规划变化量的正负变化以红色和绿色表示，统计结果表明表征环境提升的规划变化量呈现增加结果，闲置用地等利用现状问题有较好解决。

评价过程框图

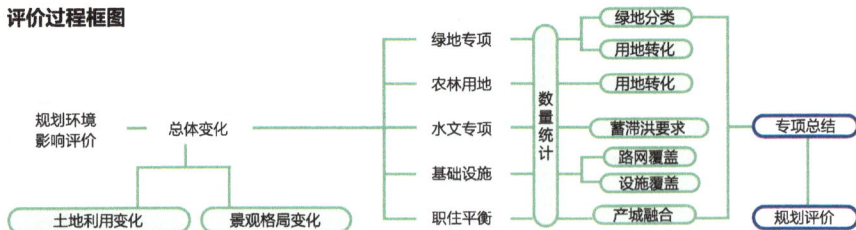

规划变化量整理

	规划变化内容		变化总结
绿地及农林	公园绿地	增加 28.95km² (284.0%)	绿地指标的变化体现出片区在生态保护方面的重要作用，反映出片区重生态的规划意图
	防护绿地	增加 1.61km² (48.5%)	
	附属绿地	增加 1.27km² (1591.7%)	
	其他绿地	减少 0.9km² (82.9%)	
	绿地总面积	增加 30.93km² (210.8%)	
	农林用地	由现状 29.04km² 降低到 16.22km²，占比从 21.9% 降低到 12.3%	增加绿地及居住面积
景观格局指数	CONTAG指数	由 52.0442 提高到 55.6127	斑块连通性提高
	SHDI值	由 2.3915 降低到 2.0883	连通性受到道路割裂的作用比较明显
蓄滞洪	水域面积	增加 4.5km² (96.5%)	形成复杂而多样的水域系统
	蓄滞洪区	增加 17.9km² (105.9%)	达到50年一遇温榆河及清河蓄滞洪要求
	蓄水量	增加 484 万 m² (121.9%)	
路网	路网长度	增加 110km (32.5%)	道路级别清晰、成网；连通度、可达性增强；量、质提升；道路用地增加
	路网密度	集中建设区达到 8km/km²	
	轨道交通里程	增加 7km (116.7%)	
	交通门户	增加 3 个	
	景观大道	增加 9.3km	
基础设施	一刻钟社区服务圈	增加 7 个 (58.3%)	从城市社区全覆盖到城乡社区全覆盖
	文化设施	社区级公共文化服务设施数量增加 7 个 (58.3%)；社区级以上公共文化服务设施数量增加 7 个 (350%)；人均公共文化服务设施建筑面积 (m²) 增加 0.09 (25%)；国际会议中心增加 1 个	完善乡村社区级设施；增加社区级以上设施，提高质量；设施用地增加
	体育设施	社区级体育设施数量增加 7 个 (58.3%)；社区级及以上体育设施数量增加 4 个 (200%)；人均公共体育用地面积 (m²) 增加 0.09 (7.6%)	
	医疗卫生设施	社区级医疗设施数量增加 2 个 (11.8%)；社区级以上医疗设施数量增加 1 个 (50%)；千人医疗卫生机构床位数 (张) 7；千人养老机构床位数 (张) 9.5	
	应急避难场所	应急避难场所个数增加 12 个；应急避难场所面积 (hm²) 增加 67.2hm²；人均应急避难场所面积 (m²) 增加 2.1m²	提高城市安全度
	污水处理	污水处理能力 (万吨/日) 增加 10 (16%)	提升污水处理能力，达到污水处理需求
职住	产业用地	减少 3.4km² (22.7%)	优于一般远期规划的1：2建议比值
	居住用地	增加 6.7km² (33.8%)	
	职住面积比	1：2.2	

规划环境影响评价
Planning Environmental Impact Assessment

针对绿地、水文、生态、路网、基础设施、职住6个方面的7个环境要素，对比了无为方案、规划方案、标准方案，并对两方案进行了打分比较。总体而言规划方案能够实现预期目标，在绿地覆盖与生态连通性方面略有提升空间。

对于生态指标类和社会指标类的6项规划变化内容，本规划作为7个小组中的规划方案4，相较对照组均有明显积极变化。

对6个规划变化内容及生态、交流、智慧、生活4个方面产生的影响进行打分，打分结果表明基本可以满足"为中心城区迁出人口创造宜居宜业的生态家园，为北京迈向世界城市搭建的国际化交流平台"的温榆湾总体目标。其中，积极影响最为显著的是交流湾，符合片区定位。

规划方案对比评价

环境要素	无为方案4	规划方案4	标准方案4	无为方案4（满分100）	规划方案4（满分100）
绿地覆盖率	11.0%	34.2%	—	30	100
500m半径绿地覆盖	52.3%	88.7%	95%	55	93
蓄滞洪面积（km²）比例	16.9 12.6%	34.8 25.9%	14.8%（北京市）	85	175
生态连通性（CONTAG指数）	52.0442	55.6127	—	40	98
路网密度(km/km²)	2.9	3.7（总体）集中建设区8	8（集中建设区）	36	100
基础设施（15分钟社区服务圈覆盖率）	63.16%	100%	100%（北京市基本实现城乡社区全覆盖）	63	100
职住面积比	1:1.32	1:2.2	1:2以上（北京市）	66	110

说明：
1. 由于上位规划缺乏绿地覆盖率的指标，而有建成区公园绿地500m服务半径覆盖率（%）的指标，故增加计算绿地覆盖率。
2. 分值计算：方案/标准方案×100，如路网密度无为方案的分值为：（无为方案路网密度2.9/标准方案路网密度8）*100=36。
3. 绿地覆盖率、生态连通性缺乏标准方案参考，分值由小组讨论得出。

规划影响打分

规划变化内容			生态指标类			社会指标类			单要素变化量总影响	总影响
			绿地覆盖率	生态连通性	蓄滞洪区面积	路网密度	基础设施	职住面积比		
规划变化量			由11.1%增加到34.4%	斑块连通度提高	增加17.9km²（105.9%）	集中建设区达到8km/km²	15分钟服务设施增加；文化、体育、医疗、应急避难场所增加	达到1:2.2		
			单要素单变化量分项影响						单要素变化量总影响	总影响
保护要素	生态湾	水环境	1	5	5	-1	0	0	1.67	1.56
		物种多样性	5	5	1	-3	0	0	1.33	
		噪声干扰	5	3	1	-5	0	-3	1.67	
利用要素	交流湾	公共空间可达性	3	5	1	5	3	1	2.83	2.94
		国际化水平	3	5	1	3	3	1	3.33	
		游憩体验	5	3	3	1	3	1	2.67	
	智慧湾	经济发展	1	0	1	5	1	3	1.83	2.44
		辐射带动力	0	0	3	5	5	1	2.33	
		办公环境	5	3	0	3	5	3	3.17	
	生活湾	生活便捷度	3	0	0	5	5	5	3	2.06
		公共空间质量	5	3	1	-1	1	1	1.67	
		社区多样性	1	0	1	1	0	0	1.5	

节点选取
Node Selection

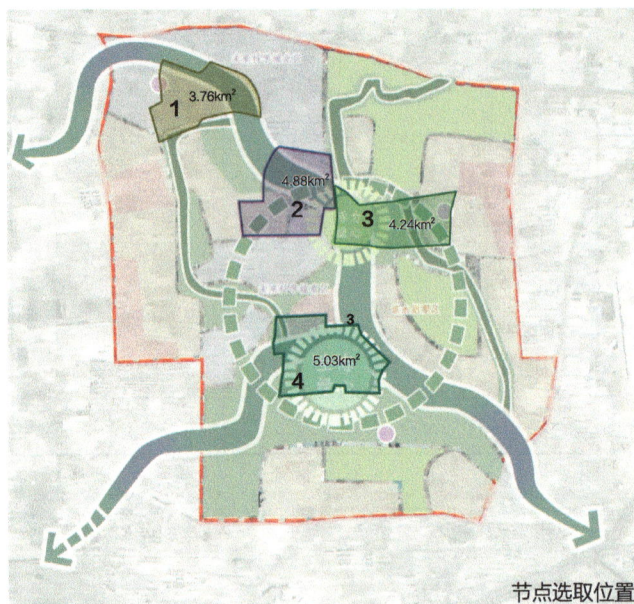

节点选取位置

- 河道水系关联
- 地铁交通关联
- 自行车道关联
- 活力轴线关联
- 视觉走廊关联

节点规划关联

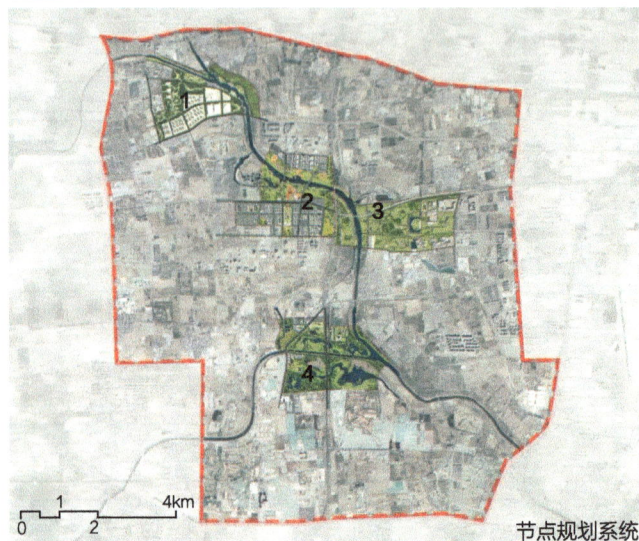

节点规划系统

以优质社区环境、高新产业资源、综合服务设施、优良生态环境为四大策略，对应选择职住生活区、未来科学城核心区、活力绿心、生态绿心四个节点作为设计片区。

1. 职住生活区：高品质游憩资源服务优质社区生活。
2. 未来科学城核心区：高新技术产业发展吸引人才和企业进驻。
3. 活力绿心：多样化文体设施与活动组织提供休闲娱乐平台。
4. 生态绿心：优良生态环境提供优质游憩空间和良好生物栖息环境。

各节点之间通过河网、地铁、自行车道等实体结构形成关联，也通过活力轴线、视觉走廊等概念结构形成关联，互相带动、构成片区整体的交流系统，实现综合的国际化目标。

节点选取
Node Selection

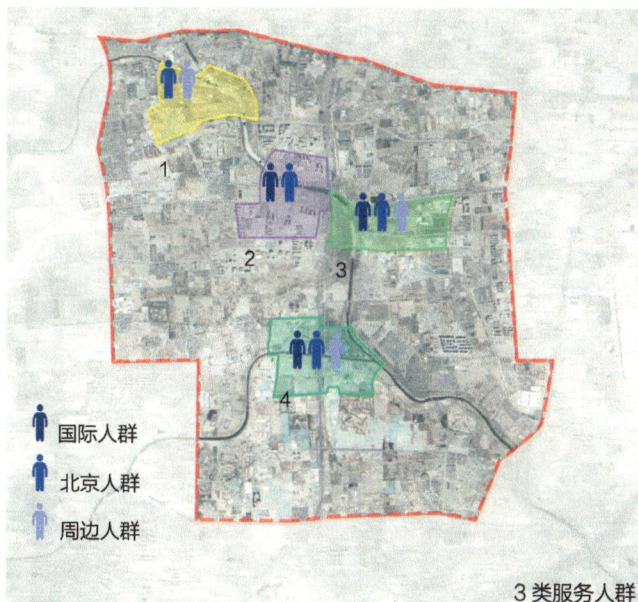

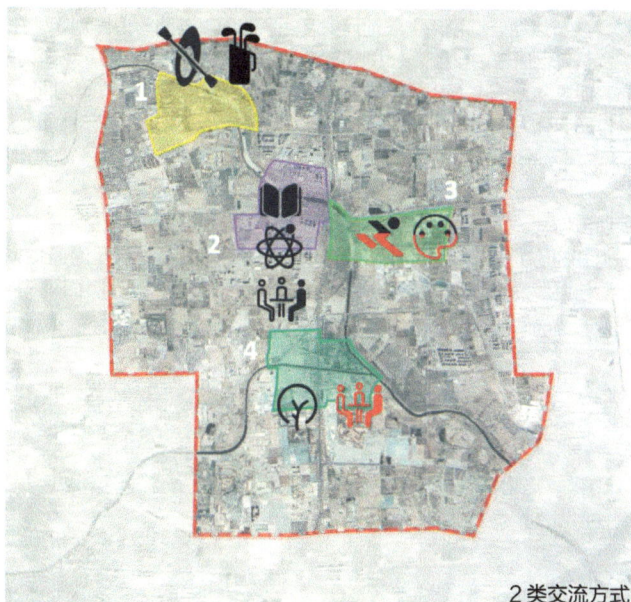

3 类服务人群

2 类交流方式

各节点定位面向的主要群体不同。

节点 1：主要为周边居民和北京市民提供优质游憩空间。

节点 2：高新产业，吸引北京、全国乃至世界人才就业入驻。

节点 3：平时主要作为周边居民和市民的游憩场地，重大体育或艺术活动（如体育节、演唱会）举办时吸引国际人群，具有时效性。

节点 4：平时主要作为周边居民和市民的游憩场地，重要会议（如国际生态大会等）举办时吸引国际人群，具有时效性。

图例：
- 🛶 水上运动
- 🏌 高尔夫
- 📖 科研教育
- 🏃 体育运动
- 🎨 艺术活动
- 🌱 生态活力
- ⚛ 高新产业
- 👥 会议

长期交流形式： ▬
- 学习 / 工作 / 生活 / 旅游 / 会议到访等。

短期交流活动： ▬
- 音乐节、艺术节、体育比赛、生态大会、科技大会。

就各个节点来看，1、2 节点的交流形式比较固定，3、4 节点的交流形式时效性更明显。

图例：
- 👤 国际人群
- 👤 北京人群
- 👤 周边人群

节点一——职住生活区
Node 1: Working and Living Quarters

现状分析

　　该节点地处温榆河、蔺沟河交汇处。范围以道路为边界划定，总面积 3.76km²。地块外部东北侧以乡村为主，南侧为科学城，西侧较为综合，包含居住、学校、公共服务等，是城市发展三角地带。场地内温榆河沿岸以高尔夫球场为主形成了形态最灵活的一段岸线，景观价值较高，但大众无法进入；场地与科学城有一定视线对望关系；蔺沟河在此处汇入温榆河，需处理蔺沟河可能的污染问题（农业面源污染）；南部以村庄农林为主，夹杂低次产业；场地内有一处公交场站，总体路网等级低且杂乱。

规划目标

　　在生态方面，于两河交汇处建成水质净化处理区，满足河道生态功能需求；在生活方面，重点补充商业及公共服务设施，满足人的日常生活与游憩需求，高品质游憩资源服务优质生活环境，形成北部职住片区；作为"交流湾"，通过提升绿地空间的附加价值，在滨水地带形成温榆河高品质的运动休闲交流湾。

现状照片 1

现状照片 2

现状照片 3

节点——周边环境图

节点——现状平面图

节点一——职住生活区
Node 1: Working and Living Quarters

总平面图

❶ 商务办公	❻ 交通场站	⑪ 生态湿地	⑯ 草坡剧场
❷ 生活社区	❼ 社区公园	⑫ 景观廊桥	⑰ 滨水步道
❸ 商业中心	❽ 休闲垂钓	⑬ 高尔夫乐园	⑱ 生态林地
❹ 文体中心	❾ 高尔夫	⑭ 水上码头	⑲ 骑行绿道
❺ 体育会所	⑩ 水堰	⑮ 水上栈道	

节点一——职住生活区
Node 1：Working and Living Quarters

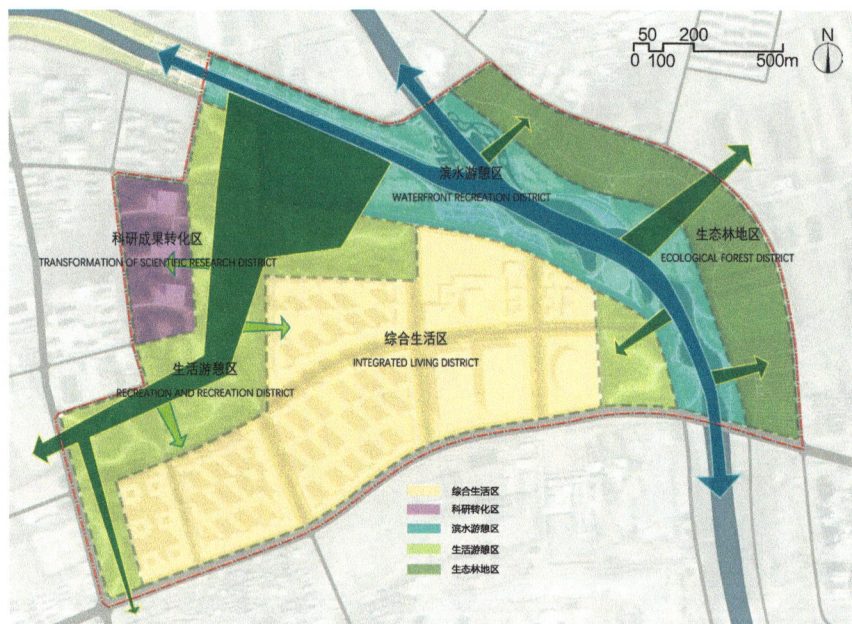

规划结构图

功能分区：

　　综合生活区安置回迁居民，并为科学城提供居住用房；西侧临近高校区域，设置科研成果转化区；两区之间设生活游憩区；河道堤顶路之间利用优质景观资源形成滨水游憩区；西北部保持林地。

空间结构：

　　生态空间以温榆河河道为骨干向生产生活空间渗透。西南侧利用楔形绿地向功能片区渗透，东北侧河道生态空间向生态林地及乡村渗透。

用地规划：

　　在公交场站及高尔夫会所基础上，配套文体、商业设施，形成区域服务中心；绿地包含街头绿地、公园绿地、河道绿地及农林用地，形成体系。

交通规划：

　　在现状路网基础上打通关节，构建区域总体网格状结构；在现状公交场站的基础上形成到达该区域的交通门户；自行车绿道联系各功能区。

游憩规划：

　　生活游憩区开放服务周边居民；生态林地区开放，服务市域游憩；河道下游增加水上游憩设施，开展水上运动；形成滨水游憩步道。

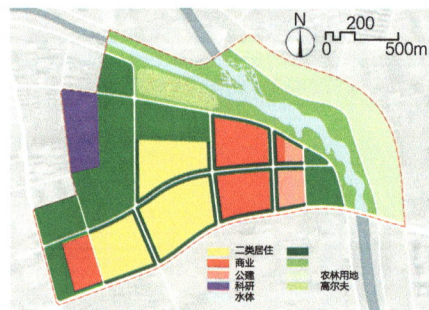

用地规划图

交通规划图

游憩线路规划图

节点一——职住生活区
Node 1：Working and Living Quarters

河道景观鸟瞰图

两河交汇效果图

草坪剧场效果图

节点二——未来科学城核心区
Node 2：The Core Area of The Science-Technology City

　　本节点属于市域产业发展关键片区，未来将建设为具有国际影响力的科学城，而温榆河滨水空间夹持于南北建设用地间，承担潜在城市游憩功能。场地现有大面积用地处于拆迁待建状态，即将改造为居住区和产业园区，现状路网密度较低，且配套服务设施尚不完善。目前该节点面临的核心问题是产业布局破碎，城市活力有待挖掘。

图 1、图 2：现有未来科学城规划（来源《昌平区国土空间规划 2016—2020 年》）
图 3：未来科学城核心区现状用地类型统计
表 1：现状土地利用统计表

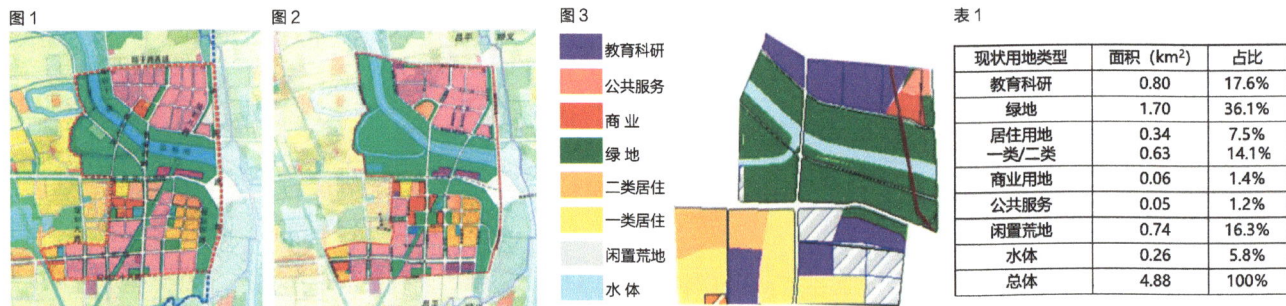

图 1

图 2

图 3

- 教育科研
- 公共服务
- 商 业
- 绿 地
- 二类居住
- 一类居住
- 闲置荒地
- 水 体

表 1

现状用地类型		面积（km²）	占比
教育科研		0.80	17.6%
绿地		1.70	36.1%
居住用地	一类/二类	0.34	7.5%
		0.63	14.1%
商业用地		0.06	1.4%
公共服务		0.05	1.2%
闲置荒地		0.74	16.3%
水 体		0.26	5.8%
总 体		4.88	100%

设计策略
Design Strategies

阶段 1：基于用地性质与建设强度，初步划分为四类功能区；

阶段 2：基于产业布局景观类型，维持既有的产业布局，基于研发类型的可开放程度布局产业（图 4），可与外部绿地发生联系；

阶段 3：景观布局结合其他用地功能展开，结合普通居住与综合性居住分别形成内向型、外向型景观模式；结合河道改造，在侵蚀岸（北岸）设置人工型驳岸，堆积岸设置自然型驳岸（图 5）。

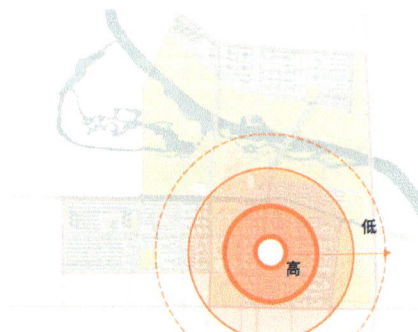

图 4　产业开放程度布局图

A. 堆积岸自然型驳岸　　　　B. 混合型驳岸　　　　C. 侵蚀岸人工型驳岸

图 5　驳岸设置类型分布图

节点二——未来科学城核心区
Node 2：The Core Area of The Science-technology City

图例

1 国际交流产业核心区
2 人行桥
3 城市客厅：产业主题展陈
4 城市客厅：文化交流中心
5 城市客厅：商业服务综合体
6 产业专类景观：生态浮岛
7 滨河轴线广场
8 码头
9 花境区域
10 城市公园
11 产业专类景观：实验农田

平面图

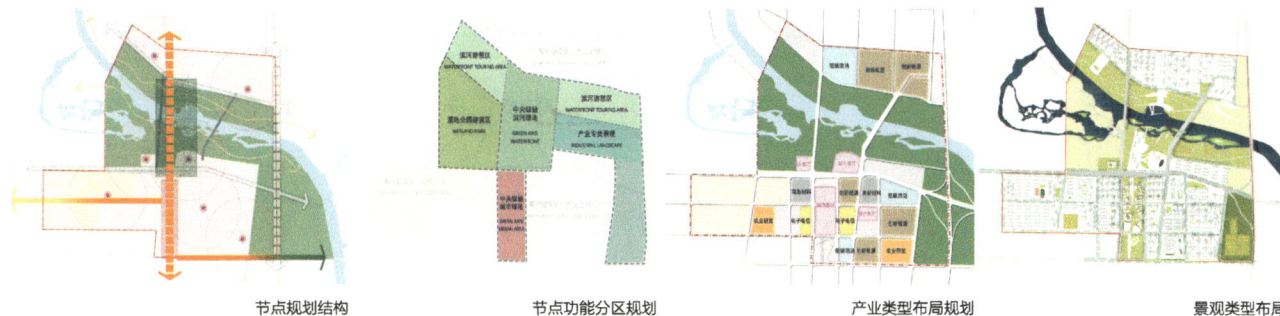

节点规划结构　　　　　节点功能分区规划　　　　　产业类型布局规划　　　　　景观类型布局

节点二——未来科学城核心区
Node 2：The Core Area of The Science-technology City

鸟瞰图

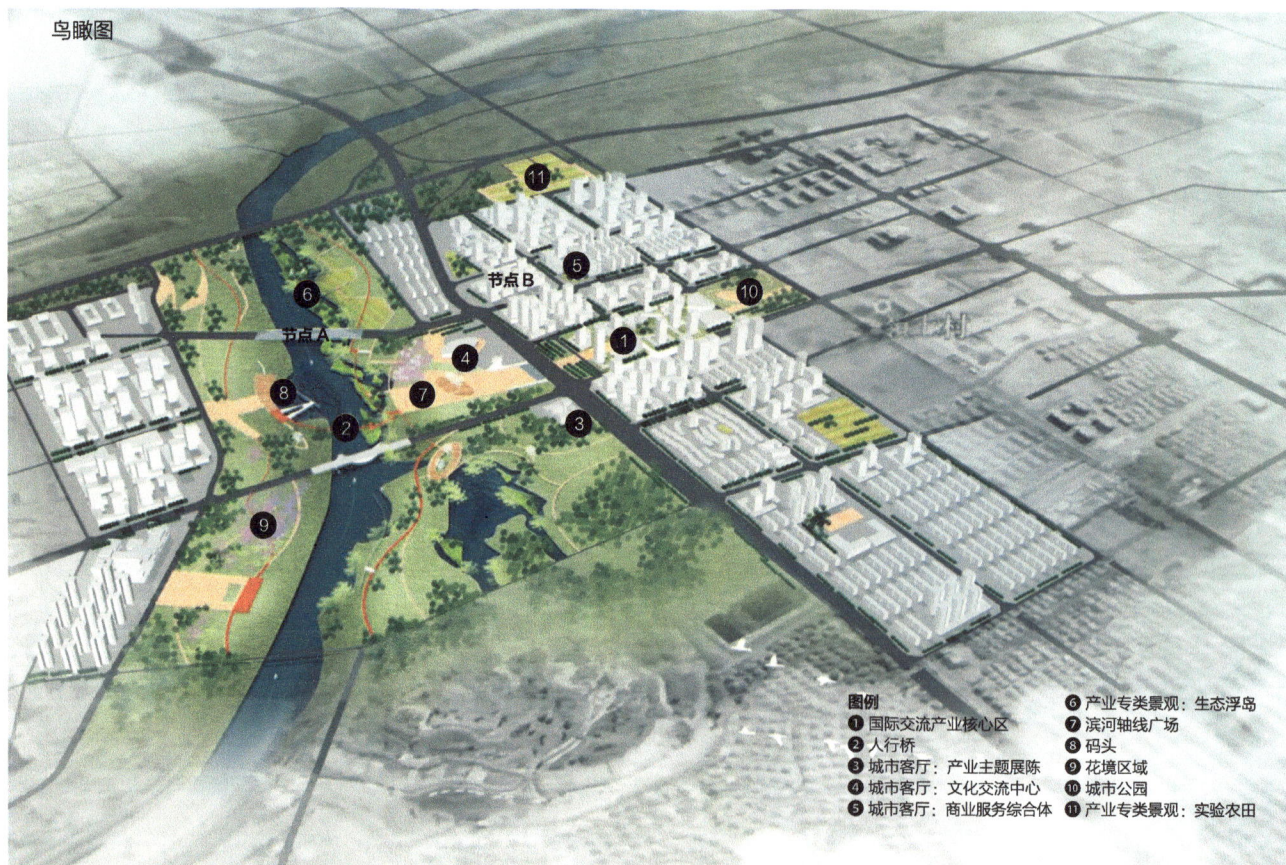

图例
① 国际交流产业核心区
② 人行桥
③ 城市客厅：产业主题展陈
④ 城市客厅：文化交流中心
⑤ 城市客厅：商业服务综合体
⑥ 产业专类景观：生态浮岛
⑦ 滨河轴线广场
⑧ 码头
⑨ 花境区域
⑩ 城市公园
⑪ 产业专类景观：实验农田

鸟瞰图

节点二——未来科学城核心区
Node 2：The Core Area of The Science-technology City

节点 A：生态浮岛

采用生态浮岛，置入设施户外试验设施，发展低碳清洁产业。提供科研场所的同时，可局部作为公共游憩与科普教育对外开放。

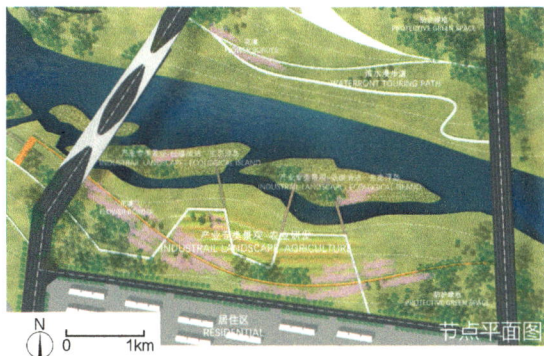

节点平面图

节点效果图

节点 B：综合商业服务与科研中心

定位为科学城核心区的城市客厅之一，建筑与户外空间共同作为科研成果展陈平台进行设计。

节点平面图

节点效果图

节点三——全民活力绿心
Node 3: Universal Active Green Center

整体结构与分区

构建三横四纵路网体系，增加片区可达性和连通性；以温榆河河道及支流为主干，形成蓝绿网；增加艺术、体育、交流活动设施，以激发活力为目标促进东西向开发，联系西部未来科学城和东部机场，扩大影响范围。

形成西部自然艺术区、北部生态教育区、中部体育活力区、南部文化交流区和东部医疗健康区五大不同主题、富有活力的区域。

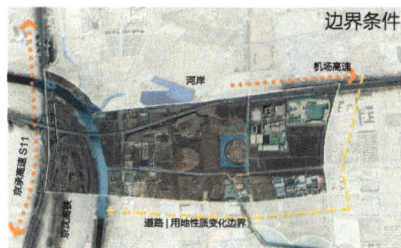

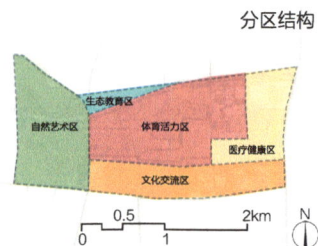

边界条件

分区结构

整体结构

190

节点三——全民活力绿心
Node 3: Universal Active Green Center

策略一：蓝绿空间串联五大片区

　　南侧沿河轴线与未来科学城片区串联；以河道为主干，形成联系五大片区的绿色环线，向温榆河上下游辐射影响。

策略二：慢行系统串联活力空间

　　从残奥训练中心自行车馆出发，形成穿越整个节点的自行车环线；结合景观资源，形成多层次、线型优美的步道系统，串联起活力空间；完善次级路网，增设高架桥穿越方式，改善被割裂的空间现状。

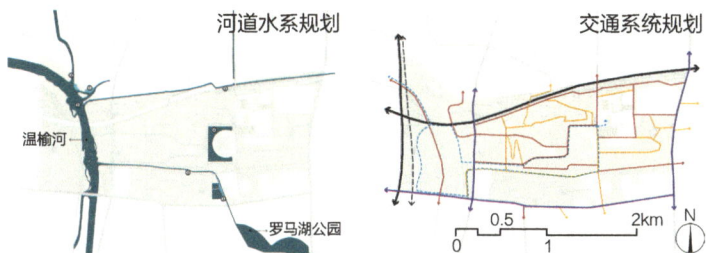

河道水系规划

温榆河

罗马湖公园

交通系统规划

0　0.5　1　2km　N

1 大地艺术
2 高架桥下空间
3 溪水台地
4 艺术室外展览
5 花境
6 文化艺术中心
7 休闲步道
8
9 剧场
10 眺望点
11 游泳池－滑冰场
12 生态教育中心
13 残奥训练中心
14 医院
15 康养花园
全民运动场

0　100　200　500　1000 m　N

总平面图

节点三——全民活力绿心
Node 3：Universal Active Green Center

　　结合地段内现有空间及景观资源，在五个区域中形成大地艺术、林间步道、全民运动场、剧场、季节性游泳池/滑冰场、康养花园等15个重点空间，为不同人群提供全年化的活力运动与交流空间。

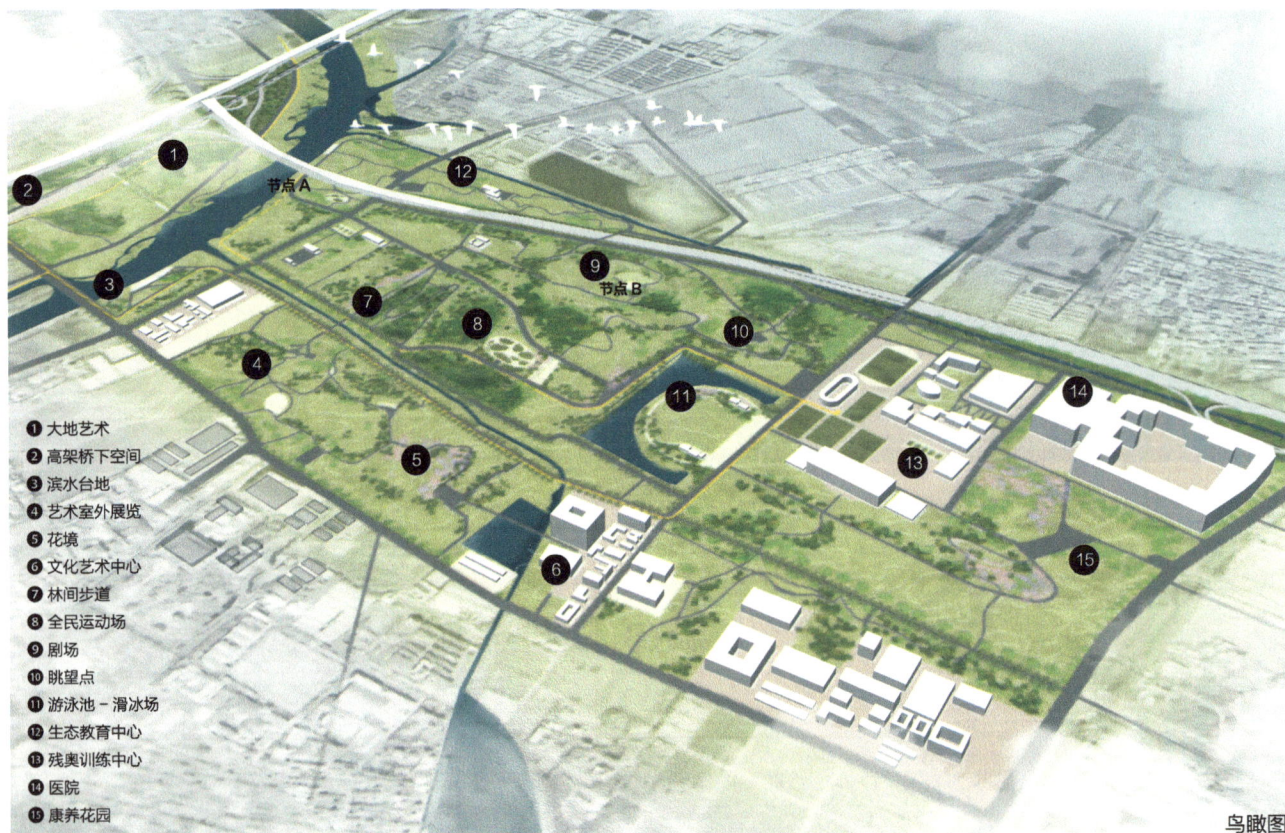

① 大地艺术
② 高架桥下空间
③ 滨水台地
④ 艺术室外展览
⑤ 花境
⑥ 文化艺术中心
⑦ 林间步道
⑧ 全民运动场
⑨ 剧场
⑩ 眺望点
⑪ 游泳池–滑冰场
⑫ 生态教育中心
⑬ 残奥训练中心
⑭ 医院
⑮ 康养花园

节点 A
节点 B

鸟瞰图

节点三——全民活力绿心
Node 3：Universal Active Green Center

节点 A：大地艺术节点

采用下沉地面和树列的形式，形成大地艺术，塑造未来科学城－活力绿心的轴线形态，在高架高速路和铁路上看去具有视觉可识别性。高架自行车道提供俯瞰大地艺术的视角，提供不打断地面生态联系和视觉连续性的活力交通系统。

节点 B：剧场节点

利用场地原有高程，结合地形做出自然形态的林间剧场，可容纳上百人，舞台南侧有树木作遮挡屏障。同时附近草坡可为季节性的音乐节等大型活动中提供观众席或演出场地，能够容纳由小乐队到大团体的多种规模艺术活动。

大地艺术——平面图

大地艺术——透视

剧场——平面

剧场——透视

节点四——生态绿心
Node 4：Ecology Core

现状分析

节点四处于清河与温榆河交汇地带，涵盖沙子营蓄滞洪区主体，是水文系统的关键节点；同时节点四位于温榆河公园规划建设区，在生态保护方面有重要地位。场地现状包含大面积的拆迁待建用地，建设用地主要集中于北端。整体路网密度较低。

规划目标

在满足蓄滞洪功能要求的基础上，建立环境良好的生态公园，并融合国际交流、会展中心等功能，提升绿地附加价值。

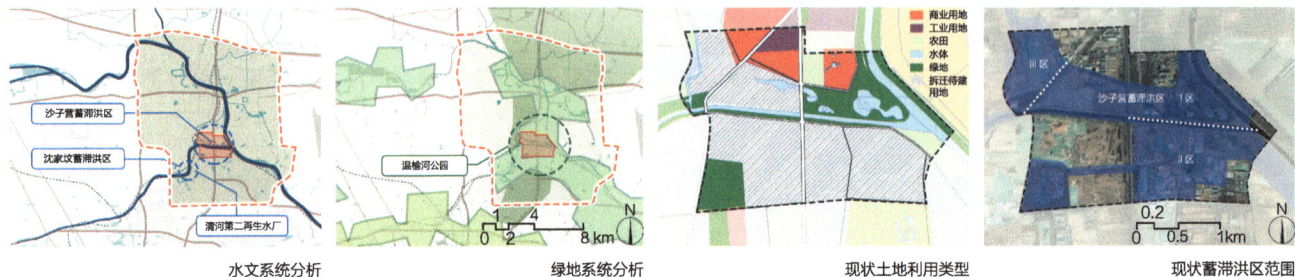

水文系统分析

绿地系统分析

现状土地利用类型

现状蓄滞洪区范围

功能分区

依托现有建设用地建设国际会展中心，拆迁待建用地转化为公园绿地。

规划结构

以绿色生态空间为基底，依托温榆河、清河及蓄滞洪区构成的现状河网及水域，构建新水网体系，满足蓄滞洪需求的同时建设湿地公园。结合文化设施建设，形成会展中心与湿地湖区两大活力核心。

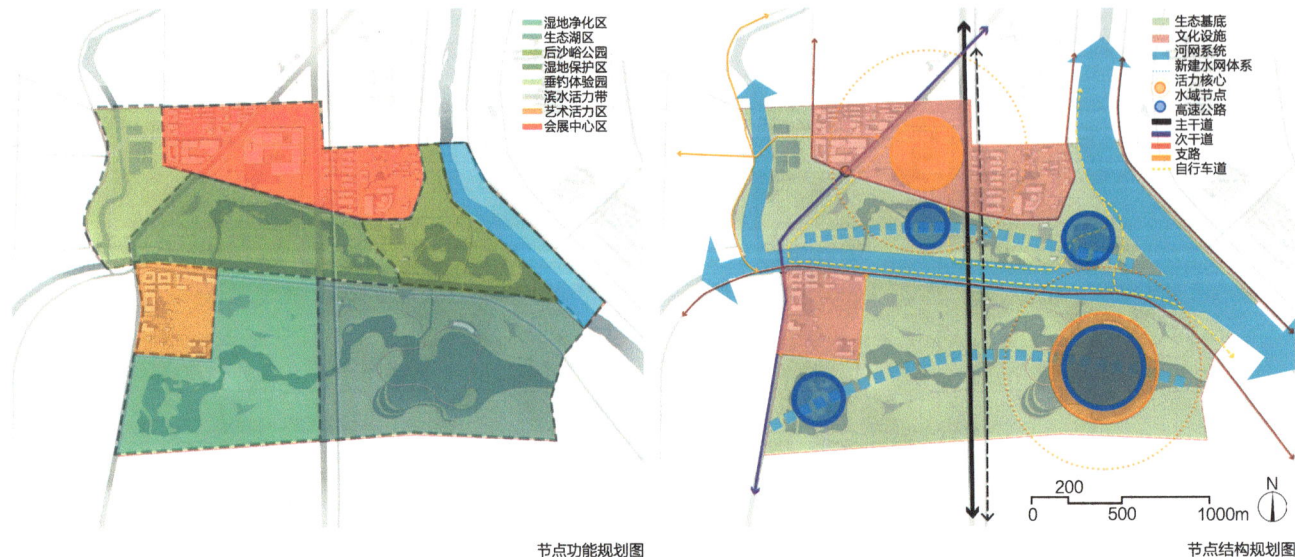

节点功能规划图

节点结构规划图

节点四——生态绿心
Node 4：Ecology Core

① 国际会展中心
② 会展中心配套设施
③ 湿地保护区
④ 后沙峪公园
⑤ 艺术创意园
⑥ 湿地净化区
⑦ 花境
⑧ 生态湖区
⑨ 湿地花境
⑩ 垂钓体验园
⑪ 湿地研究中心
⑫ 党校培训基地

100   500
0   200   1000m
N

节点规划总平面图

50   200
0   100   500m

温榆河   后沙峪公园   清河   花境   湖区   N ←

剖面图

节点四——生态绿心
Node 4: Ecology Core

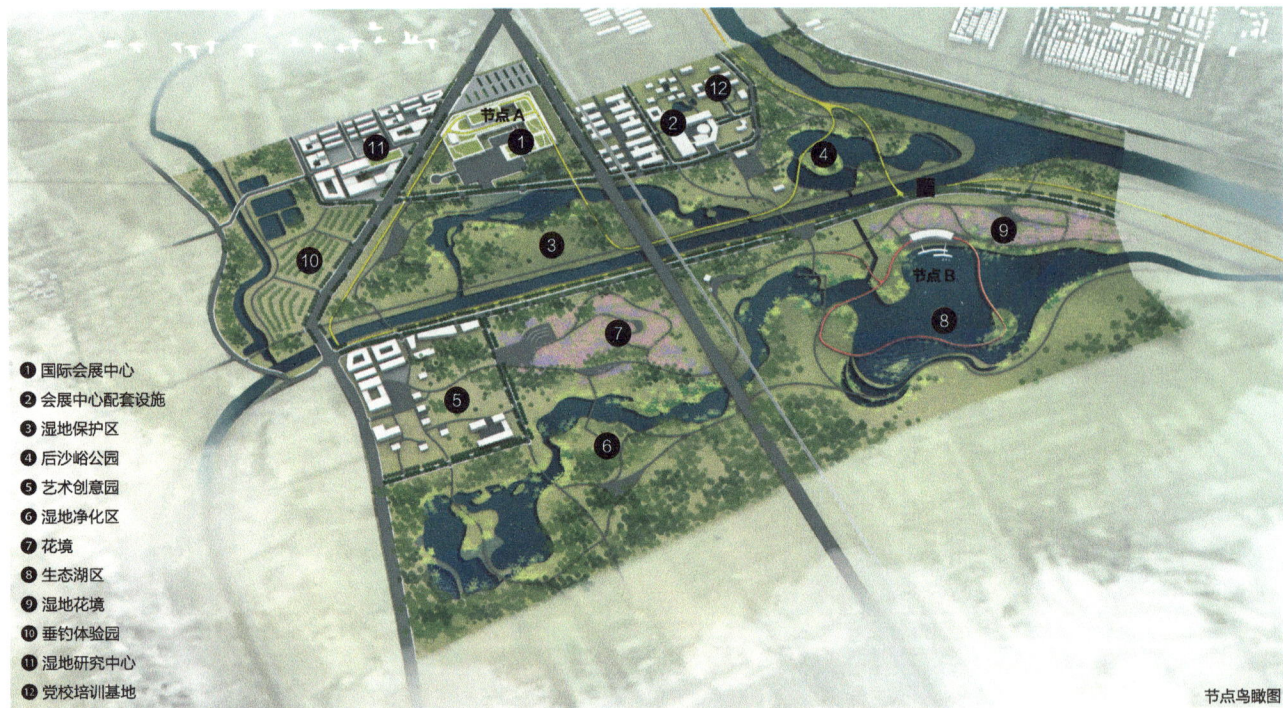

① 国际会展中心
② 会展中心配套设施
③ 湿地保护区
④ 后沙峪公园
⑤ 艺术创意园
⑥ 湿地净化区
⑦ 花境
⑧ 生态湖区
⑨ 湿地花境
⑩ 垂钓体验园
⑪ 湿地研究中心
⑫ 党校培训基地

节点鸟瞰图

设计策略

策略一：水文系统构建：考虑动态水文过程，常水位条件下清河南侧局部湿地进行中水净化，极端降水条件下停止中水供应，洪水淹没区避开净化区。

策略二：绿地系统构建：考虑生态保护需求划分功能分区；大部分绿地向公众开放，会展中心所在绿地平时开放，举办重要活动时可作为园区专属绿地。

策略三：国际交流活动策划：会展中心具备多情境下的使用功能——平日可作为居民休闲散步场所，会展中心建筑作为博物馆开放；特殊情况下可作为国际生态会议的举办场所，或自行车赛事服务中心。

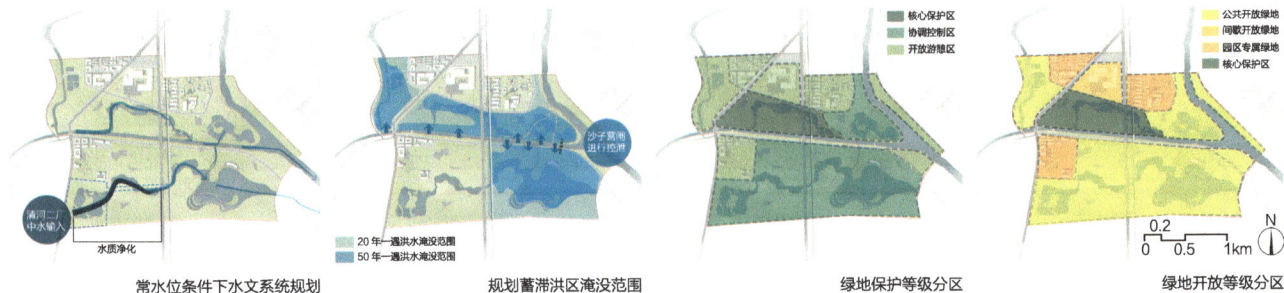

常水位条件下水文系统规划

20年一遇洪水淹没范围
50年一遇洪水淹没范围

规划蓄滞洪区淹没范围

核心保护区
协调控制区
开放游憩区

绿地保护等级分区

公共开放绿地
间歇开放绿地
园区专属绿地
核心保护区

绿地开放等级分区

节点四——生态绿心
Node 4: Ecology Core

枫杨
Pterocarya stenopterat

水杉
Metasequoia glyptostroboides

旱柳
Salix matsudana

狐尾藻
Myriophyllum verticillatum

黑藻
Hydrilla verticillata

苦草
Vallisneria natans

芦苇
Phragmites australis

香蒲
Typha orientalis

凤眼蓝
Eichhornia crassipes

鸢尾
Iris tectorum

绣球
Hydrangea macrophylia

美人蕉
Canna indica

湿地植物配置
（照片来自中国植物图像库）

节点 A：国际会展中心

会展中心既是国际交流活动的中心，也提供多样休闲游憩场所。来自节点三的自行车道延伸至会展中心建筑屋顶，构成完整的自行车游览体系。

会展中心平面图

会展中心效果图

自行车游线规划

节点 B：生态湖区

生态湖区以大面积水体构成湖泊景观，提供湿地漫步、游船观光、湿地植物花境观赏等多种功能，是多样湿地风貌的展示区域。

生态湖区平面图

生态湖区效果图

研究主题为温榆芯"+"，芯即指代高新产业技术，希望通过温榆河流域规划设计，在发展高新产业的同时缓解目前的职住问题，形成生产、生态、生活空间同步发展的格局，使得温榆河流域真正成为京北经济发展的动力，成为本区域人民的新家园。

温榆芯"+"

曹天昊
焦晓阳
邵　元
曾子轩

流域背景
Background Analysis

优势与挑战

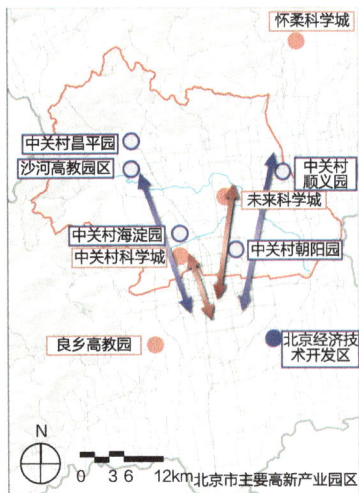

中心城区产业疏解的重要集聚地
承接中心城区高新技术、高科技产业的
10个主要园区中，温榆河流域占据7个。

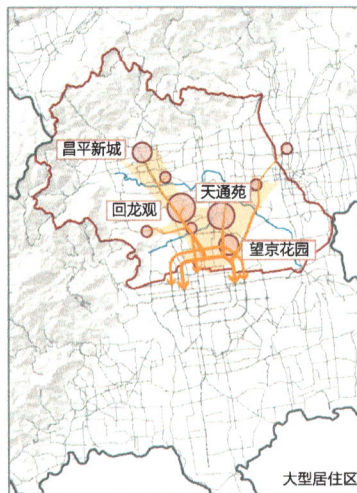

职住问题突出
流域内有回龙观、天通苑、望京等主要
的大型居住区域，是人口极密集地区。

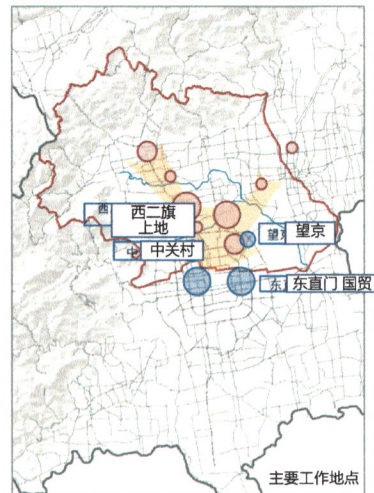

职住问题突出
流域人口主要工作地点位于中关村、东
直门等，职住空间分离造成一系列问题。

规划目标与定位
Goals and Positioning

温榆芯 "十"
BUILD THE WENYU NEW CENTRAL 2030

川流不息 引领未来

流域定位
生态、生产、生活新中心

2025 年
生产、生活、生态问题的解决

2030 年
生产、生活、生态健康格局的建立

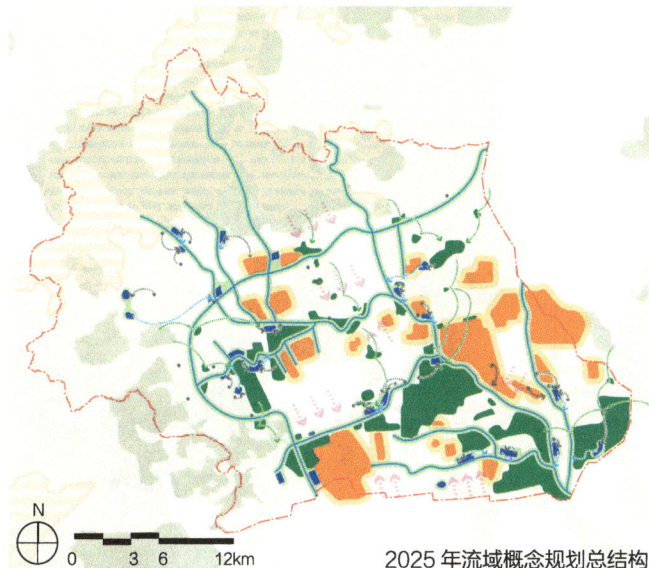

2025 年流域概念规划总结构

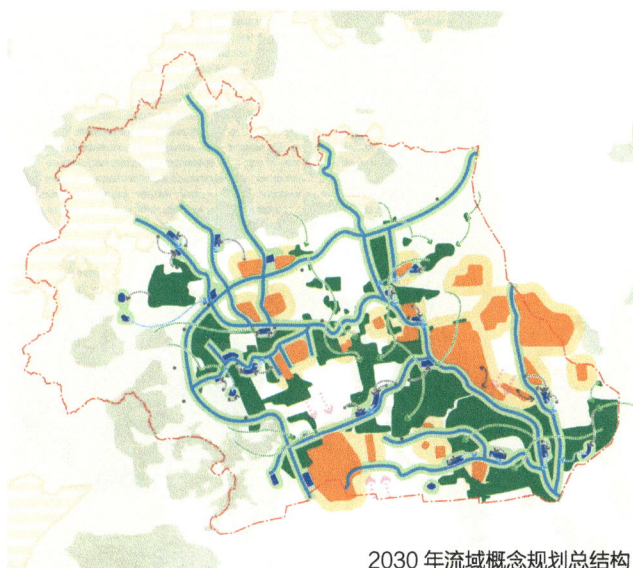

2030 年流域概念规划总结构

分期规划策略
Stage Strategies

生态

2025 年：解决流域内生态破碎化的问题

1. 通过整合破碎斑块形成生态网络。
2. 提高整体河岸带植被覆盖率，蓄水补水。
3. 提升污水处理厂尾水净化标准，补充到河道。

2030 年：形成流域健康生态格局

1. 借助上位规划的楔形绿地，达到东西南北生态网络的联通。
2. 降水与再生水能够满足生产生活用水与生态需水要求。
3. 形成自然水循环与社会水循环的良好耦合状态。

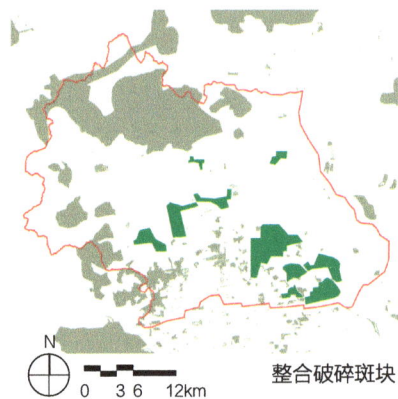

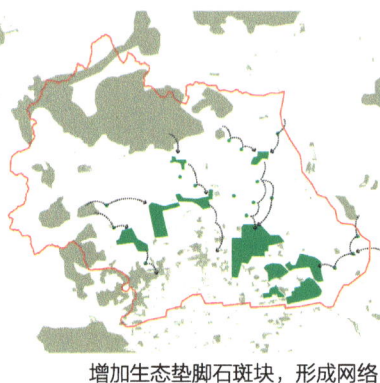

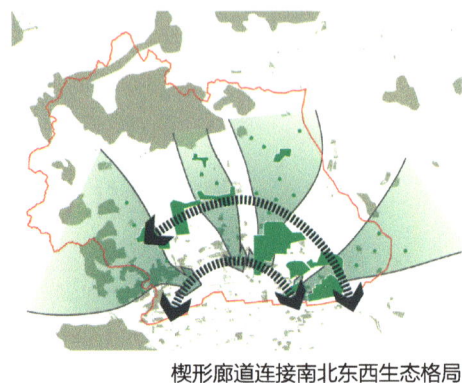

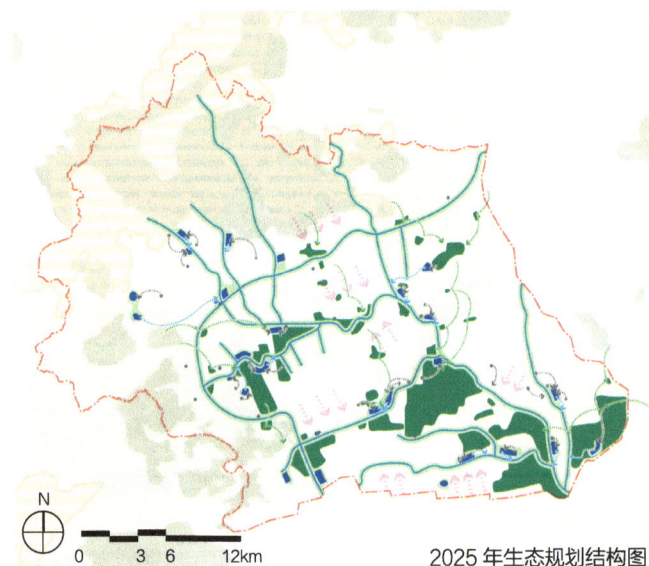

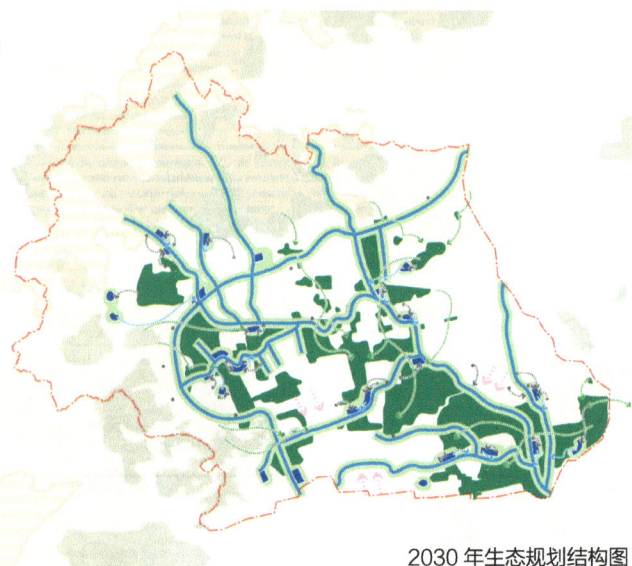

整合破碎斑块

增加生态垫脚石斑块，形成网络

楔形廊道连接南北东西生态格局

0 3 6 12km

2025 年生态规划结构图

2030 年生态规划结构图

0 3 6 12km

分期规划策略
Stage Strategies

生产

2025 年：

1. 产业园区建设以承接高新技术功能为核心，复合发展，形成集聚效应，带动周边发展。

2. 通过基础设施营建及三生空间（即生态、生产、生活）的协同发展，为实现职住平衡提供可能。

2030 年：

1. 加强各园区间道路联系（地铁、快速路、自行车道等）。

2. 优化三生空间结构，实行职住平衡。

生活

2025 年：

1. 优化提升现有的公园绿地环境，新建提供居民休闲娱乐的公园绿地。

2. 通过景观绿道连接各休闲游憩点，构建沿温榆河休闲游憩体系。

2030 年：

1. 以最具代表性的公园绿地为核心形成特色休闲游憩组团。

2. 梳理交通线路，形成特色游憩路线，打造北京郊区的休闲生活网络格局。

2025 年生产规划结构

2030 年生产规划结构

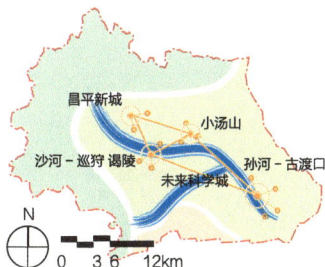

2025 年生活游憩规划结构

2030 年生活游憩规划结构

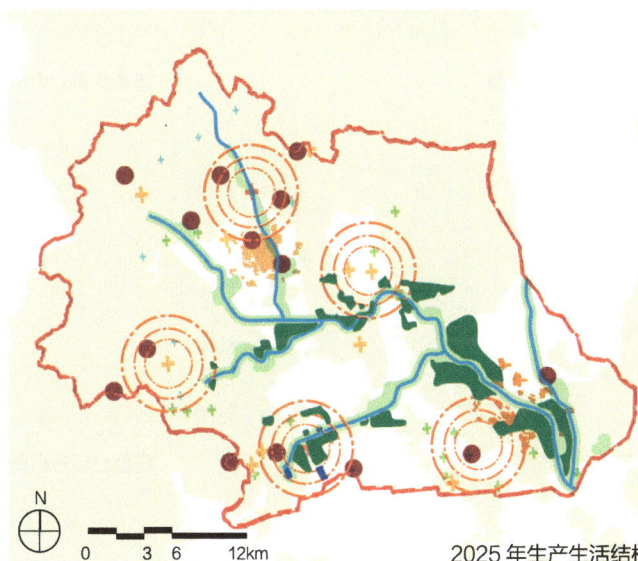

2025 年生产生活结构

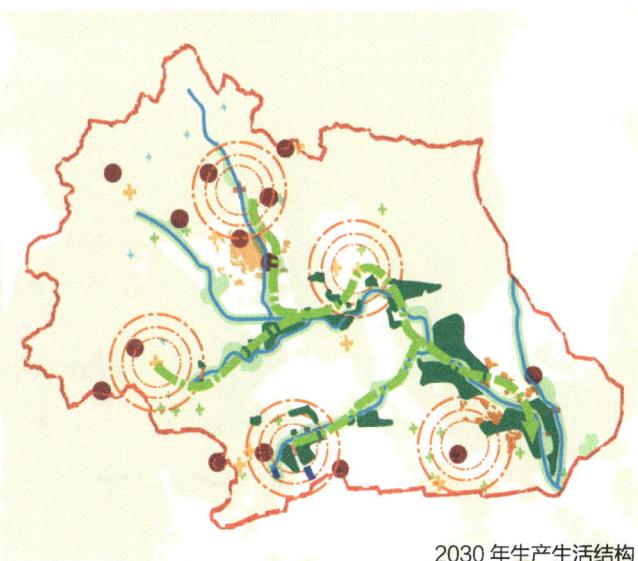

2030 年生产生活结构

02 片区景观规划
Regional Landscape Planning

片区现状分析
Site Analysis

地理位置：两河之间
　　　　　G6 快速路东侧
　　　　　奥林匹克森林公园北侧

占地面积：154km²

现状问题：功能结构不完善
　　　　　过度依赖主城区
　　　　　缺乏自身影响力

集中表现：职住分离

片区范围分析图

核心问题分析图

生态绿地分析图

生态水系分析图

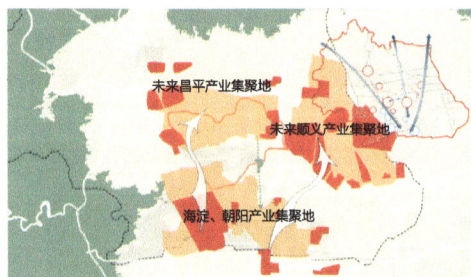

产业布局分析图

居住生活分析图

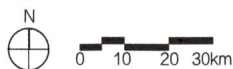

片区现状分析
Site Analysis

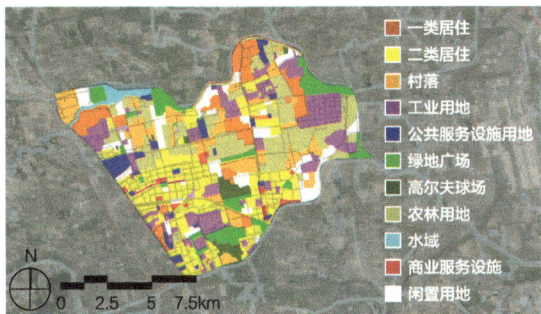

用地性质分析图

图例：
- 一类居住
- 二类居住
- 村落
- 工业用地
- 公共服务设施用地
- 绿地广场
- 高尔夫球场
- 农林用地
- 水域
- 商业服务设施
- 闲置用地

N
0 2.5 5 7.5km

- 二类居住、农林、工业用地是三类主要用地类型，总占比达 54.28%。

- 硬质化排水干渠存在生态化综合整治的需要。

- 现有大量农林用地（非基本农田），绿色基础良好。

- 片区内产业多为组团式分布，但配套设施不健全，缺乏对人才的新引力。

- 形成村落、产业复合组团、居住复合组团三类模式，相互之间以农林绿地等形成隔离带。

- 4 条重要连接性道路、3 条地铁、1 条铁路。

教育资源分析图

医疗资源分析图

公交节点分析图

交通路网分析图

产业布局分析图

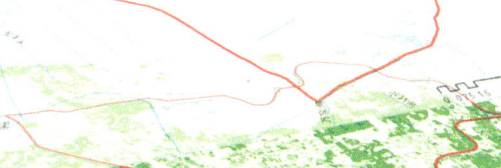

水网布局分析图

生态绿地分析图

区域现状分析图

205

问卷调查
Questionnaire

为进一步了解回天地区的实际问题，针对此片区居住人群进行线上问卷调查，共收到有效问卷 73 份。

社会经济属性以及选择居住在回天地区的原因：
- 被调查者男性 33 人，女性 40 人；
- 年龄以青壮年为主，其他年龄段分布较为均衡；
- 从事职业类型较为全面，但限于调查者自身背景规划设计行业（28.77%）相对较多；
- 收入多集中在 0.5 万 ~1.5 万元；
- 在回天地区居住的主要原因是房租相对便宜（38.36%），其次是在此处有自购经济适用房（27.4%）。

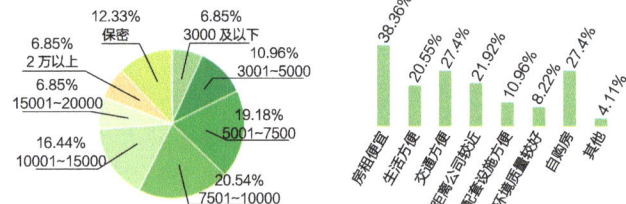

被调查者收入状况　　　　选择在此居住的原因

居住环境满意度：
- 绝大部分被调查者对社区环境、街道环境和城市绿地环境满意度为一般；
- 社区环境的问题集中在绿地空间不足（53.42%）和活动场地缺乏（45.21%）；
- 街道环境的问题集中在缺乏停留空间（50.68%）和基础设施老旧（41.1%）；
- 城市绿地环境的问题集中在绿地数量少（46.58%）、绿地内基础设施落后（39.73%）以及绿地面积小（36.99%）。

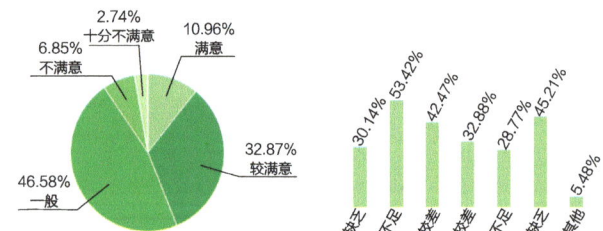

社区满意度　　　　　社区问题

现状职住关系：
- 被调查者最主要的通勤方式为地铁，其次为自驾车；
- 近半数人在四环以内（20.55%）或者四环至五环之间（27.4%）的城市区域工作，从距离上证明了较为明显的职住分离现象；
- 半数以上的人单程通勤时间在 45 分钟以上，甚至有 6.85% 的人单程通勤时间在 1.5~2 小时之间，从时间上证明存在较为明显的职住分离现象；
- 被调查者认为理想的通勤时间为 30 分钟左右；
- 被调查者反映公共交通拥挤现象（65.75%）问题突出。

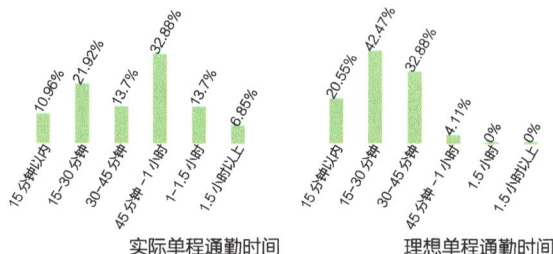

实际单程通勤时间　　　　理想单程通勤时间

周末出行意愿：
- 居民有强烈的邻近区域出行的需求（49.32%）；
- 周末出行频率以每周一次或两次为主；
- 出行目的地以大型城市公园（46.58%）、小型周边公园（36.99%）以及文化场所（32.88%）为主，出行目的性较强。

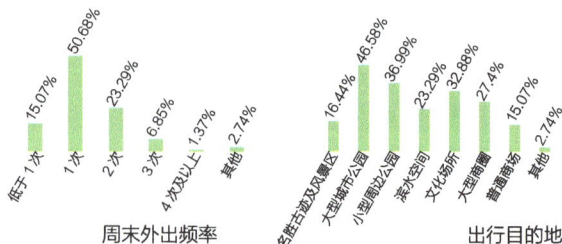

周末外出频率　　　　　出行目的地

规划策略
Planning Strategies

生态策略

通过修补水系格局、改善水量水质、完善绿地网络、优化城市下垫面，营造宜居且可持续的蓝绿格局。

修补水系格局：

新增近自然渠道 19.2km（总长62.9km）；新增水域面积 0.41km²；调整水域面积 0.07km²。

改善水量水质：

满足最低生态需水量，日均 3.43 万 m³，占区域内再生水厂日排放量的 4%。

完善绿地网络与下垫面：

优化年径流总量控制率达到 85%；设计片区径流控制量 477.86 万 m³。

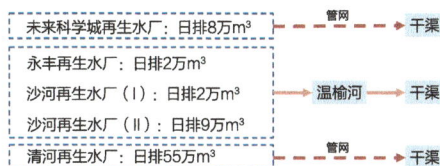

规划绿地目标蓄水量

	面积（m²）	深度（m）	蓄水量（m³）
湿地	16113384	0.15	2417007.60
下凹绿地	9446712	0.25	2361678.00
一般绿地	28130909	0	0
总量	54km³		4778685.60

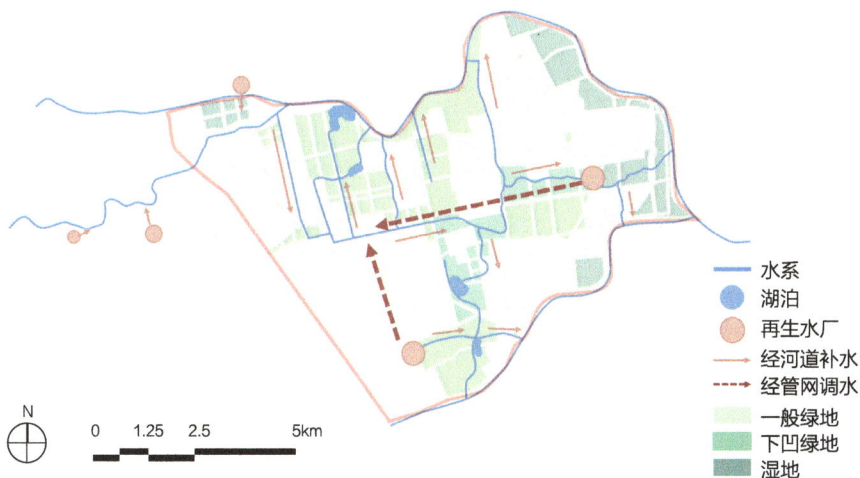

未来科学城再生水厂：日排8万m³ → 管网 → 干渠

永丰再生水厂：日排2万m³
沙河再生水厂（I）：日排2万m³ → 温榆河 → 干渠
沙河再生水厂（II）：日排9万m³

清河再生水厂：日排55万m³ → 管网 → 干渠

N

0 1.25 2.5 5km

水系
湖泊
再生水厂
经河道补水
经管网调水
一般绿地
下凹绿地
湿地

规划生态结构图

规划策略
Planning Strategies

生活策略

1. 单元模式构建

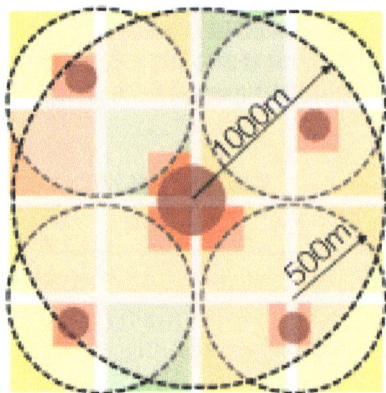

2. 复合功能开发

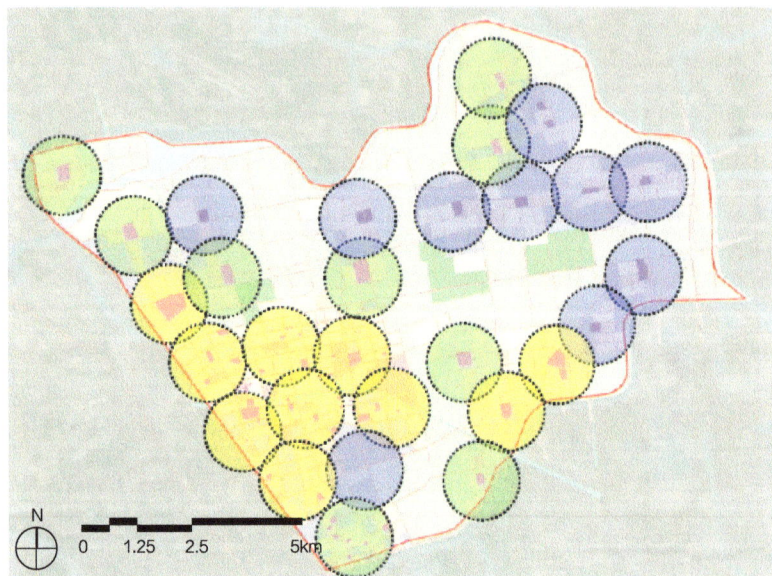

"1+1+6+X"式的公共服务设施构成
- "1"是社区综合服务中心。
- "1"是商业空间。
- "6"是养老、医疗、教育、体育、文化、市政六类公共服务设施。
- "X"是依据实际生活和产业发展需求需要配置的公共服务设施。

以产业和居住为主导的社区单元
X设施：设置服务公司及企业员工的临时休憩、服务设施，有更强的对外服务功能。

以居住和游憩为主导的社区单元
X设施：设置针对游人的服务设施，如游客服务中心、自行车驿站、野餐营地等，服务于户外休闲游憩功能。

以城市生活和居住为主导的社区单元
X设施：强化设置服务于老人、儿童的生活服务设施，强调生活的便利性。

社区单元分布图

规划策略
Planning Strategies

生产与交通

产业策略与布局：通过"优化产业布局""提升产业质量""优化产业结构"三项策略改善区域产业现况。

具体行动包括：落地先进科技制造产业，提供优秀的创新环境，吸引优质企业单位落户片区，完善科创产业结构链；提高第三产业占比，形成多产融合的高新片区。

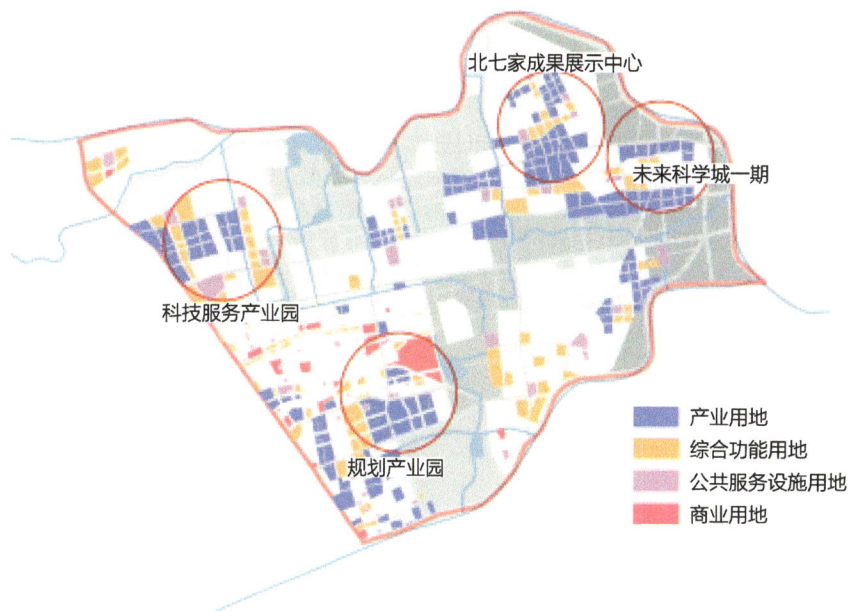

图例：
- 产业用地
- 综合功能用地
- 公共服务设施用地
- 商业用地

图中标注：北七家成果展示中心、未来科学城一期、科技服务产业园、规划产业园

规划产业结构图

交通结构

重整部分道路结构，调整主次道路、断头路走向，重新调整绿色空间内道路，提升区域可达性。

规划运输类道路（如快速路）连接重要节点，提升跨区域交通效率；规划服务型道路，增加居住区与产业区道路密度，促进组团内交流。

道路结构规划前后对比（km）

道路等级	前	后
一级路	132	184
二级路	56	758
总计	498	942

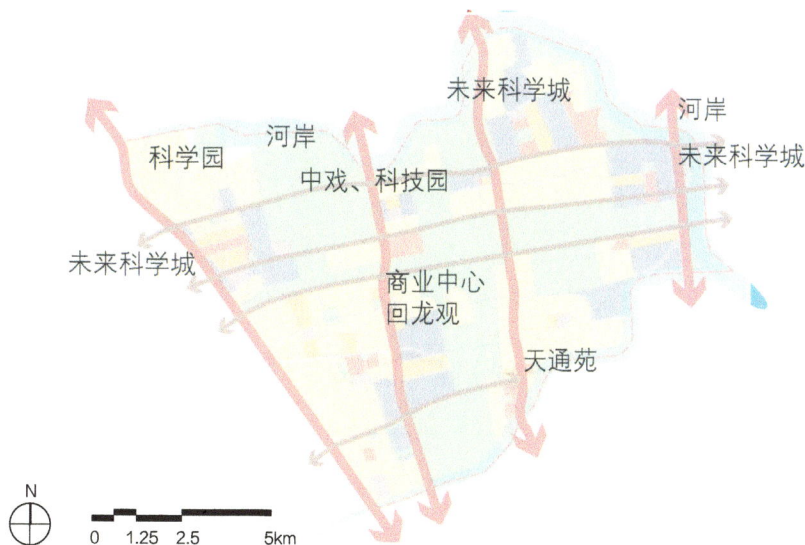

图中标注：科学园、河岸、未来科学城、河岸、中戏、科技园、未来科学城、未来科学城、商业中心、回龙观、天通苑

N

0 1.25 2.5   5km

规划交通结构图

规划策略
Planning Strategies

职住策略

职住问题缓解：

1. 用地优化调整——基于场地优势明确定位

结合现状土地利用和场地资源，南部作为主要公共服务、居住功能片区，北部以产业发展为主，以带动片区发展，实现南北产城融合。

2. 职住比例优化——基于职住平衡的量化

未来科学城区域（北部）可以实现其自身的职住动态平衡，回天地区（南部）单一服务于北京市主城区的现状可以得到大幅改善，片区职住人口比可达 0.33。

规划前后职住改善状况对比

	未来科学城		回天地区	
	现状	规划后	现状	规划后
居住人口	—	35 万人	94.63 万人	94.63 万人
工作岗位	—	27.35 万人	5.11 万人	15 万人
职住人口比	—	0.78	0.05	0.16
对外通勤人数	—	17.5 万人	89.52 万人	79.63 万人
可吸收外来工作人员	15.68 万人		—	—

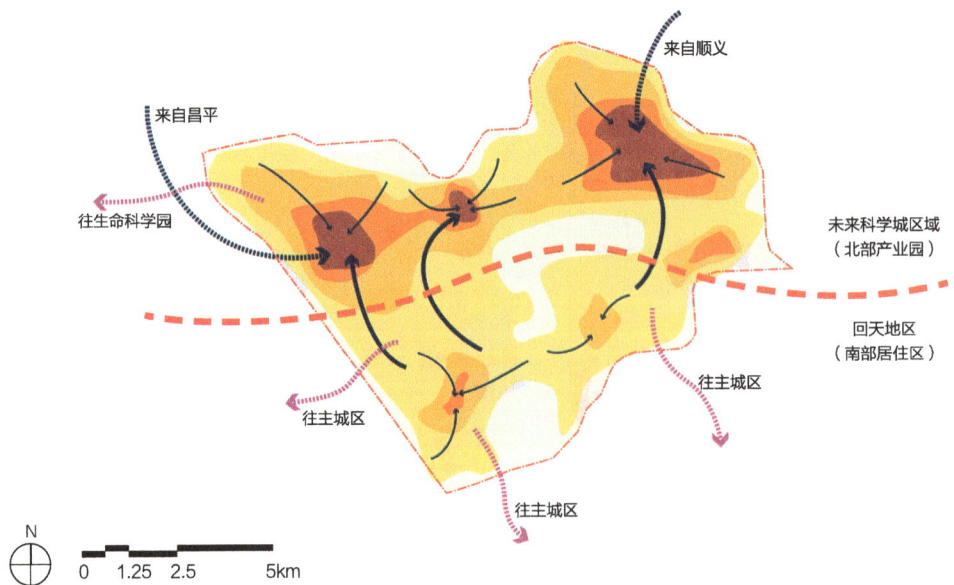

规划职住通勤流

环境影响评价——改善情况评估
Environmental Impact Assessment：Improvement Assessment

　　首先评估规划前后改善情况。主要考虑两大类要素——社会要素与自然要素，整体达标情况比较乐观。其中针对职住问题主要考虑了职住人口比和职住面积比。职住面积比整体可以达标，但是人口比还有待努力。自然方面，除了绿地覆盖率、蓄滞洪等指标，还考虑了生态连通性、水系连接度、水系环通性指标。其中水系的环通性指标也还不够理想。因此，整体改善情况尚可，部分指标受限于现状，尽管得到改善，但仍无法达到最佳状态。

规划完成情况评估

	达标
	部分达标
	标准不定
	部分未达标
	未达标

		指标	规划前	规划后	标准/参照		规划前	规划后
规划前后指标对比	社会要素	路网密度 km/km²	3.17	6.12	5~7《城市道路交通规划设计规范》	规划完成情况评估得分	80	100
		基础设施 %（社区单元核心-1km-覆盖率）	—	95.36%	100%			95
		职住人口比	—	1：3	1：0.83~1：1.25 (比值0.8~1.2)（亦庄、通州）			42
		职住面积比	1：2.84	1：1.91	1：2（亦庄、通州）		70	100
	自然要素	绿地覆盖率 %	20.2%	34.3%	30%（北京，上海城市园林绿地指标：35%）		59	100
		蓄滞洪体积 m³	966519m³	4778685m³	3550000m³（沙子营）		27	100
		蓄滞洪面积 km²	31 km²(20.2%)	53 km²(34.6%)	14.8%（北京）		100	100
		生态连通性 CONNECT指数	0.94	2.00	3.05~4.79（南昌2020年）		30	65
		水系连接度（网络的连接线数 / 最大可能连接线数之比）	0.46	0.57	0.57（太仓市规划水系）		80	100
		水系环通性（网络中实际环路数 / 最大可能出现环路）	0.15	0.34	0.35（太仓规划水系）		42	99

规划改善情况评估表

环境影响评价——目标完成情况评估
Environmental Impact Assessment: Accomplishment Assessment

"滨水新生活"目标完成情况最好，几乎所有评价指标皆支持该目标向优质化发展。但是"产业新发展"与"生态新基底"目标之间，呈现互相制约的情况。发展产业会使区域生态效益降低，反之亦然。

通过评估规划目标完成情况，发现：

1. 生态新基底：绿色空间与水系的连通度增加，提升了生态新基底与滨水新生活的目标完成度，但受到产业发展的影响，生态效益无法达到最大值。

2. 产业新发展：缓解职住人口比与职住面积比，提升产业新发展的目标完成度，但为了同时改善区域生态基底，产业发展的社会经济效益无法达到最大值。

3. 滨水新生活：规划对滨水新生活质量的提升是显著的，生态或产业发展并未对本目标形成制约，反而是共同促进了本目标的完成。

达标		强消极影响	−5
部分达标		中消极影响	−3
标准不定		弱消极影响	−1
部分未达标		一般	0
未达标		弱积极影响	1
		中积极影响	3
		强积极影响	5

规划改善情况评估　　　　目标完成情况评估

		指标	规划前	规划后	标准/参照		生态新基底	产业新发展	滨水新生活	加总（指标影响力）
规划前后指标对比	社会要素	路网密度 km/km²	3.17	6.12	5~7	规划准确性评估得分	1	5	3	9
		基础设施 %（社区单元核心-1km-覆盖率）	—	95.36%	100%		−3	3	5	5
		职住人口比	—	1:3	1:0.83~1:1.25		1	5	5	11
		职住面积比	1:2.84	1:1.91	1:2		1	3	5	9
	自然要素	绿地覆盖率 %	20.2%	34.3%	30%		3	3	5	11
		蓄滞洪面积 km²	31 km²（20.2%）	53 km²（34.6%）	14.8%（北京）		3	−3	3	3
		生态连通性	0.94	2.00	3.05~4.7		3	1	3	7
		水系连接度	0.46	0.57	0.57		3	3	5	11
		水系环通性	0.15	0.34	0.35		5	1	5	11
						均值（目标完成情况）	1.8	2.3	4.3	

规划目标达成评估表

节点选取
Node Selection

节点选择策略

基于文献研究与问卷调查，发现在工作日和非工作日，本研究区域居民的活动轨迹、对空间类型的需求存在明显差异。非工作日的活动轨迹覆盖范围明显大于工作日，非工作日对大型绿地（如奥林匹克森林公园）、商圈（如西单、五彩城）的依赖明显。因此，将设计地块分为工作日和非工作日两类节点，生态作为需要共同构建的基底。从产业和生活两个角度入手，分别对科创产业新兴组团、现有产业引力提升组团、城市商业与生活组团、生态休闲生活组团进行设计，希望从不同角度提出缓解职住问题的不同策略。

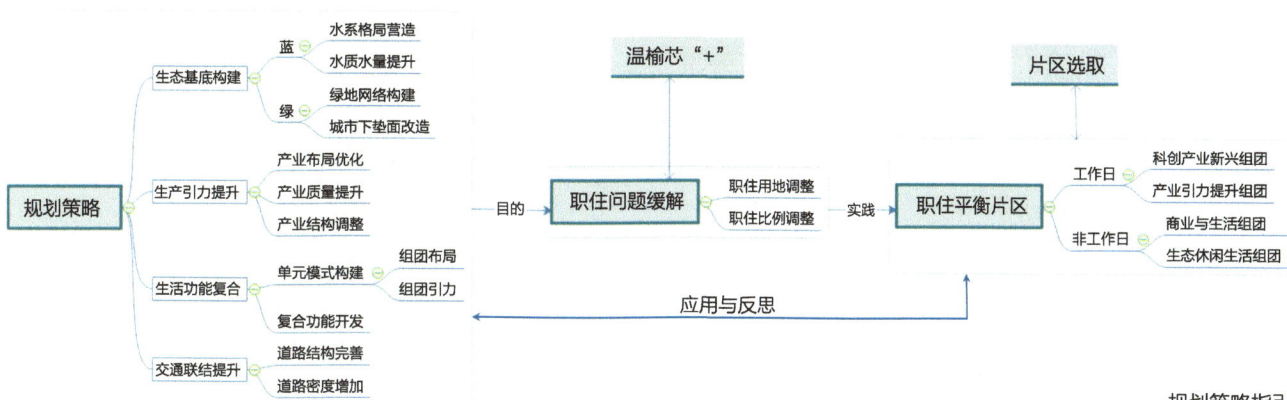

规划策略指引

节点分布

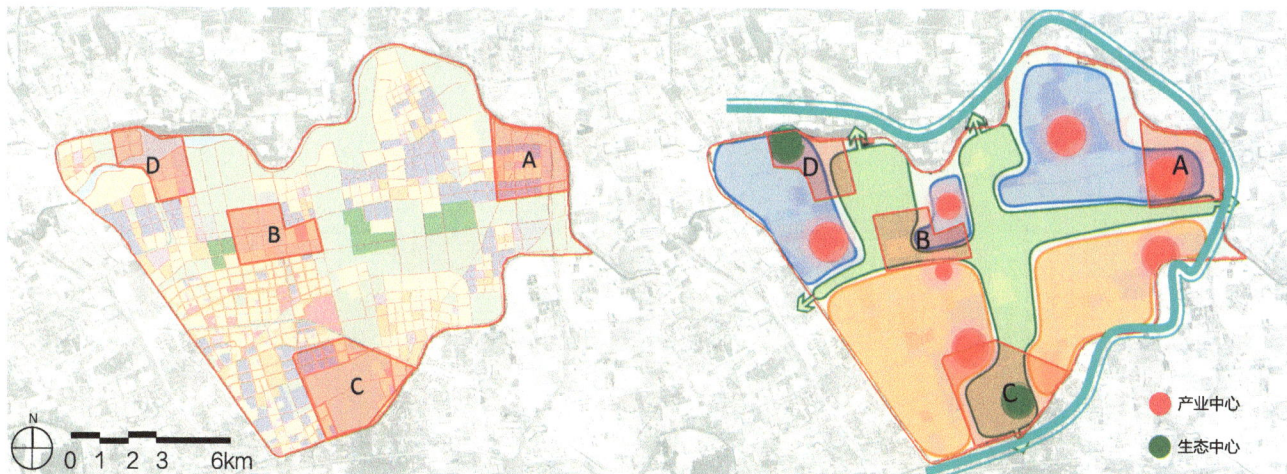

节点与规划用地关系

节点与规划结构关系

节点 A——新兴产业组团
Node A: Emerging Industry Group

现状分析

　　场地主体位于未来科学城片区规划范围，已有部分产业园区建设完成并入驻企业，其他大面积为待建设区域。此片区以高科技的电子通信和先进能源产业为主导。

片区待解决问题

　　生产：产业基础设施建设待提升，入驻情况有待提高。

　　生活：居住区建设较为初级，生活配套设施不足。

　　生态：有大量待开发地块，具有建设生态湿地的潜力。

　　交通：已规划道路及地铁尚未建设完成，交通设施有待跟进。

　　职住：过于强调产业发展，易引发与回天地区相反的休息时段的空城现象。

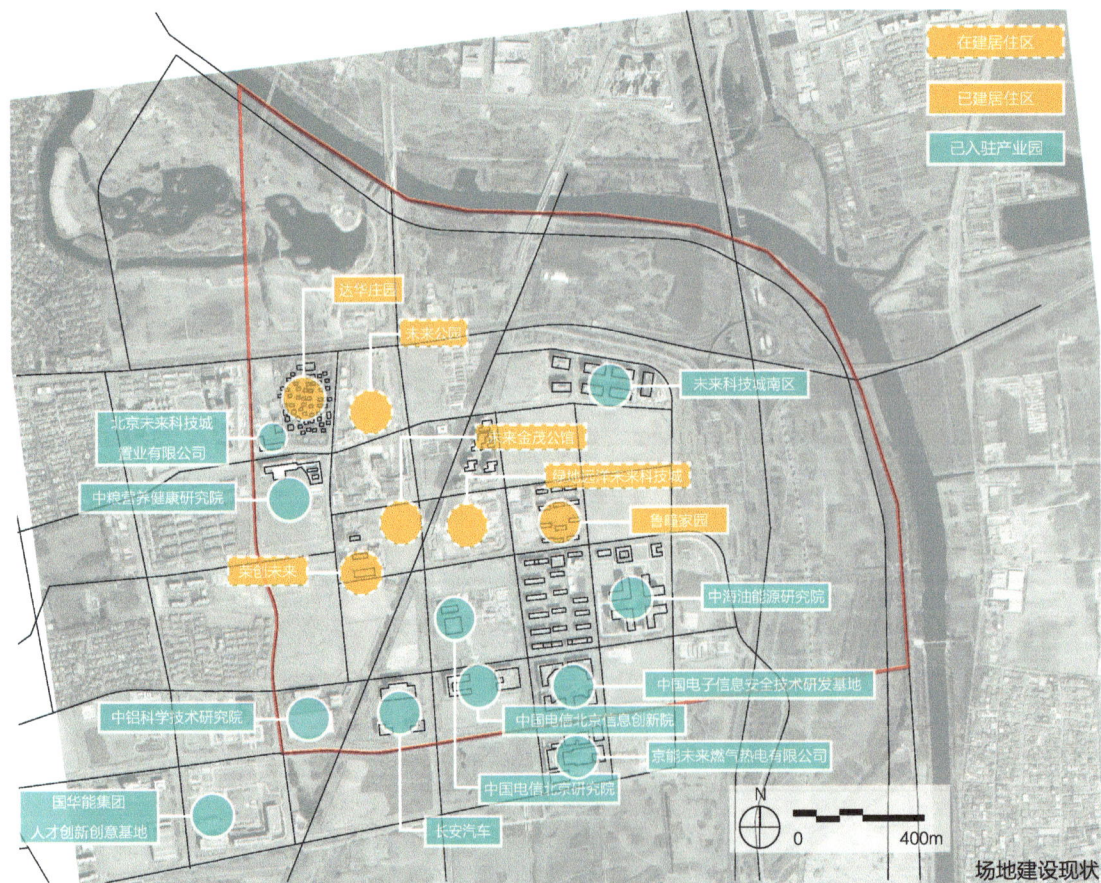

在建居住区

已建居住区

已入驻产业园

达华庄园

未来公园

未来科技城南区

北京未来科技城置业有限公司

未来金茂公馆

中粮营养健康研究院

绿地新干未来科技城

荣创未来

鲁能泵园

中洋油能源研究院

中国电子信息安全技术研发基地

中铝科学技术研究院

中国电信北京信息创新院

京能未来燃气热电有限公司

国华能集团人才创新创意基地

中国电信北京研究院

长安汽车

N

0　　　　400m

场地建设现状

节点 A——新兴产业组团
Node A：Emerging Industry Group

① 地铁交通核心
② 城市绿地
③ 生态绿道
④ 商业核心
⑤ 公共服务核心
⑥ 城市蓄滞洪湿地
⑦ 河岸带郊野公园
⑧ 改造景观桥

节点 A 平面图

节点 A——新兴产业组团
Node A: wEmerging Industry Group

方案分析

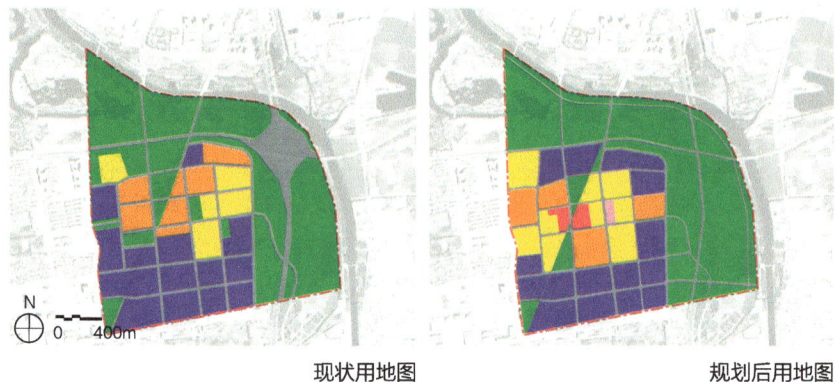

用地变化（km²）		
	规划前	规划后
绿地与广场用地	2.70	2.72
产业用地	1.37	1.33
教育科研用地		0.06
商业服务业设施用地		0.05
混合用地	0.17	0.42
居住用地	0.11	0.61
道路与交通设施用地	1.03	0.76
总面积	5.98	5.98

现状用地图　　　　　　　　规划后用地图

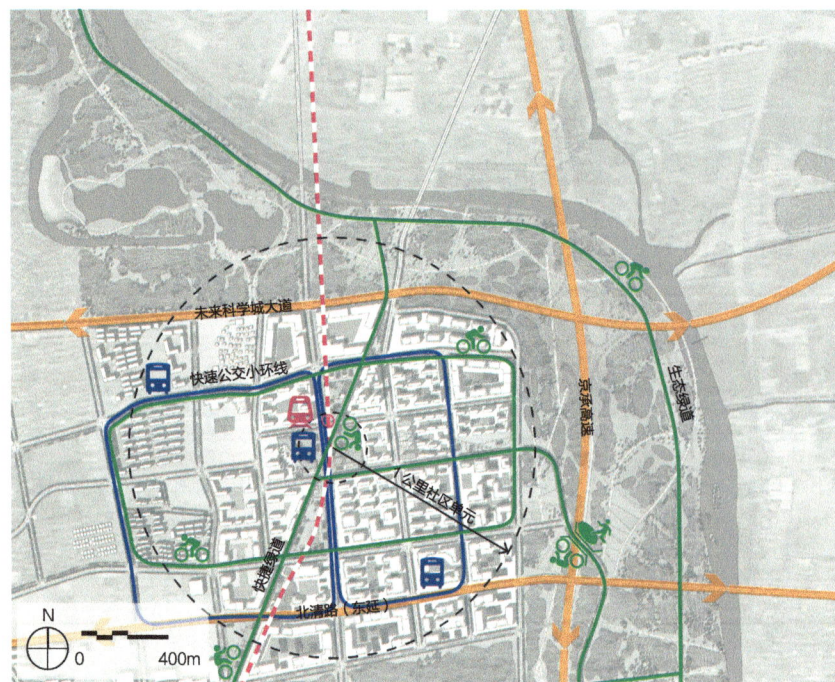

职住指标变化		
单位：km²	规划前	规划后
产业用地面积	1.6	1.59
居住用地面积	0.65	0.85
居住人口	—	1.51 万
职住用地面积比	1：2.46	1：1.87
职住人口比	—	1：2.29

规划交通分析

节点 A——新兴产业组团
Node A：Emerging Industry Group

重要节点

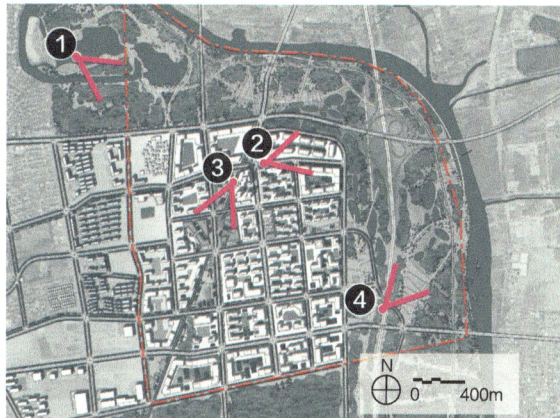

❶ 鸟瞰图

❷ 步行生活街

❸ 自行车道

❹ 改造景观桥

节点 B——引力提升组团
Node B：Attractiveness Improvement Group

现状分析

组团整体职住布局

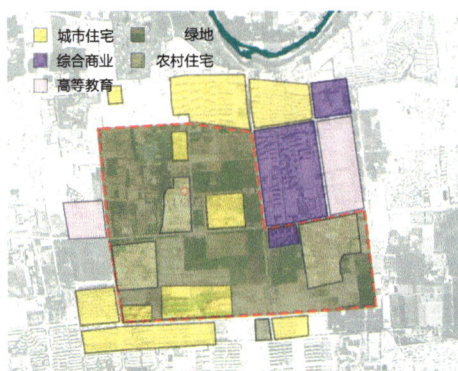

城市住宅　绿地
综合商业　农村住宅
高等教育

现状用地类型

公交场站
水
主要道路
次要道路

现状交通情况

绿地
水

现状生态情况

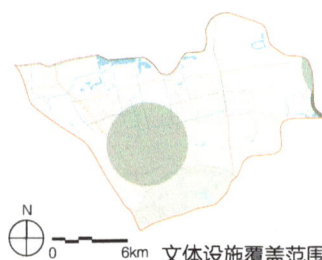
中学覆盖范围

地块内的教育服务设施不足。小学建设用地覆盖率仅20.99%，中学建设用地覆盖率仅34.21%，回龙观大型住区覆盖度同样不充足。

文体设施覆盖范围

地块内文化体育服务设施不足。建设用地覆盖率仅54.72%，回龙观大型住区覆盖度略不充足，北部、东部尤其缺乏。

现状基础设施统计表

基础设施类型	教育		医疗		体育	文化
	小学	中学	卫生站	医院		
建设用地覆盖面积	20.61	35.1	82.01	98.93	56.15	0
建设用地覆盖率	20.09%	34.21%	79.92%	96.41%	54.72%	0
总覆盖面积	24.35	45.02	110.08	144.67	72.7	0
总覆盖率	15.81%	29.23%	71.48%	93.94%	47.21%	0

节点 B——引力提升组团

Node B：Attractiveness Improvement Group

节点设计

经现状分析，总结出以下四个方面的潜力和问题：

1. 医疗卫生服务设施较为充足，但文化体育、教育服务设施不足。

2. 综合商业服务区发展潜力巨大，但其周边被绿地包围，影响力弱。

3. 绿地面积广大，生态基础好，但现状水系渠道，景观不佳，利用率低。

4. 地铁和公交场站点带来大量人流，但缺乏南北向主要道路，内部公共交通缺乏，不利于组团整体发展。

- ❶ 度假村
- ❷ 商业中心
- ❸ 公共服务核心
- ❹ 社区服务中心
- ❺ 居住区
- ❻ 商务区
- ❼ 创意村落
- ❽ 生态林
- ❾ 公园绿地

节点 B 平面图

219

节点 B——引力提升组团
Node B：Attractiveness Improvement Group

设计分析

1. 对现状问题的回应

• 对现状居住用地进行更新，形成了 2 个居住组团。
• 将原有村落提升，建设度假村、创意村落，形成 2 个职住一体组团，提供岗位和居住。
• 新建 1 处社区服务中心，包含市集和体育馆，回应基础服务设施不足的问题。
• 新建 1 处公共服务中心，包含中学、医院和文化宫，回应基础服务设施不足的问题。
• 新建 1 处商业中心，回应产业提升和居民需求问题。

现状问题回应

2. 对片区规划的回应与调整

在片区节点设计阶段，对概念规划阶段的不同类型用地面积略微调整，从而更好地解决现状问题。此外，节点详细设计也对概念规划阶段提出的结构进行了很好的回应。

规划用地面积调整结果

用地类型和面积（km²）	概念规划阶段	详细设计阶段
道路交通用地	1.01	0.59
城市绿地	3.34	2.49
居住及生活配套用地	0.82	0.86
综合功能用地	0.14	0.57
城市公共管理与公共服务用地	0.23	0.62
综合商业用地	0	0.41

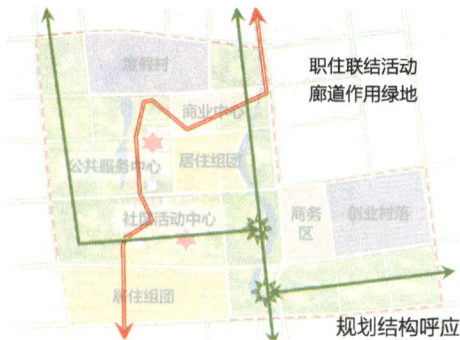

规划结构呼应

3. 对职住问题的回应

按照职住比例 1：2 估算，本节点除了缓解内部职住问题外，还能够为外部 2.25km² 居住用地提供就业岗位（温都水城片区提供岗位计入本区域）。

职住比例调整结果

	节点设计后
居住用地面积	1.41km²
产业用地面积	0.79km²
职住面积比	1：1.78
岗位数量	1.72 万
职住人口比	1：1.53

职住问题缓解

节点 B——引力提升组团

Node B：Attractiveness Improvement Group

设计效果

商业中心效果图（根据网络图片改绘）

生态渠道效果图（根据网络图片改绘）

节点 C——城市商业与生活组团
Node C：Commercial and Living Group

现状分析

节点核心问题为居住、产业、交通共同导致的职住分离问题，主要表现为"工作日与非工作日皆依赖城中心"现象。

绿地与居住空间：绿地阻隔北部产业与南部居住组团，并且绿地使用率不高，吸引力不足。

产业：西北部建材城区域土地利用效率不高，未形成资金密集与产业集聚效应。

交通：北侧产业园区道路结构待完善；片区之间公共交通、道路联系待提升。

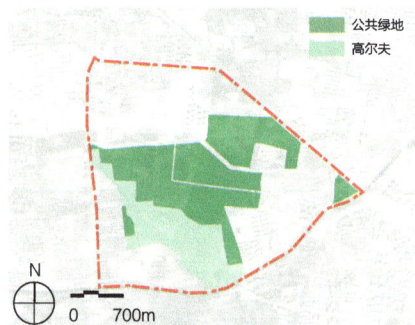

绿地与居住用地分布现状图

产业用地分布现状图

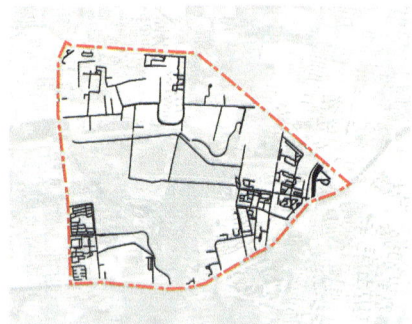

道路与交通设施用地分布现状图

设计目标

从服务与就业两方面，增加居民对本区域的生活黏性：
1. 土地利用调整：增加绿地连通性，改善产业结构与就业类型。
2. 完善交通路网：改善区域可达性。
3. 活化滨河空间：构建具有产业、生态、生活的空间。

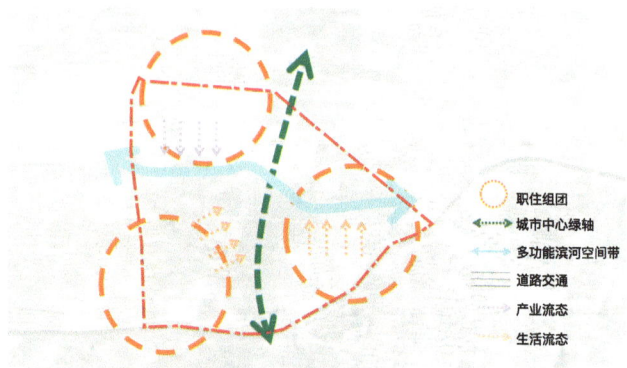

结构示意图

节点 C——城市商业与生活组团
Node C: Commercial and Living Group

方案平面

1. 绿廊连通：将原本东小口城市休闲公园与清河边上的高尔夫用地置换，使居民可以更近距离接触城市公园与滨河空间，并增加生态连通性。

2. 空间渗透：设计景观桥，从交通联系与视觉上打破城市公园与高尔夫球场的边界，使绿色空间融为一体。

3. 滨河空间：根据周围土地利用分段规划以商业街区为主的"产业园区段"、运动休闲为主的"居住生活段"、绿色空间为主的"生态景观段"。

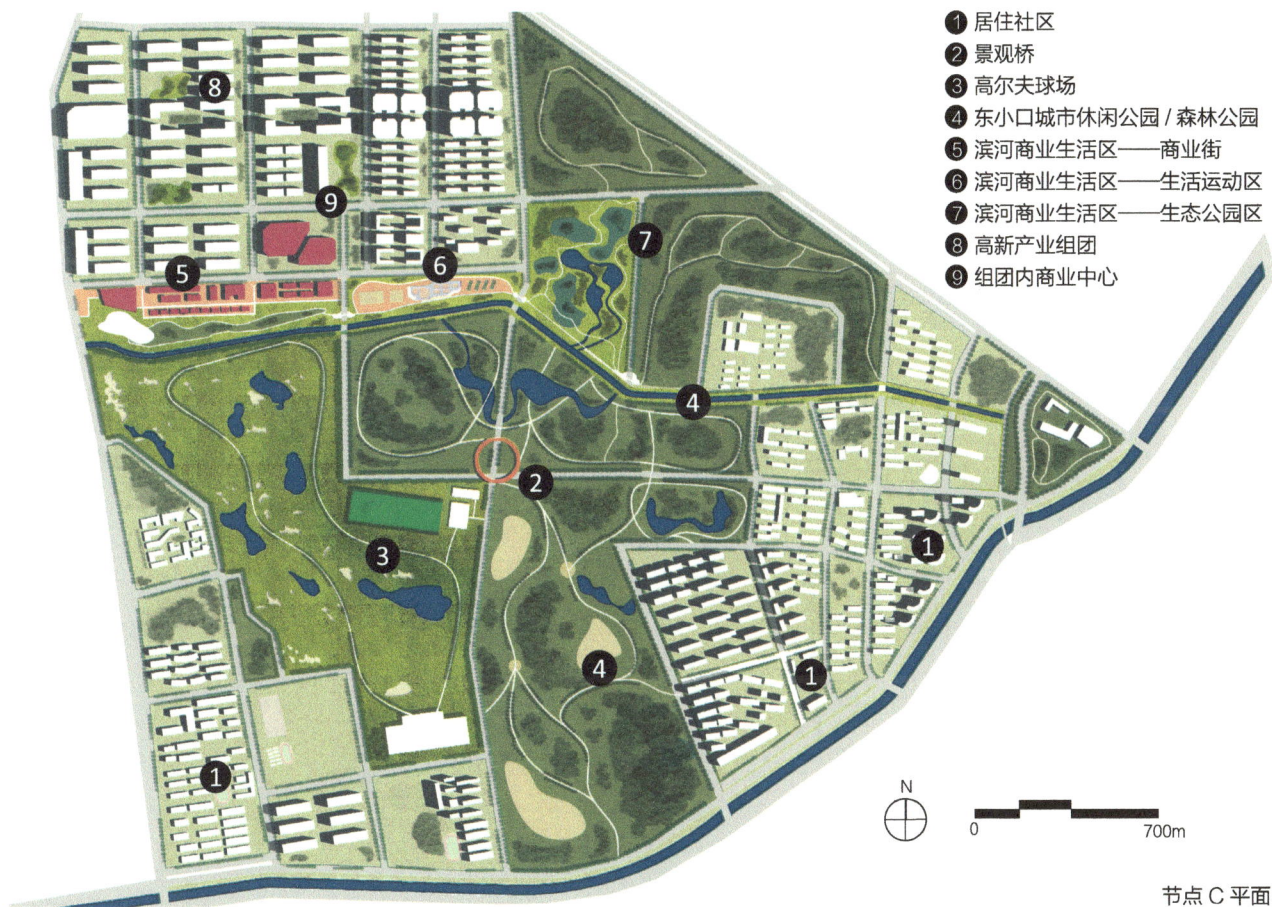

① 居住社区
② 景观桥
③ 高尔夫球场
④ 东小口城市休闲公园 / 森林公园
⑤ 滨河商业生活区——商业街
⑥ 滨河商业生活区——生活运动区
⑦ 滨河商业生活区——生态公园区
⑧ 高新产业组团
⑨ 组团内商业中心

N

0   700m

节点 C 平面图

节点 C——城市商业与生活组团
Node C：Commercial and Living Group

方案分析

1. 土地利用调整

　　主要增加绿地、商业、公共服务用地，产业、闲置、农村住宅用地略有减少。通过在西北侧职住组团规划集聚产业用地，缓解产业与居住的不均衡。通过产业类型置换，引进人才，形成集聚效应，规划容纳 11 万居民、2.7 万岗位。

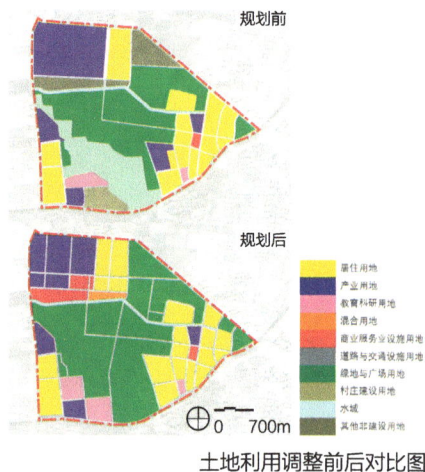

土地利用调整前后对比图

土地利用调整前后对比表（km²）

	规划前	规划后
绿地与广场用地(高尔夫球场)	1.31	1.41
绿地与广场用地(城市公园)	2.83	3.34
居住用地	1.92	2.31
产业用地	2	1.41
其他非建设用地	0.33	0
村庄建设用地	0.5	0
水域	0.08	0.1
商业服务业设施用地	0.03	0.37
教育科研与体育用地	0.4	0.499
道路与交通设施用地	0.7	0.7
总面积	10.1 km²	10.1 km²

职住情况规划前后对比表

		现状	规划后
产业用地面积	面积	2km²（38%）	1.41km²（18%）
	岗位数	2700 岗位	2.7 万岗位
居住用地面积	面积	1.92km²（5.7%）	2.31km²（11%）
	居民数	5.4 万居民	11 万居民
职住面积比		1：0.96	1：1.6
职住人口比		1：20	1：4

2. 完善交通路网

主要交通结构图

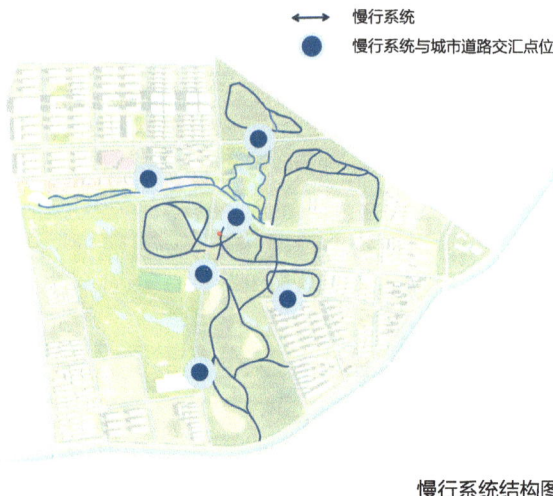

慢行系统结构图

节点 C——城市商业与生活组团

Node C：Commercial and Living Group

重要节点（活化滨河空间）

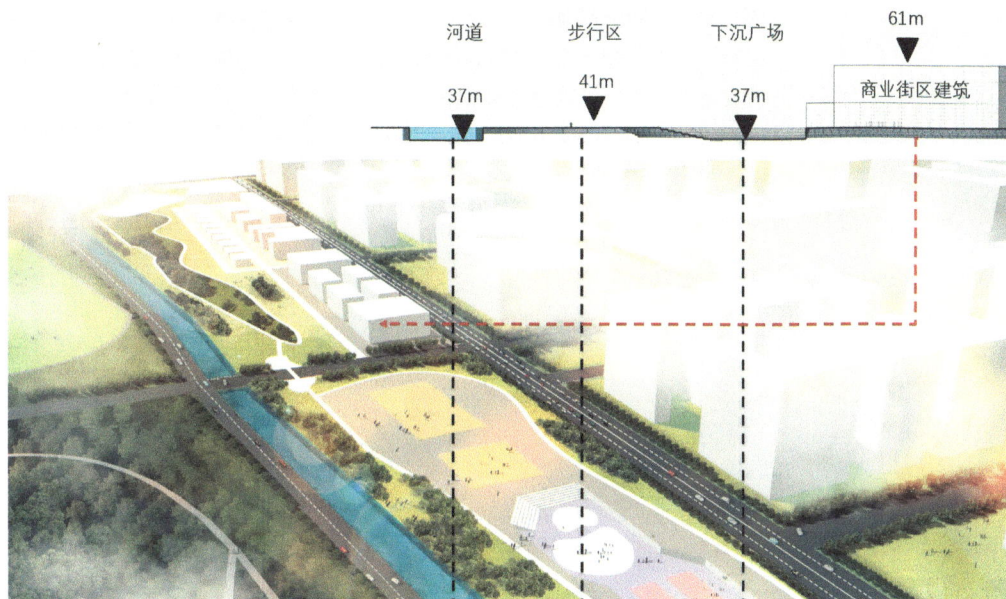

河道 　步行区 　下沉广场 　61m

37m 　41m 　37m 　商业街区建筑

滨河空间效果图

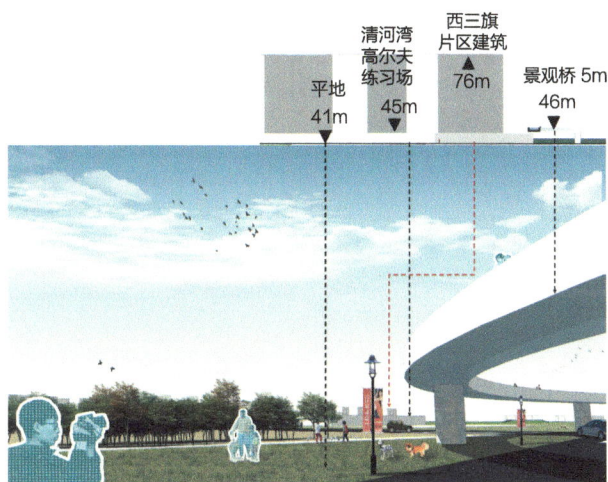

清河湾 　西三旗
高尔夫 　片区建筑
平地 　练习场 　76m 　景观桥 5m
41m 　45m 　　46m

景观桥效果图（部分图源百度图片）

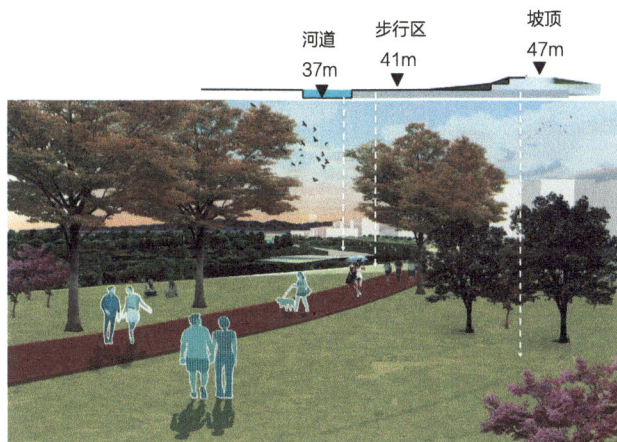

河道 　步行区 　坡顶
37m 　41m 　47m

生态公园效果图

节点 D——生态休闲组团
Node D: Ecological and Leisure Group

节点现状分析

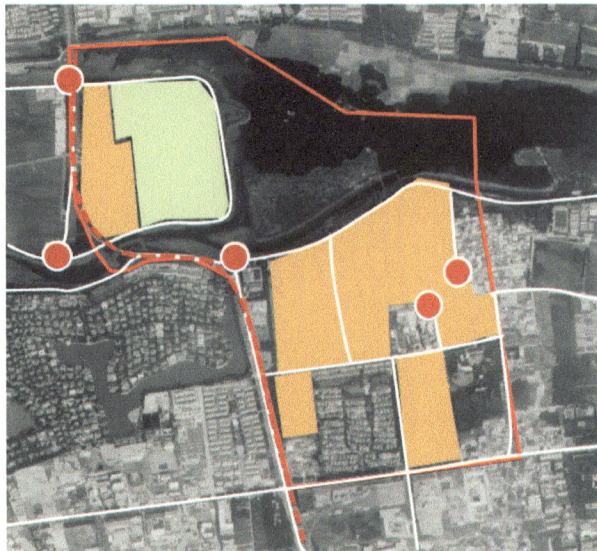

绿地分析

- 城市公园与居民生活割裂，缺乏居民日常生活可用绿地。
- 大量闲置或预留建设用地存在可利用机会。
- 滨河森林公园等城市绿地使用率不高，吸引力不足。

交通分析

- 环公园道路严重影响生态效益，需提高道路生态属性。
- 南北没有车行道连通需加强南北道路联系。
- 南部片区存在大量断头路，路网系统杂乱，需要整理完善。

城市公园
闲置绿地 / 预留建设用地

断头路
地铁线路
普通道路

节点结构分析

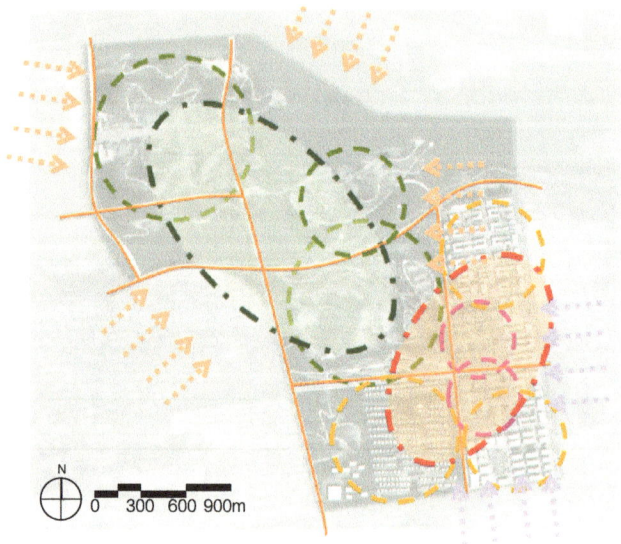

策略：
1. 土地利用调整：增加绿地；提高公共资源利用率；改善就业。
2. 形成多层次游憩空间：为不同人群提供不同游憩空间与设施，提高绿色空间使用率，吸引本地及外部居民。
3. 完善交通路网，增加场地可达性。

N
0 300 600 900m

绿色空间
绿色多层次组团
绿色核心圈层
红新道路

居住组团
产业组团
生活复合组团
产业流态
生活流态

节点 D——平面图
Node D: Ecological and Leisure Group

城市生活区
① 创意产业园
② 学校教育机构
③ 居住区

城市休闲公园
④ 公园临街商业街
⑤ 城市运动场
⑥ 城市活力节点——森林之浴
⑦ 城市活力节点——儿童活动区
⑧ 公园内湖

生态湿地公园
⑨ 沙河水库水上乐园
⑩ 滨水森林公园——临水休息平台
⑪ 滨水森林公园——银杏走廊
⑫ 滨水森林公园——樱花广场
⑬ 滨水森林公园——管理用房
⑭ 滨水森林公园——湿地森林

节点 D 平面图

节点 D——节点规划分析
Node D: Ecological and Leisure Group

土地利用现状图

土地利用规划图

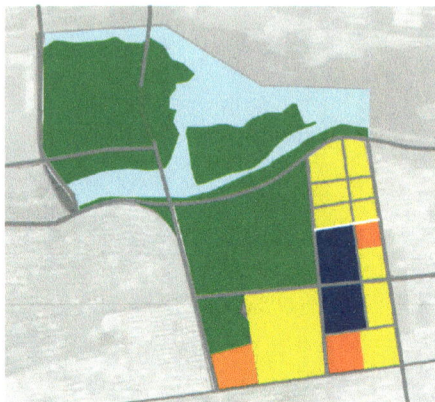

用地性质变化表（km²）

	规划前	规划后
绿地与广场用地	0.97	1.5
预留用地	0.40	0
居住用地	0.45	0.88
农村住宅	0.18	0
闲置荒地	1.14	0
产业用地	0.09	0.37
水域	1.12	1.23
公共服务用地	0.1	0.27
道路交通用地	0.3	0.45
总面积	4.88	4.88

节点规划分析图

市政道路
园路及绿道系统
公园入口
百年一遇洪水淹没区
隧道下穿部分
新增大量工作岗位点

按照合理职住比例 1：2 估算，本节点除了缓解内部的职住问题外，还能够为外部 1.06km² 居住用地提供岗位。

职住指标变化表

	节点设计前	节点设计后
居住用地面积	0.45	0.88km²
产业用地面积	0.09	0.37+（0.2）km²
职住面积比	1：5	1：1.54
职住人口比	500 岗位	0.81 万岗位
	1：10	1：1.83

节点 D——节点分析及效果图
Node D：Ecological and Leisure Group

森林湿地效果图

银杏走廊效果图

森林之浴效果图

儿童活动区效果图

以塑造布局合理、功能复合、具有国际视野的城市门户特色功能区为目标，聚焦于流域产业发展与人居环境、生态保护之间的平衡，完善交通功能，挖掘文化优势，通过重建城市与生态之间的联结，调整用地结构，优化空间布局，重构绿色生态系统，打造产城人融合、绿色宜居的北京新门户。

重构联结，北京新门户

程　飘

龚　宇

袁吉仙

朱彦怡

流域历史演变
Historical Evolution of Wenyu River Basin

温榆河流域历史变迁时间轴

1293 年
郭守敬建言引白浮泉
水疏凿大运河

1528 年
明嘉靖年间建巩华城
作为皇家行宫

1750 年
清乾隆年间建造
颐和园

1949—2000 年
工业发展，人口增加，
水资源需求加大，水质
恶化

21 世纪初期
治理污染，疏通
河道，改善环境

迷失——人居环境发展与生态保护、文化传承的脱节

温榆河本身	• 北京最早开发漕运的河流。 • 流域内农田灌溉的重要水源。 • 现状具有防洪、排水、游憩、生态等功能，但水质污染较为严重。
流域历史文化	• 文化类型多样，包括漕运文化、皇家文化、宗教文化等。 • 许多历史文化载体缺乏保护，文化多样性减少。
流域产业变迁	• 农业 – 手工业 – 工业 – 科技产业。 • 产业转型一方面吸引大量人口迁移至此，但另一方面也加剧了环境污染问题。
城市化发展	• 建设用地逐年增加，农田面积大幅减少。 • 硬质地面增加，影响流域内的生态环境。

古代与近代历史
流域发展 1.0

温榆河作为北京最早开发漕运
的河流，其流域也是皇家园林、
陵寝聚集地，孕育了京北这片
肥沃的土地，其历史文化类型
丰富、积淀深厚。

1949 年后
流域发展 2.0

成为京北农业基地，为防洪、
灌溉等目的而兴建水库、闸坝
等工程。

21 世纪初期
流域发展 3.0

建设污水处理厂，整治水环境。
疏通河道，建设公园，提升文
化地位。具有防洪、排水、生
态、游憩及景观多种功能。

未来
流域发展 3.0+

?

流域前期分析
Preliminary Analysis of Wenyu River Basin

上位规划分析

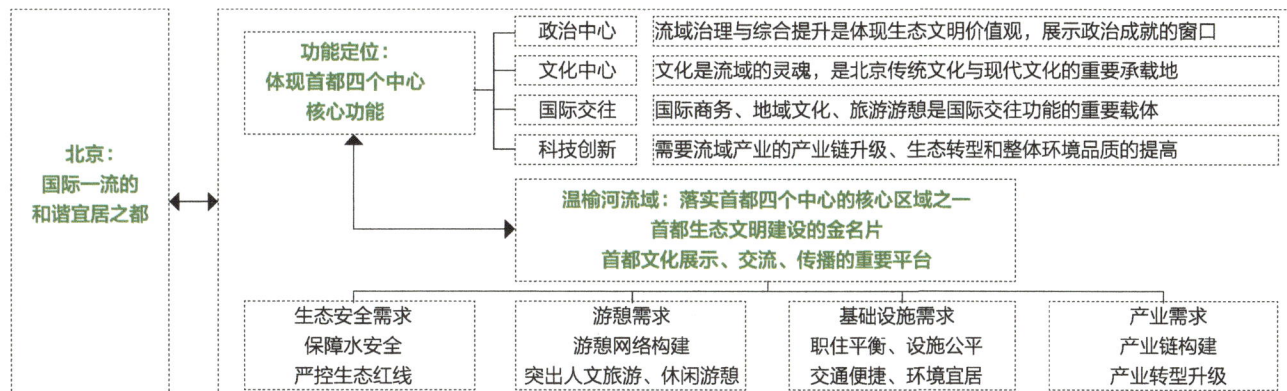

北京：
国际一流的
和谐宜居之都

功能定位：
体现首都四个中心
核心功能

政治中心	流域治理与综合提升是体现生态文明价值观，展示政治成就的窗口
文化中心	文化是流域的灵魂，是北京传统文化与现代文化的重要承载地
国际交往	国际商务、地域文化、旅游游憩是国际交往功能的重要载体
科技创新	需要流域产业的产业链升级、生态转型和整体环境品质的提高

温榆河流域：落实首都四个中心的核心区域之一
首都生态文明建设的金名片
首都文化展示、交流、传播的重要平台

生态安全需求	游憩需求	基础设施需求	产业需求
保障水安全	游憩网络构建	职住平衡、设施公平	产业链构建
严控生态红线	突出人文旅游、休闲游憩	交通便捷、环境宜居	产业转型升级

现状分析

生态环境

- 流域西北部存在较大的水土流失风险，河流下游水质污染严重。
- 流域内绿地分布不均，相互间连通性欠缺，保护程度不一，生物多样性减少。

城乡绿色生态空间分布图

旅游游憩

- 中心城区及重点景区存在游客容量超载问题，整体旅游游憩环境品质有待提升。
- 游憩资源分布不均衡，呈现圈层结构特征，但圈层间缺乏联系，游憩空间不成体系。

城乡游憩资源分布结构图

产业经济

- 建设用地与耕地相互穿插分布，耕地破碎化。
- 产业用地与居住和服务设施相对分散，缺乏组团化考虑。
- 部分河道两岸空间由农田变为别墅、商业金融、科研办公、文化创意等新兴产业，经济发展不均衡。

居住用地与耕地分布图

空间网络

- 城市扩张进程中的开发建设缺乏有效控制，功能相对单一，使得流域空间发展失衡。

流域路网

233

规划目标与规划框架
Planning Goals and Planning Framework

SWOT 分析

优势 Strength

历史资源丰富。
文化积淀深厚。

挑战 Threat

环境污染问题需要解决。
产业发展与人居环境需要协调。
面临承接城区产业疏散、污染企业
腾退及产业升级问题。
生态空间亟待保护。

策略

生态：
　　控制污水排放，恢复自然河道生态功能；
扩大绿色生态空间，建立生态廊道，丰富生物
多样性；促进城乡功能互补。
游憩：
　　重构城乡游憩网络，塑造"旅游+产业"
格局，构建景区+城乡绿地的宜游空间。
产业：
　　根据用地性质及周边环境优势选择适宜产
业；提出可持续绿色产业发展愿景。
区域空间：
　　通过更新与再利用、梳理与联通，构建
具有复合功能的绿色空间网络，加强绿道与公
共空间系统和公共交通系统及周边社区的良好
衔接。

劣势 Weakness

绿地连通性欠缺，用地破碎化。
流域景观风貌缺乏特色。
基础设施有待完善。

机会 Opportunity

北京总规提出温榆河生态廊道、大
运河文化带。
流域内科技创新、文化产业的发展。

分期目标

近 期　　　　　　　　中 期　　　　　　　　远 期

全流域的保护与发展
• 绿地衔接+遗产廊道+水系串联+交通立体化
构建城乡休闲游憩绿色空间体系。
• 腾退高耗高污染产业，产业转型，发展科技与
文化产业经济，促进生态保护。

流域带动全市域
• 挖掘潜力片区，联结关键片区，形成全流域生
态、社会、经济的良性循环。
• 以流域生态保护为切入点，带动全市域生态环
境改善，流域经济发展推动全市域经济发展。

成为京津冀发展的核心名片
• 将温榆河流域打造为京津冀区域生态文明和绿
色发展的核心示范片区。

规划目标与规划框架
Planning Goals and Planning Framework

规划目标

重构联结

找回迷失的方向

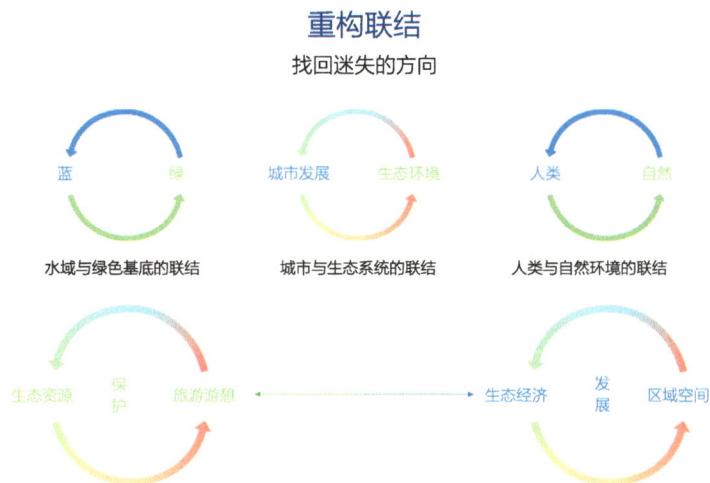

蓝 — 绿
城市发展 — 生态环境
人类 — 自然

水域与绿色基底的联结　　城市与生态系统的联结　　人类与自然环境的联结

生态资源 — 保护 — 旅游游憩　⟷　生态经济 — 发展 — 区域空间

流域发展 1.0：漕运水道，1170 年疏浚温榆河下游河段，1572 年至 1578 年给明陵守军运粮，两度疏浚水道。

流域发展 2.0：农业水利，1949 年后，在温榆河上游山区陆续修建 6 座中小型水库，境内河流沿岸提水灌溉农田 1.9 万亩。

流域发展 3.0：文化科技，2014 年未来科学城再生水处理中心；大运河被列入世界遗产名录，温榆河位于大运河的源头。

流域发展 3.0+：生态协同，流域生态环境全面修复，促进自然 – 人文 – 经济协调可持续发展。

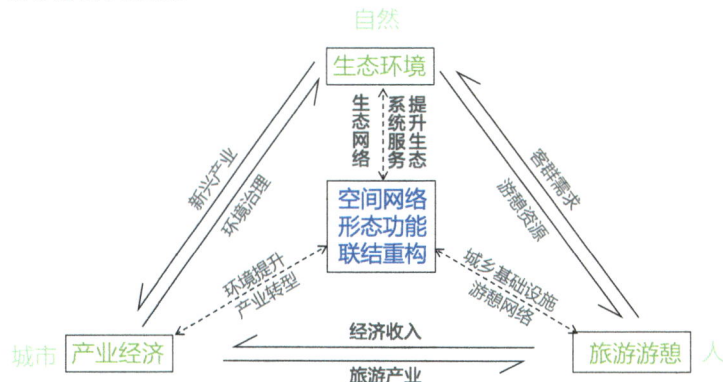

自然
生态环境
生态网络　系统提升生态服务
空间网络形态功能联结重构
城市　产业经济
旅游游憩　人
新兴产业　环境治理
环境提升　产业转型
客群需求　游憩资源
城乡基础设施　游憩网络
经济收入
旅游产业

总体规划结构

山区生态涵养区
山前休闲游憩带
文化休闲田园游憩区
小汤山游憩组团
昌平新城综合经济组团
宜居生活发展区
临港商务商贸组团
西山游憩组团
奥森创意文化组团
中关村科技教育组团
望京商务商业组团
中心城区
城市公园游憩轴
温榆河生态发展轴

一轴 + 两带 + 四区 + 八组团

一轴

温榆河生态发展轴。

两带

山前休闲游憩带；城市公园游憩带。

四区

山区生态涵养区；文化休闲田园游憩区。
宜居生活发展区；中心城区。

八组团

昌平新城综合经济组团；中关村科技教育组团。
临港商务商贸组团；未来科学城科技创新组团。
望京商务商业组团；奥森创意文化组团。
小汤山游憩组团；西山游憩组团。

生态专项策略
Ecological Strategy

修复生态本底，提升生态系统服务，构建完整的生态网络体系；促进城乡发展，满足功能需求，实现生态－人－城的和谐发展。

策略一：控制污水排放，净化水质
- 建立人工湿地，控制排污口污水排放，改善水质。
- 建设滨水绿色缓冲区，控制城市和农业面源污染。
- 恢复或建立蓄滞洪区，增加蓄洪能力。

策略二：扩大绿色生态空间
- 加强生态斑块之间的连接，建立生态廊道，保证生物迁移的可达性。
- 加强生态管控，提升生态服务功能，丰富生物多样性。

策略三：构建多元绿色空间
- 优化绿地布局，满足旅游游憩需求，兼顾公众教育和生态服务价值的体现。
- 构建功能多元的绿色空间，促进城乡功能互补，协调发展。

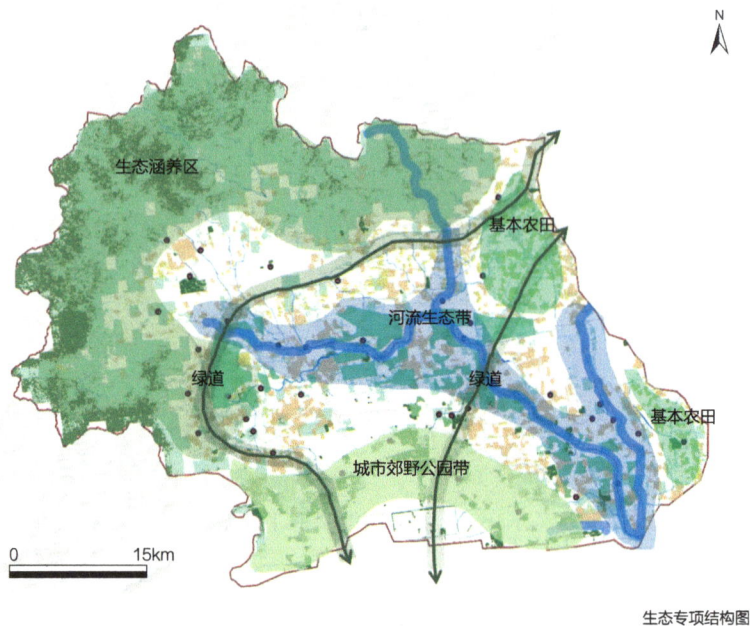

生态专项结构图

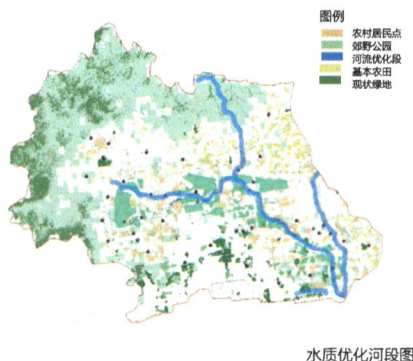

水质优化河段图

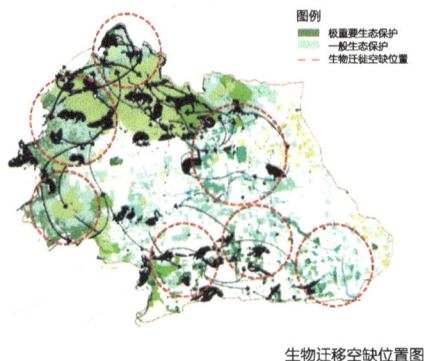

生物迁移空缺位置图

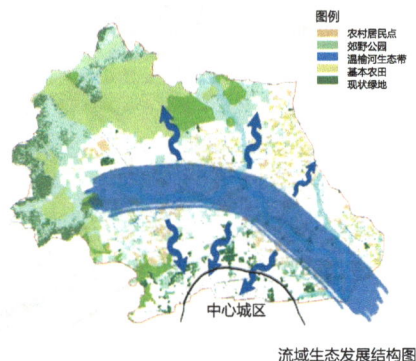

流域生态发展结构图

旅游游憩专项策略
Tourism and Recreation Strategy

策略一：重构城乡游憩网络
- 依托景区、公园构建连续城乡休闲游憩绿色空间网络。
- 利用流域水系及开放空间构建绿道网络，打通圈层结构。
- 将旅游交通与城市公共交通系统有效衔接。

策略二：重构"旅游+"产业格局
- 发挥流域内农田、历史村落特色，开展乡村休闲旅游。
- 依托世界文化遗产，开发高端、特色旅游产品，推动文化创意产业发展。
- 深度开发皇家文化、民俗文化、漕运特色体验项目，积极策划组织大型文化旅游演艺和节庆活动。

策略三：重构景区——城乡相融的宜游空间
- 依托三山五园、十三陵景区带动周边规模小、知名度低的游憩资源集聚开发，突出整体特色优势。
- 打造漕运文化、长城文化、皇家文化等精品游线，建立绿色旅游交通体系。
- 依托特色文化旅游板块，结合旅游功能带动城乡基础设施完善，提升旅游游憩整体环境品质。

旅游游憩专项结构图

城乡游憩网络结构图

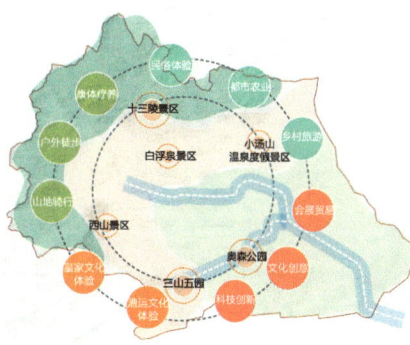

旅游产业策划图

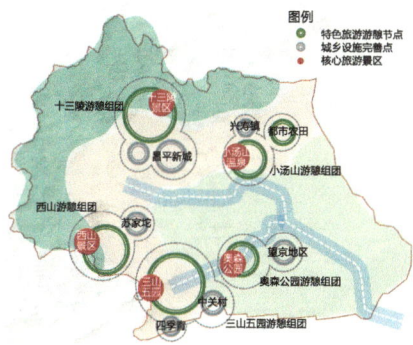

特色游憩组团分布图

产业专项策略
Industry Specific Strategy

• 联结：针对分散的产业片区，运用政策与市场引导方式组合，形成组团发展。

• 重构：腾退高消耗、高污染的企业，考虑产业升级，重新组建新的产业模式。

策略一
• 根据用地性质及周边环境优势选择适宜产业，建设低环境影响的产业。

策略二
• 第一产业主要考虑科技型高附加值农林业；第二产业重点考虑高新技术产业，加强复合型园区建设；第三产业积极发展服务业。

策略三
• 生态保护经济发展融入人文因素，促进文化传承、经济发展与生态保护之间彼此融合。

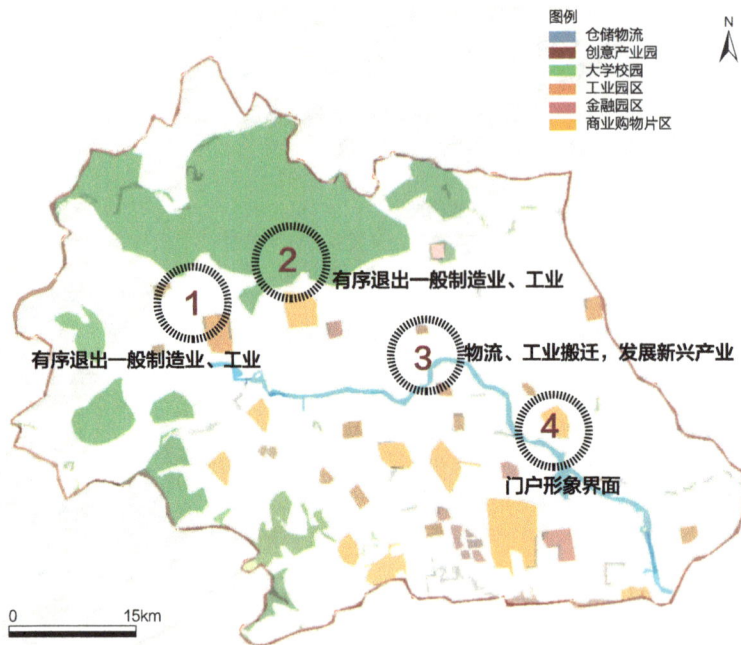

图例
■ 仓储物流
■ 创意产业园
■ 大学校园
■ 工业园区
■ 金融园区
■ 商业购物片区

N

有序退出一般制造业、工业

有序退出一般制造业、工业

物流、工业搬迁，发展新兴产业

门户形象界面

0   15km

产业策略结构图

策略一

挖掘生态资源，联结现有产业，
重构传统产业，局部发展生态经济

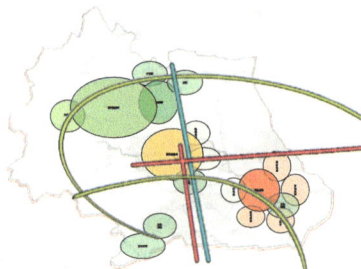

策略二

关注可持续发展
构筑面向未来的科技产业愿景

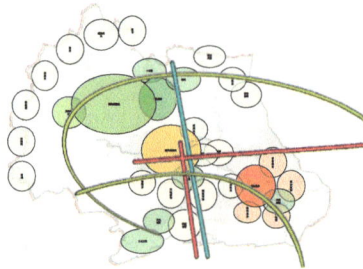

策略三

生态经济融入人文，
将文化与生态相结合

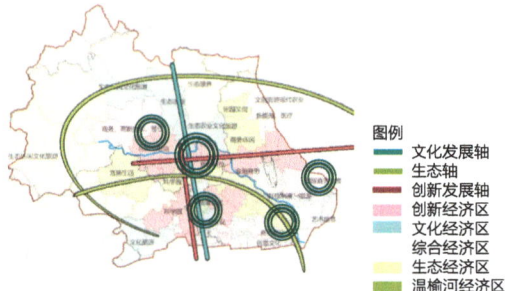

图例
━ 文化发展轴
━ 生态轴
━ 创新发展轴
■ 创新经济区
■ 文化经济区
■ 综合经济区
■ 生态经济区
■ 温榆河经济区

区域空间专项策略
Spacial Network Strategy

绿色空间联结不同空间体系

构建具有复合功能的绿色空间网络,以绿色网络带动周边区域的更新。

策略一

完善城区与市域绿地系统的整体性与延续性,并渗入不同城市功能组团。

策略二

建立城市绿色慢行系统,增强户外休闲游憩功能,加强各个片区之间的联系。

策略三

通过绿色空间与周边功能的耦合,带动区域更新与社会经济发展。

绿色空间网络
更新与再利用

蓝色基础设施　绿色基础设施

灰色基础设施　城镇活力空间

重构 + 联结

区域空间构建思路

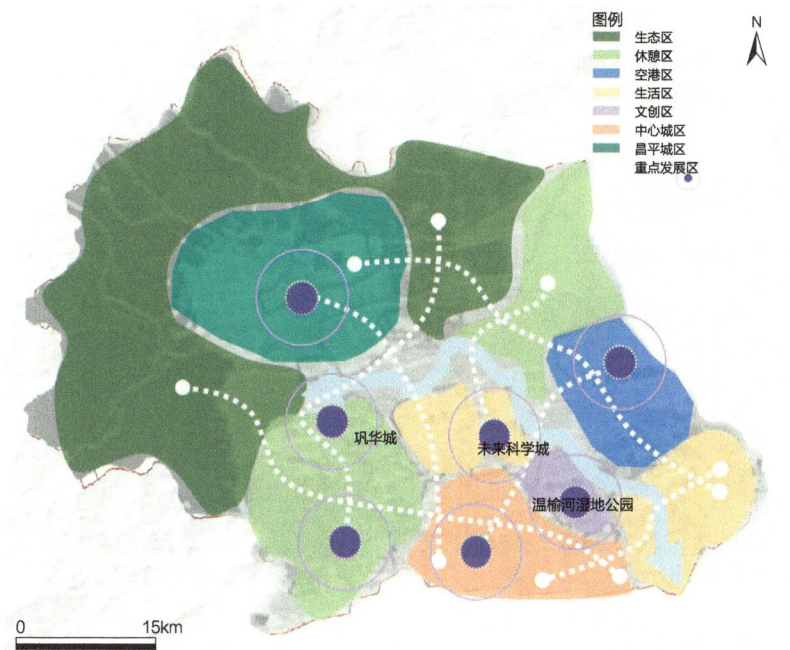

图例
生态区
休憩区
空港区
生活区
文创区
中心城区
昌平城区
重点发展区

巩华城　　未来科学城

温榆河湿地公园

0　　　15km

区域空间结构图

图例
自行车环线
3km 服务圈
温榆河

绿色慢行系统图

图例
核心区域
温榆河

核心片区结构图

山

城

河

区域空间格局图

片区区位与现状分析
Regional Location and Current Situation

研究片区面积 173km²
覆盖温榆河滨河长度 21km

片区重要性

- 政治层面—首都机场门户，国际交往意义
- 生产生活层面—居住、游憩与产业新城紧密结合
- 水文层面—流域中段，连接上下游
- 生态层面—郊野公园环，第二道绿化隔离带
- 文化层面—以古码头为代表的漕运文化
- 交通层面—重要交通枢纽、多条高等级道路穿越

现状问题总结

水质较差，污染严重；蓄滞洪区无法满足现防洪需求，生态效益低；产业结构失衡；居住两极分化；过境交通拥堵。

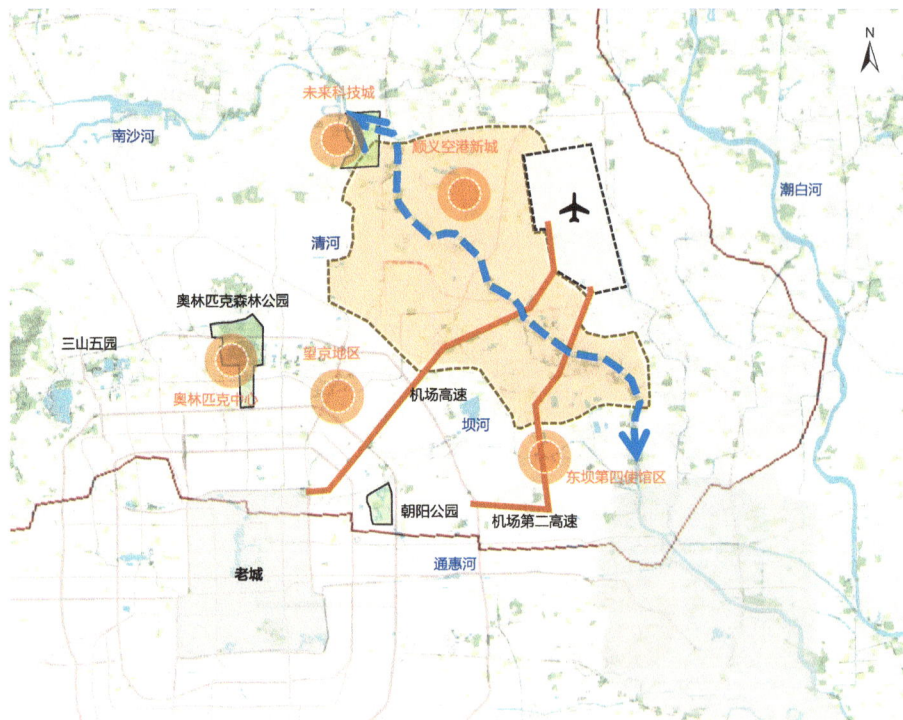

区位分析

交通现状图

绿地现状图

水系现状图

产业及居住现状图

图例
- 交通线
- 水系
- 高尔夫球场
- 风景游憩地
- 观光农业园
- 已建成公园
- 居住用地
- 商务用地
- 商业用地
- 工业用地
- 文化用地

规划目标
Planning Goals

目标定位：

重构 + 联结
打造北京新门户

首都生态文明建设的金名片
创新发展、地域文化、产业特色、生态凸显的绿色走廊

策略一： 场地信息整合：重新梳理与整合场地资源，利用温榆河水系构建绿色走廊，联结不同功能，有效组织空间，引导河流两侧功能互动发展。

 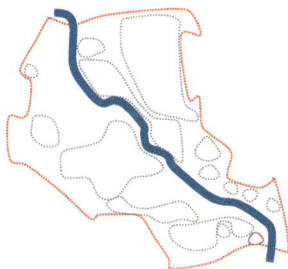 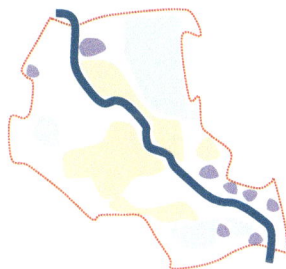 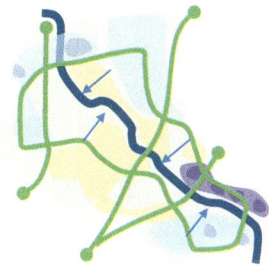

空间关系 　　　　　　　场地结构 　　　　　　　功能属性 　　　　　　　系统构建

策略二： 联结重构方式：保留场地文化，修复漕运遗迹；联结支流水系网络与绿色空间体系；延展服务与就业机会；融合产业与生活需求。

   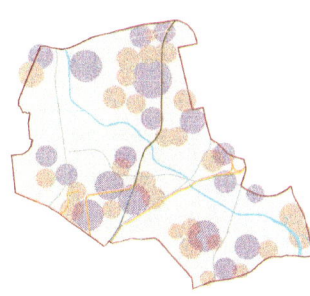

保留场地文化 　　　　　联结水文系统 　　　　　构建区域生态格局 　　　　职住结合、产城人融合

总体结构
Planning Structure

一核 + 两带 + 多片区

一核
温榆河公园绿核

两带
温榆河滨水活力带
绿色产业发展带

多片区
生态宜居区
核心商务区
创意文化区
休闲商务区
智慧高新区

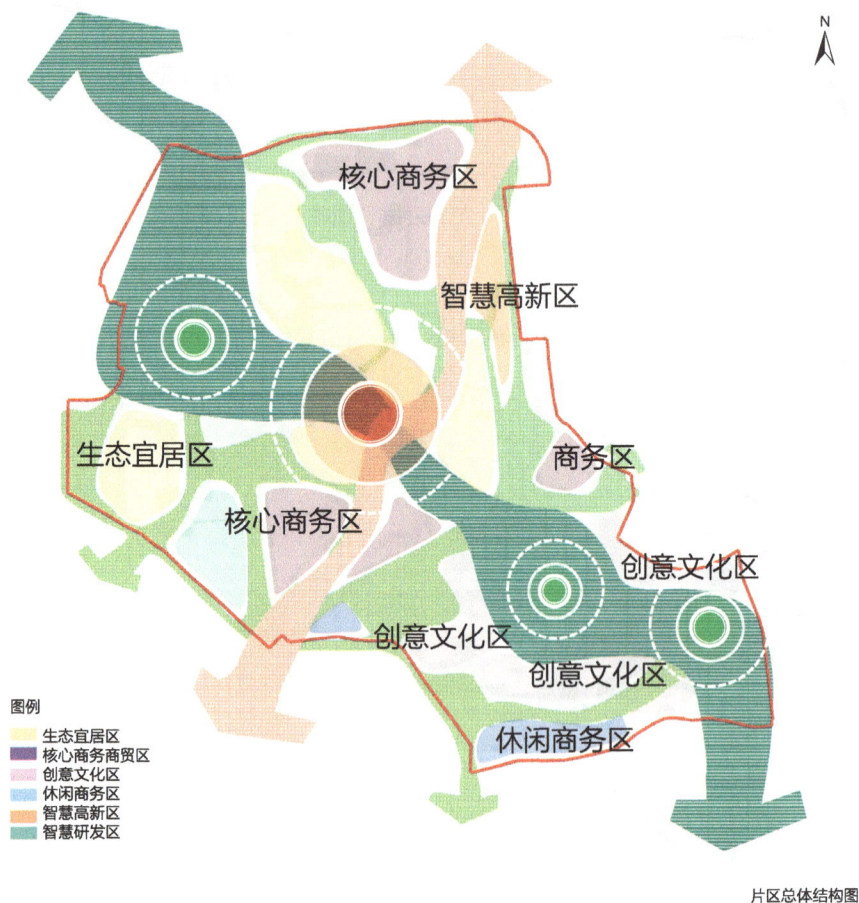

N

核心商务区

智慧高新区

生态宜居区

商务区

核心商务区

创意文化区

创意文化区

创意文化区

休闲商务区

图例
生态宜居区
核心商务商贸区
创意文化区
休闲商务区
智慧高新区
智慧研发区

片区总体结构图

健康水网　　完善生态　　便捷生活　　产城人融合

土地利用专项规划
Land Use Special Planning

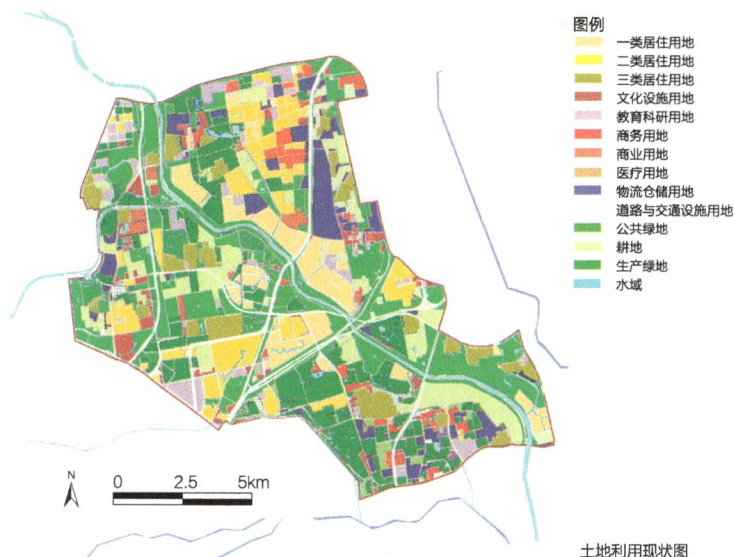

图例
- 一类居住用地
- 二类居住用地
- 三类居住用地
- 文化设施用地
- 教育科研用地
- 商务用地
- 商业用地
- 医疗用地
- 物流仓储用地
- 道路与交通设施用地
- 公共绿地
- 耕地
- 生产绿地
- 水域

类型	总面积（km²）	占比（%）
一类居住用地	13.90	8.04
二类居住用地	19.40	11.21
三类居住用地	16.70	9.65
文化设施用地	0.12	0.07
教育用地	0.20	0.12
科研用地	0.16	0.09
商务用地	0.15	0.09
商业用地	0.10	0.06
医疗用地	0.06	0.04
物流仓储用地	26.20	15.14
道路与交通设施用地	23.60	13.64
公共绿地	45.00	26.01
耕地	16.11	9.31
生产绿地	6.30	3.64
水域	5.00	2.89
总计	173.00	100.00

土地利用现状数据

N　0　2.5　5km

土地利用现状图

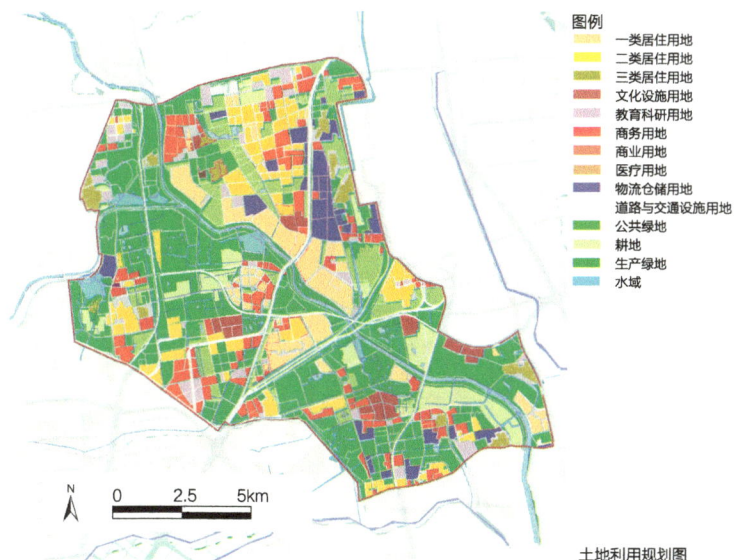

图例
- 一类居住用地
- 二类居住用地
- 三类居住用地
- 文化设施用地
- 教育科研用地
- 商务用地
- 商业用地
- 医疗用地
- 物流仓储用地
- 道路与交通设施用地
- 公共绿地
- 耕地
- 生产绿地
- 水域

类型	总面积（km²）	占比（%）
一类居住用地	13.90	8.04
二类居住用地	19.40	11.21
三类居住用地	6.90	3.99
文化设施用地	0.24	0.14
教育用地	0.95	0.55
科研用地	0.25	0.14
商务用地	1.20	0.69
商业用地	0.80	0.46
医疗用地	0.36	0.21
物流仓储用地	6.20	3.58
道路与交通设施用地	34.60	20.00
公共绿地	62.71	36.25
耕地	12.24	7.08
生产绿地	2.30	1.33
水域	10.95	6.33
总计	173.00	100.00

土地利用规划数据

N　0　2.5　5km

土地利用规划图

产业专项规划
Industry Special Planning

产城人相融合

- 关注可持续发展，构筑面向未来的产业愿景。
- 开放社区，职住平衡。

阶段 1 策略：产业升级
- 东北片区依托首都机场发展，考虑产业升级，西南片区工业园区对环境影响较大，建议搬迁。

阶段 2 策略：腾笼换鸟
- 利用机场优势，增加商业商务用地面积，提升空港片区经济发展。

阶段 3 策略：文化产业
- 挖掘场地文化底蕴，发展文化创意产业，增加文化设施用地面积。

阶段 4 策略：提升住宅容积率
- 降低居住用地面积占比，提升容积率，释放土地，从封闭社区到开放复合功能组团。

现状用地性质	比例（%）	规划后用地性质	比例（%）
居住用地	28.9	居住用地	23.2
商业商务用地	0.15	商业商务用地	1.05
文化用地	0.07	文化用地	0.14
工业用地	15.14	工业用地	3.58
合计	44.26	合计	27.97

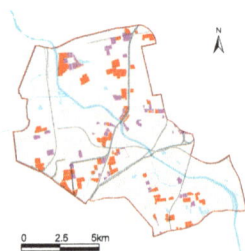

商务商贸用地规划

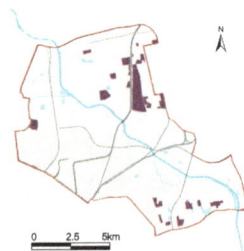

工业用地规划

居住地规划

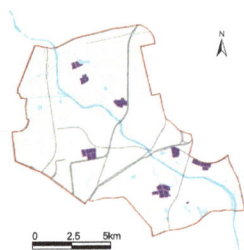

文化用地规划

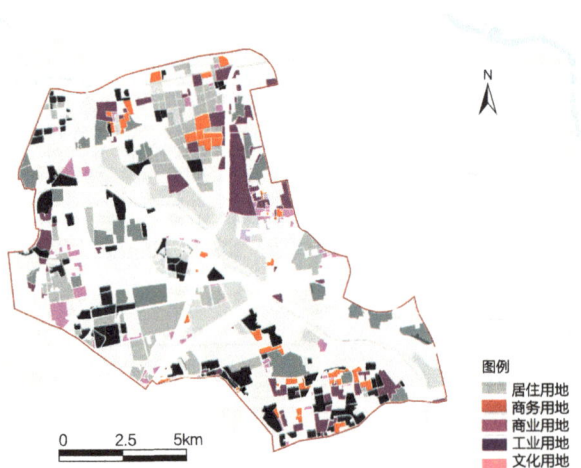

图例
- 居住用地
- 商务用地
- 商业用地
- 工业用地
- 文化用地

产业与居住用地现状

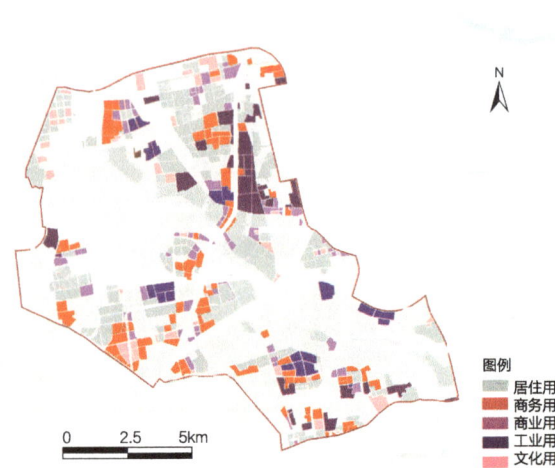

图例
- 居住用地
- 商务用地
- 商业用地
- 工业用地
- 文化用地

产业与居住规划后用地

开发强度专项规划
Development Intensity Special Planning

风貌与开发强度控制

- 建立针对性的开发强度控制体系，梯度应着眼城市用地开发规律与发展趋势，充分考虑流域现状特征和建设目标。
- 滨水地带的开发强度和高度宜严格控制，宜采用从内而外由低到高的梯度形式，保障滨水稀缺景观资源利用效率的最大化。
- 特定地区，如历史保护区、生态保护区等，应当进行开发强度的特殊控制。

规划机会用地来源

- 闲置用地
- 待开发建设用地
- 拆迁用地
- 改建地

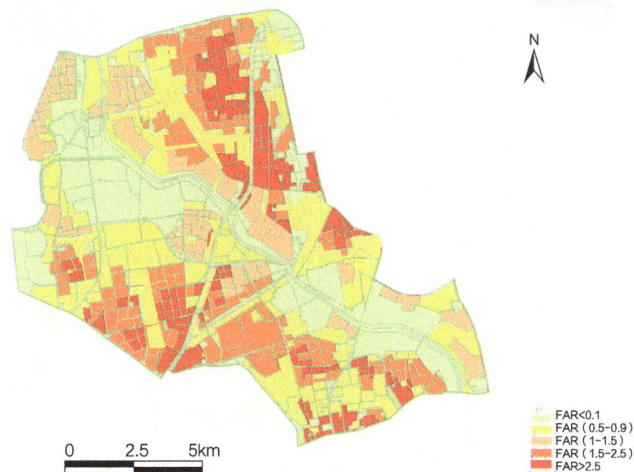

FAR<0.1
FAR（0.5-0.9）
FAR（1-1.5）
FAR（1.5-2.5）
FAR>2.5

0 2.5 5km

开发强度示意图

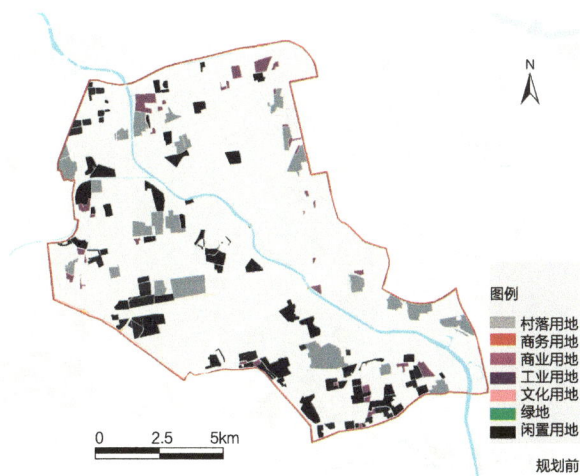

图例
村落用地
商务用地
商业用地
工业用地
文化用地
绿地
闲置用地

0 2.5 5km

规划前

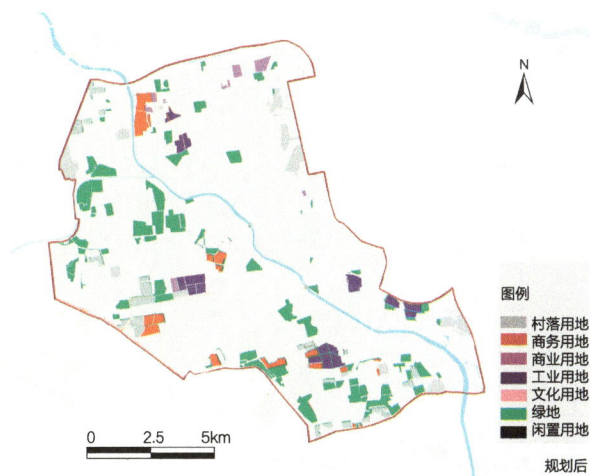

图例
村落用地
商务用地
商业用地
工业用地
文化用地
绿地
闲置用地

0 2.5 5km

规划后

规划前后土地置换对比图

水文专项规划
Hydrographic Special Planning

重点关注温榆河及场地内支流沟渠的水质、防洪等问题：

• 改善河流水质，加强水污染防治，实现水环境质量的全面改善。

• 加强雨洪管理，保障城乡排水体系健全，改善流域综合生态环境，实现水资源的可持续利用。

• 扩大蓄滞洪区容量，提高防洪能力，保障水安全。

• 打造完整的"蓝网系统"，发展水文化，创造舒适宜人的滨水公共空间。

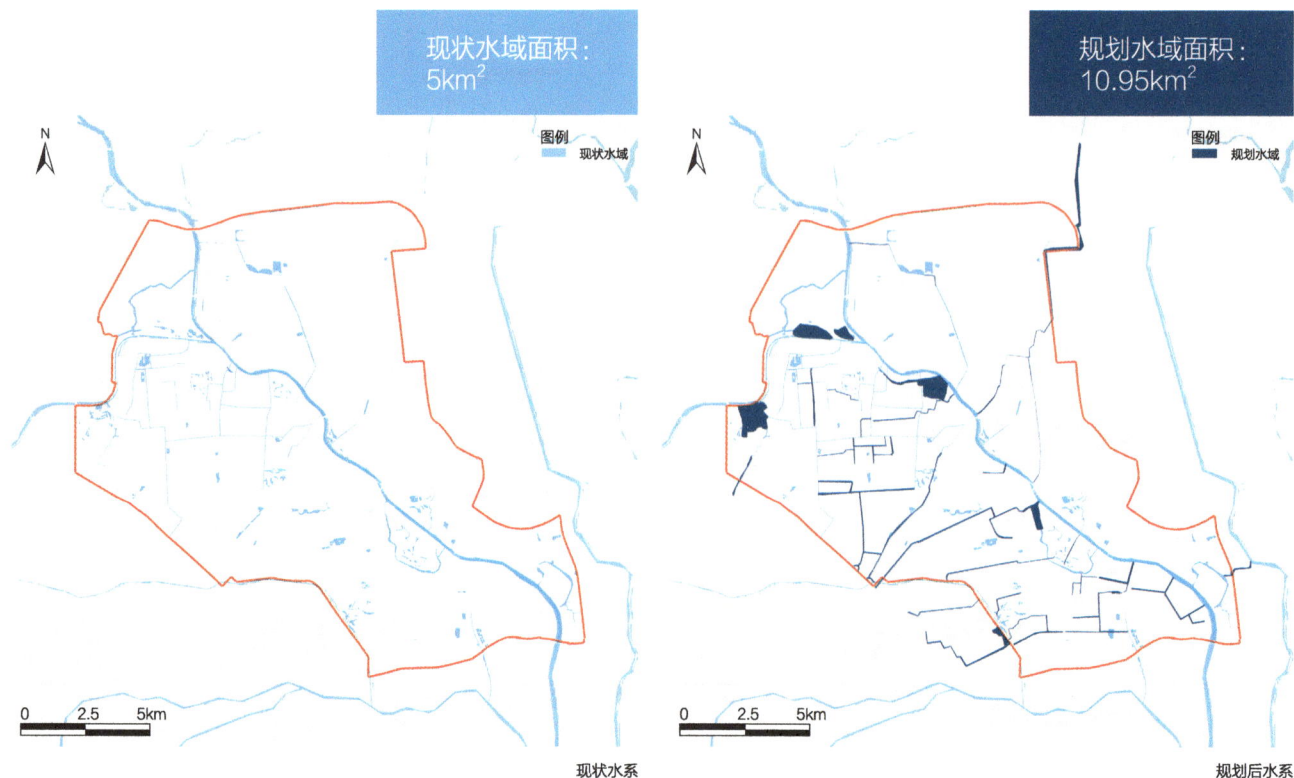

现状水域面积：
5km²

图例
现状水域

现状水系

规划水域面积：
10.95km²

图例
规划水域

规划后水系

水文专项规划
Hydrographic Special Planning

策略一：水环境－源头截污、湿地净化

• 对区域内河道、沟渠进行清淤疏通，对排污口进行截污。

• 构建湿地生态系统，净化水质。

• 根据水位，选取水生及湿生植物。

河网密度规划前

河网密度规划后

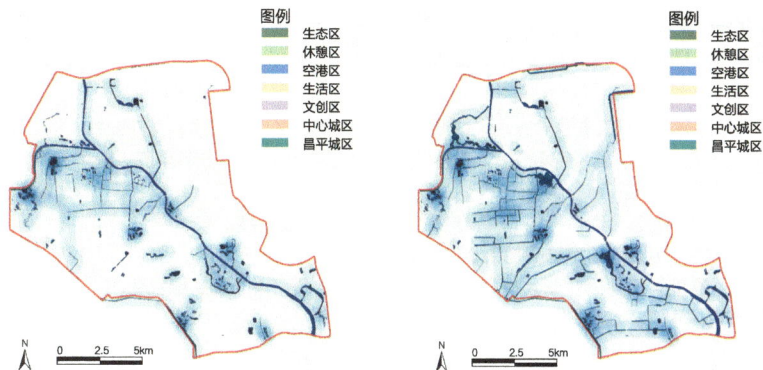

策略二：水生态－雨洪管理、生态修复

• 片区内现有的雨水储蓄容积为 2437115m^3，规划的雨水储蓄容积约为 3141308m^3。

• 通过雨洪管理、近自然河道设计等方法实现场地与河道生态修复目标。

片区年径流量

净水－蓄水区

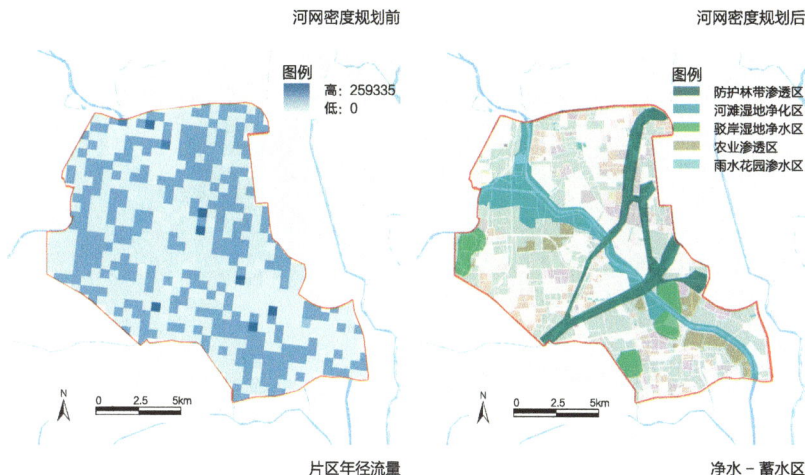

策略三：水安全－加强蓄滞、防洪排涝

• 蓄滞洪区——扩大沙子营蓄滞洪区面积，增加蓄洪量。

• 蓄涝区——根据雨洪易涝范围，增加片区内的蓄涝区。

• 保留场地中的沟渠与低洼地，发挥雨洪调蓄作用，将高尔夫球场转化为休闲绿地或湿地，提高防洪和净化能力。

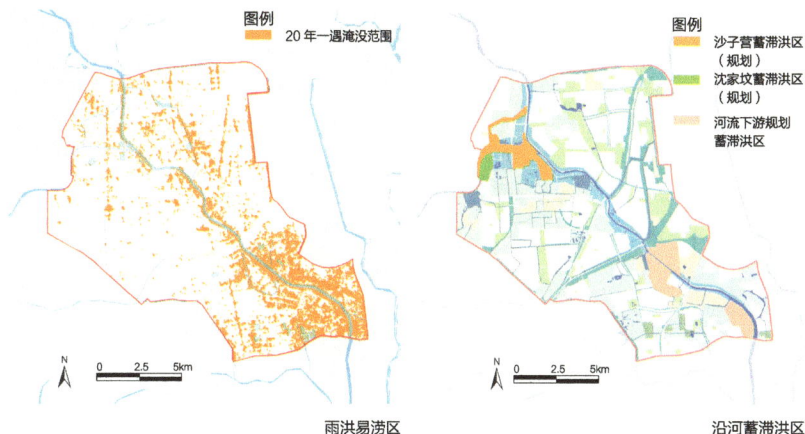

雨洪易涝区

沿河蓄滞洪区

绿色空间专项规划
Special Planning for Green Space

通过规划使二道绿隔内的绿色空间兼具生态保护、宜居生活、休闲游憩、农业生产功能，将其打造为提升北京东北部城市活力的生态绿核。提出以下三大策略：

- 保护生态，融合特色。修复自然生态本底，连接自然人文资源。
- 转化用地，划定林田范围。保留郊野田园特色。
- 连接林田河网，联系社区。构建蓝绿网络体系完善的城乡绿色空间，塑造宜居生活环境。

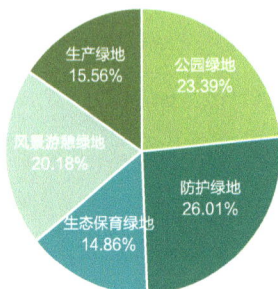

生产绿地 15.56%
公园绿地 23.39%
风景游憩绿地 20.18%
防护绿地 26.01%
生态保育绿地 14.86%

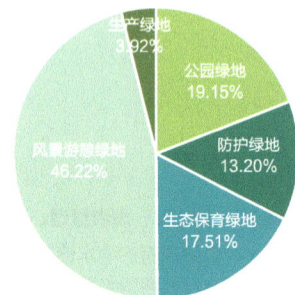

生产绿地 3.92%
公园绿地 19.15%
风景游憩绿地 46.22%
防护绿地 13.20%
生态保育绿地 17.51%

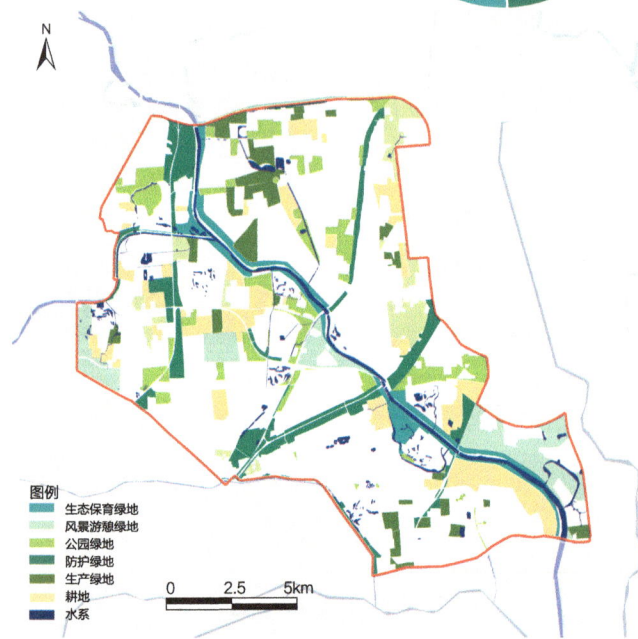

图例
- 生态保育绿地
- 风景游憩绿地
- 公园绿地
- 防护绿地
- 生产绿地
- 耕地
- 水系

0 2.5 5km

现状绿地分类图

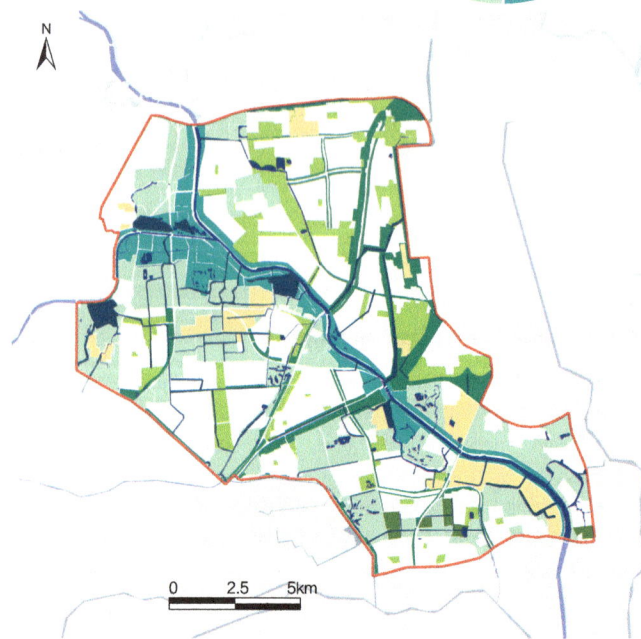

0 2.5 5km

规划绿地分类图

绿色空间专项规划
Special Planning for Green Space

策略一：保护生态，融合特色

- 拓展河岸空间，划定生态保育范围。
- 建设四大特色公园：温榆河公园、孙河漕运文化公园、金盏湿地公园、东郊森林公园。
- 植入慢行系统：提高滨河区域可达性。

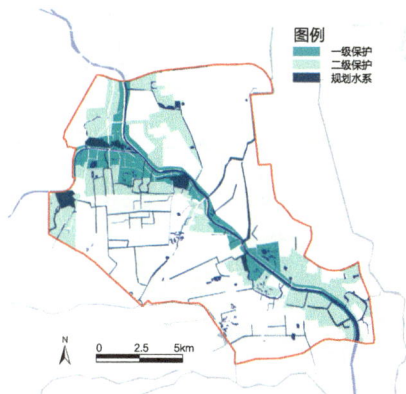

生态保护等级

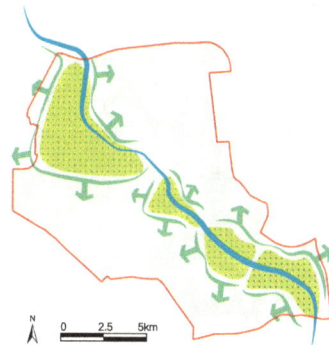

特色公园带

策略二：转化用地，划定林田范围

- 腾退沿河高尔夫球场，片区内部保留2处高尔夫球场。
- 低端产业腾退拆迁后用地优先转化为生态保育绿地、风景游憩绿地。
- 栽植果林、种苗等，适当发展绿色产业采摘等。
- 保护耕地，保留其生产功能，建成区内小规模耕地建设都市农业、有机农场等。

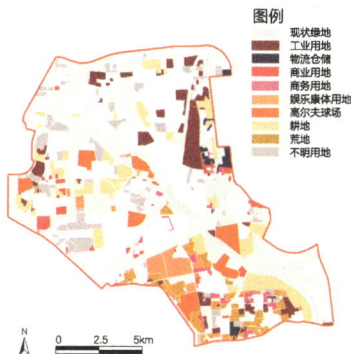

绿地用地来源

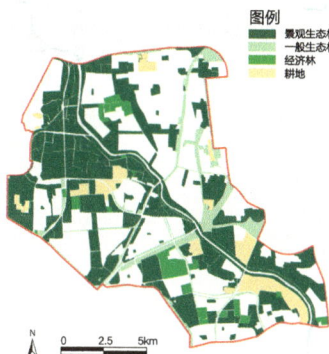

林田保护范围

策略三：连接林田河网，联系社区

- 恢复水系河网，连接绿色空间，形成河网联通的绿色基底。
- 提高郊野游憩绿地规模，形成功能多元的生态空间，鼓励生态休闲产业、都市农业、苗木林果业，建设郊野公园、主题公园、体育休闲公园等发展项目，打造多层次多类型郊野游憩体系。
- 与第一道绿化隔离地区和城区绿地系统相联系。

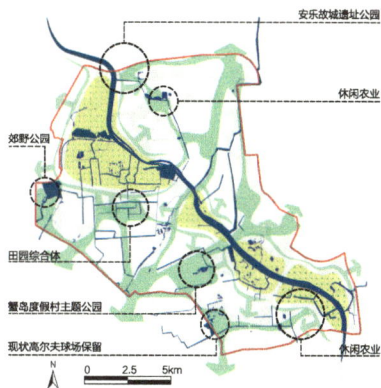

绿色空间网络

社区级绿地分布

交通专项规划
Special Transportation Planning

现状分析
• 道路及轨道交通。

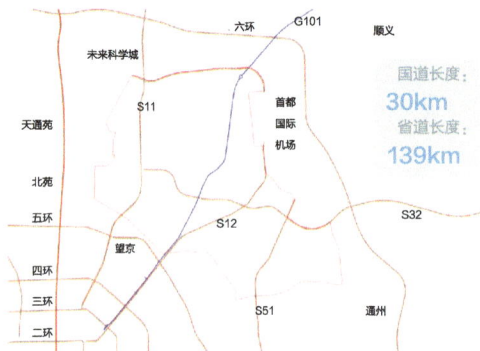

国道长度：
30km
省道长度：
139km

现状道路交通

地铁线路：
3条
地铁站点：
7个
轨道长度：
32km

现状轨道交通

原路网密度：
3.98km/km²

图例
现状路网

N

0 2.5 5km

现状路网

规划路网密度：
4.53km/km²

图例
现状路网
新增路网

N

0 2.5 5km

规划路网

交通专项规划
Special Transportation Planning

策略一： 提升东西向交通连通性

• 鉴于温榆河的阻隔，增加东西向城市道路与轨道交通的连通性。

• 合理设置交通分级体系，进行放射式布局，疏解城区不同位置的交通人流压力。

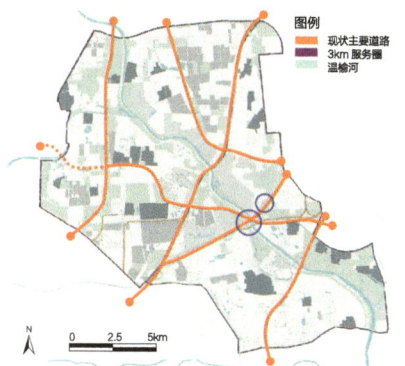

城市道路连通

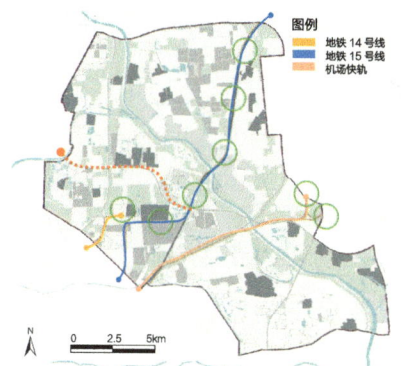

轨道交通连通

策略二： 慢行系统联结不同功能板块

• 构建慢行系统联结片区内外，增加文化等相关设施的可达性。

• 构建舒适的区域步行尺度空间体验。

慢行系统与文化设施

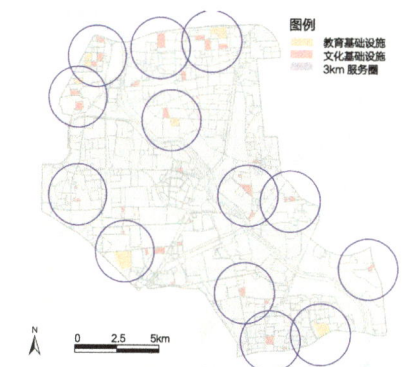

基础设施 3km 服务半径

策略三： 增加滨河空间的可达性

• 梳理道路空间状况，增加通往滨河空间的路径。

• 根据基础设施服务半径布置慢行系统，构建舒适可达的生活圈。

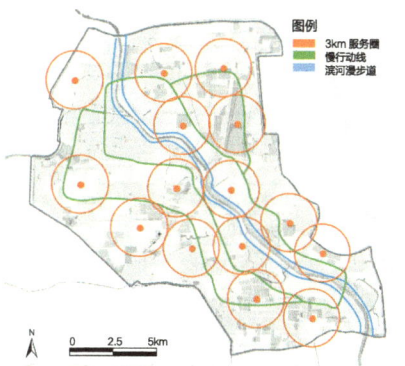

慢行系统 3km 服务圈

交通系统

环境影响评价
Environmental effects evaluation

环境影响评价

- 选取通用指标。
- 确立特色指标。
- 进行总体评价。

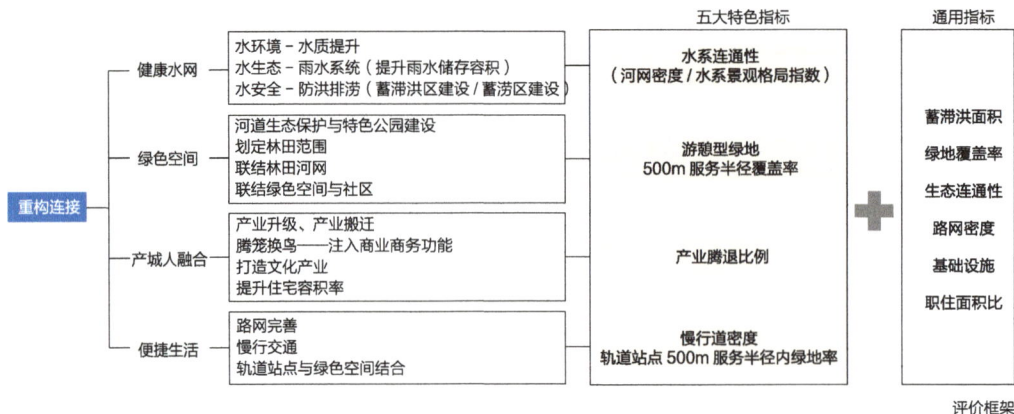

		五大特色指标	通用指标
重构连接	健康水网 → 水环境 - 水质提升 水生态 - 雨水系统（提升雨水储存容积） 水安全 - 防洪排涝（蓄滞洪区建设 / 蓄涝区建设）	水系连通性 （河网密度 / 水系景观格局指数）	蓄滞洪面积 绿地覆盖率 生态连通性 路网密度 基础设施 职住面积比
	绿色空间 → 河道生态保护与特色公园建设 划定林田范围 联结林田河网 联结绿色空间与社区	游憩型绿地 500m 服务半径覆盖率	
	产城人融合 → 产业升级、产业搬迁 腾笼换鸟——注入商业商务功能 打造文化产业 提升住宅容积率	产业腾退比例	
	便捷生活 → 路网完善 慢行交通 轨道站点与绿色空间结合	慢行道密度 轨道站点 500m 服务半径内绿地率	

评价框架

环境影响评价指标

四大规划目标 ➡ **7 项**一级指标 ➡ **22 项**二级指标 ➡ 14 项指标对比
达标率为 **80%**

规划目标	一级指标	二级指标	现状	规划后	规划变化内容	指标对比	达标	结论
健康水网	蓄滞洪区	蓄滞洪区面积（km²）	2.64	7.16	控制流量	淹没范围（水位达到 29.0m，范围 1.67km²）	√	缓滞流域中上游蓄水，减轻下游河道防洪排水压力
		蓄水量库容（m²）	349	676	消纳新增流量	淹没库容（水位达到 29m，库容 396.3 万 m²）	√	
	水网连通性	水系连通性（IJI 指数）	20.24	45.93	IJI 指数提高 25	——	——	水系连通性、河网密度增加，形成河网连通的绿色基底
		河网密度（km/km²）	0.07	0.17	河网密度增加了 0.1km/km²	——	——	
绿色空间	绿地覆盖率	城市各类绿地覆盖率（%）	26%	53%	绿地率提升 27%	朝阳区 50%	√	片区内绿地规模总量大幅度提升；95% 地区市民出门 500m 可见游憩型绿地，实现了规划提出的连接社区与绿地的策略
		公园绿地覆盖率（%）	6%	10%	公园绿地增加了 4%			
		轨道站点 500m 服务半径内绿地率（%）	19%	31%	提升了 12%			
		游憩型绿地 500m 服务半径覆盖率（%）	50%	95%	提升了 45%	北京 95%；朝阳区、顺义区 96%	√	
	生态连通性	景观蔓延度指数 CONTAG	64.48	75.53	提高了 11.05	——	——	生态连通性显著提升
		景观凝聚度指 COHESION	99.5	99.7	提高了 0.2	——	——	
产城人融合	职住平衡	职住用地比	1：1.1	1：1.22	提升产业用地和住宅容积率	1：1.2	√	腾笼换鸟，产业升级，产城人融合，打造文化产业，提升住宅容积率，注入高端产业
		就业 - 居住人口比	0.39	0.58	增加就业机会	0.46~0.62	√	
		就业 - 家庭比	0.52	0.7	吸引人定居	0.6~0.8	√	
		人口规模（万人）	26	42	吸引人口	<58	√	
		城乡用地拆占比（%）	——	1：07	合理拆迁及置地	1：07~1：05	√	
便捷生活	交通路网	路网长度（km）	688	783	长度增加 95km	——	——	区域连通性明显提升；建立完善慢行系统，增强温榆河流域两岸及核心公共绿色空间与居住空间的联系
		路网密度（km/km²）	3.98	4.53	密度增加 0.55	北京中心城区建成区：5.64（其中朝阳区：5.45；海淀区：5.69）（2019 年数据）	×	
		慢行道密度（km/km²）	——	0.82	建立完整慢行系统	——	——	
	基础设施	交通设施比（‰m²）	13.63	20.16	交通便利	21.16	×	根据区域发展需求及上位规划，重点提升教育、医疗及文化设施用地的数量及质量，为未来区域长期稳定发展提供基本保障
		人均教育科研用地（m²/人）	0.76	2.26	提高了 1.5	3.2（城市副中心）	×	
		人均医疗用地（m²/人）	0.23	0.86	提高了 0.63	0.8（城市副中心）	√	
		人均文化设施用地（m²/人）	0.36	0.56	提高了 0.2	0.36（北京 2020 年）；0.45（北京 2035 规划）	√	

节点设计
Nodes Design

绿地

城市

机场

水岸

滨水岸线公园

总体策略

- 在城市、绿地与水岸之间构建全新的生态联系。
- 通过多节点的设计，打造充满活力的连续滨水岸线空间。

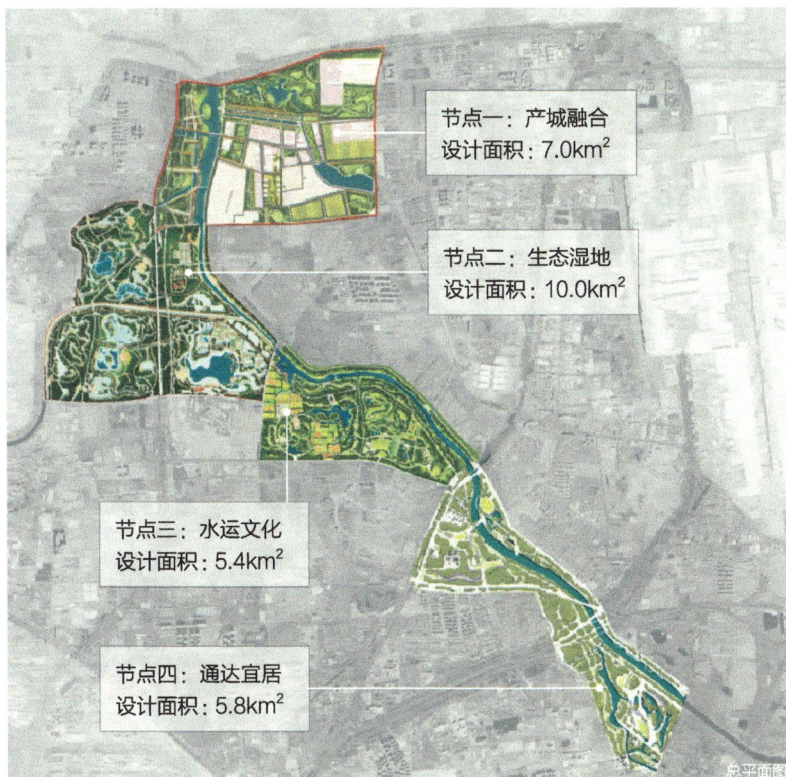

节点一：产城融合
设计面积：7.0km²

节点二：生态湿地
设计面积：10.0km²

节点三：水运文化
设计面积：5.4km²

节点四：通达宜居
设计面积：5.8km²

总平面图

图例
- 现状市政路
- 轨道交通线
- 慢行系统
- 新增市政道路
- 主入口
- 新增桥梁

交通分析图

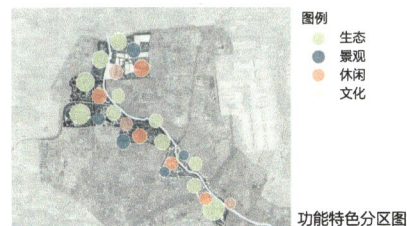

图例
- 生态
- 景观
- 休闲
- 文化

功能特色分区图

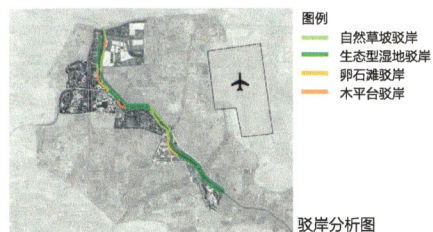

图例
- 自然草坡驳岸
- 生态型湿地驳岸
- 卵石滩驳岸
- 木平台驳岸

驳岸分析图

节点一
Nodes Design One

国际交往示范区

人与自然和谐相处
温榆文化形象展示

N

0   250   500   1000m

1 体育公园
2 生态文化休闲区
3 景观大道
4 标志物
5 湿地
6 采摘园
7 罗马湖公园
8 古城
9 国际会议中心

总平面图

节点一
Nodes Design One

场地特征

- 靠近机场高速出入口。
- 拥有国际工会交流中心等公共设施。
- 拥有明清安乐古城等古迹。

问题总结

- 场地内部道路不畅，多处围墙阻隔交通，缺乏停车场、公交站等公共设施。居住质量两极分化严重。
- 大部分为低端产业，缺乏大型商业购物中心，经济总体欠发展。
- 私有绿地挤压公共绿地，河道存在污染问题，水质亟待改善，总体生态环境质量差。

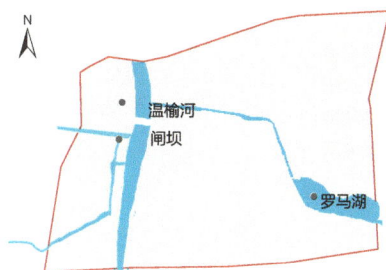

水系现状图

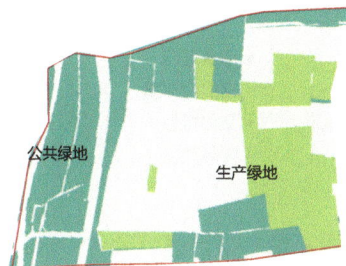

绿地现状图

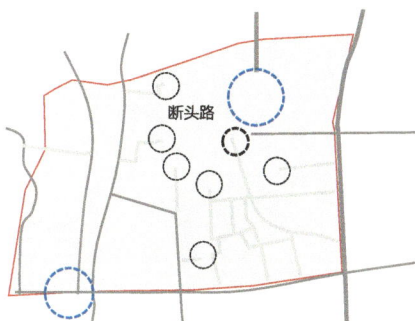

道路现状分析图

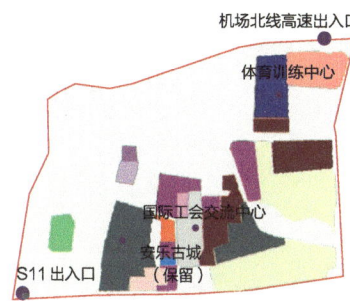

产业、居住现状用地

产业用地现状图

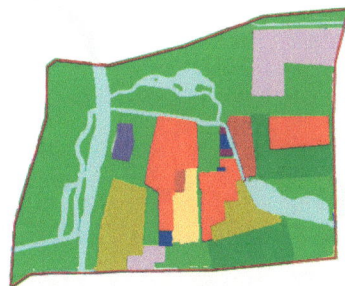

产业用地规划图

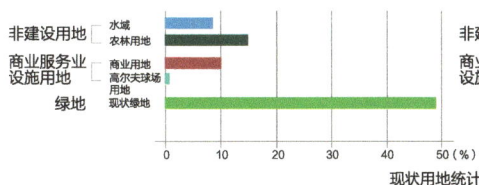

现状用地统计

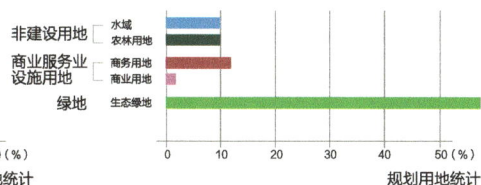

规划用地统计

节点一
Nodes Design One

场地目标	• 形象展示 • 高品质环境 • 文化特色 • 国际交往	• 特色轴线，便捷交通 • 生态绿地，干净水质 • 明清古城，文创基地 • 国际交流，会展展示	具体策略

策略一

增强公共绿地可达性，实现社区内200m可达，办公场所100m可达；道路分级，重构慢行系统，步道与车行道分离；连接断头路，保持交通体系畅通，重构过境交通、内部交通、地铁、轻轨。

一核一轴一带六区

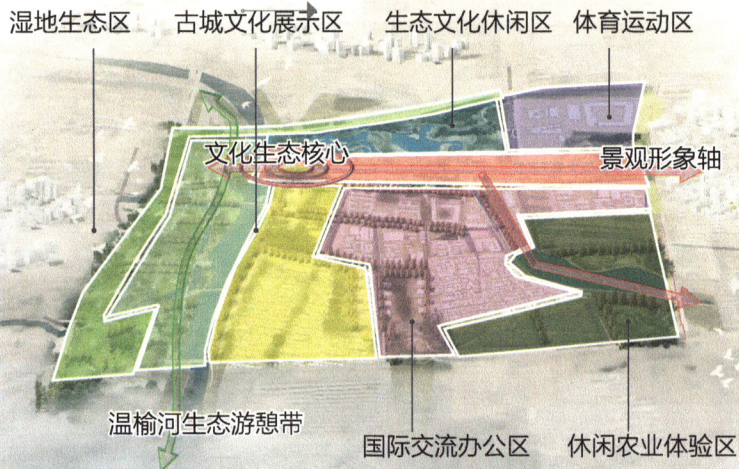

湿地生态区　古城文化展示区　生态文化休闲区　体育运动区

文化生态核心　　景观形象轴

温榆河生态游憩带　　国际交流办公区　休闲农业体验区

结构分析图

游憩系统

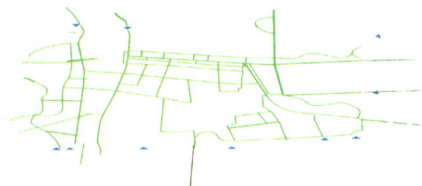

慢行系统

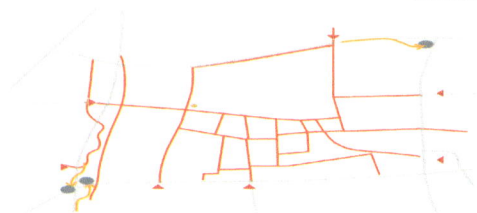

车行系统

鸟瞰图

道路分析图

节点一
Nodes Design One

策略二

• 打造生态可持续景观，无论平时或是雨季都保证有景可观。

• 创造高品质绿地、提供洁净的水质和多样化的游憩体验。

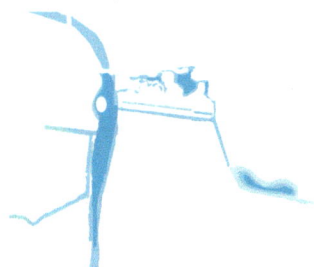

平时可淹没区

常水位（27.9m）

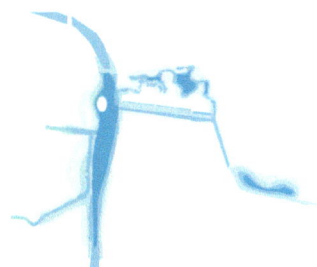

洪水可淹没区

50年一遇设计洪水位（28.78m）

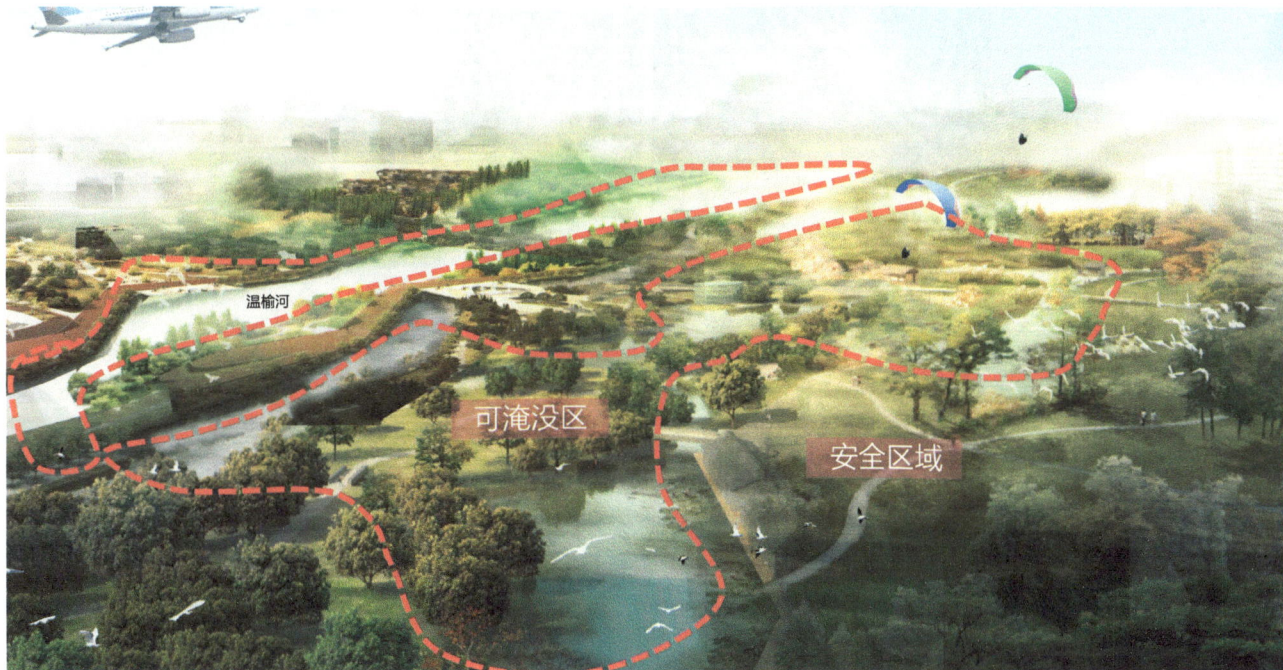

温榆河

可淹没区

安全区域

湿地鸟瞰

节点二
Nodes Design Two

大型城市绿心——城市综合湿地公园

以湿地净化、森林景观为特色，结合湿地体验、科普展示、农渔产业等多种功能
服务于本市及更大区域市场客群

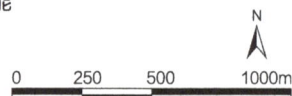

N

0   250   500   1000m

① 老河湾湿地公园
② 森林运动场
③ 现状酒店
④ 雨洪科普区
⑤ 净水花园
⑥ 湿地博物馆
⑦ 观鸟乐园
⑧ 森林栈道
⑨ 游客服务中心
⑩ 景观湖
⑪ 渔农结合湿地
⑫ 观景塔

总平面图

节点二
Nodes Design Two

现状分析

| 场地特征 | • 北京最重要的蓄滞洪区之一
• 两河交汇水系形态丰富
• 现状鱼塘藕塘肌理可利用
两处再生水厂尾水资源可利用 | • 场地高程无法满足蓄滞洪建设要求
• 地表水污染严重，水质不稳定
• 对外交通联系弱，滨河可达性差
• 京承高速割裂场地东西向联结 | 现状问题总结 |

1989 年　1999 年　2000 年　2005 年　2009 年　2017 年

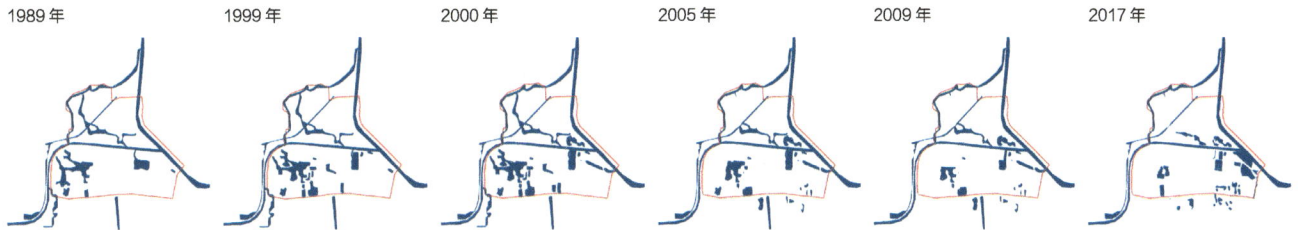

历史水系研究

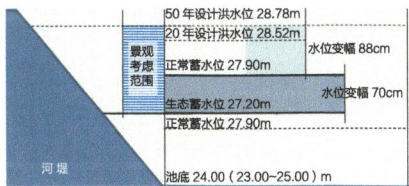

规划要求洪水位分析

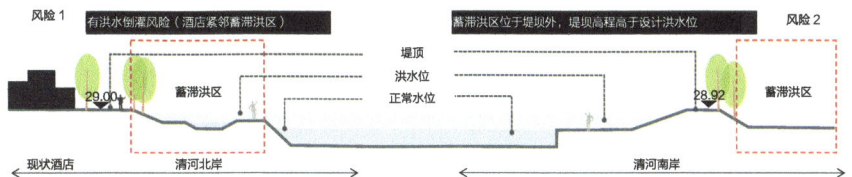

现状蓄滞洪区风险分析

现状水系与蓄滞洪区

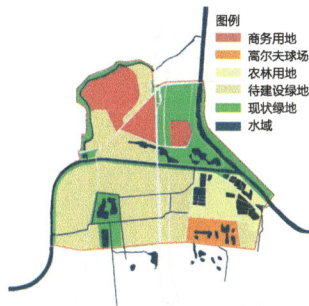

现状用地分析

竖向分析

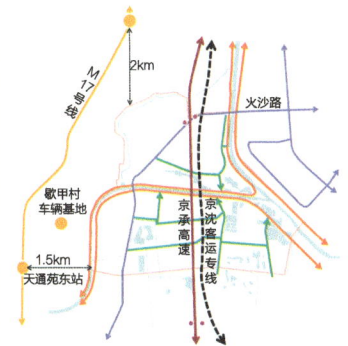

交通分析

259

节点二
Nodes Design Two

节点整体构思

恢复水系，重构生态水网
以水兴业，复合功能湿地
慢行可达，联结内外交通

鸟瞰图

总体结构：一带 一环 七片区

- 温榆河－清河生态共治带
- 特色公园慢行环
- 滨河生态休闲区
- 滨河水生态治理区
- 生态水塘农业体验区
- 河湾故道游憩区
- 湿地科普展示区
- 湿地游赏区
- 森林康养区

图例
温榆河滨河生态休闲区
滨河水生态治理区
水塘农业体验区
河湾故道游憩区
湿地科普展示区
湿地游赏区
森林康养区

总体结构图

图例
市政路
一级园路
二级园路
三级园路
主入口
次入口
新增桥梁

交通分析图

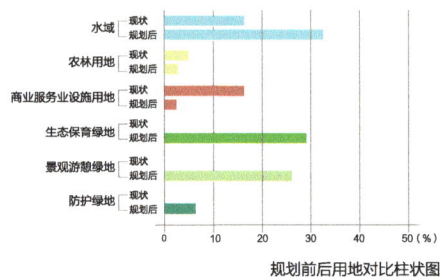

规划前后用地对比柱状图

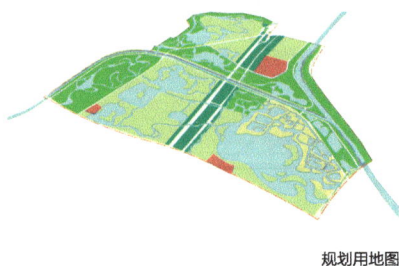

规划用地图

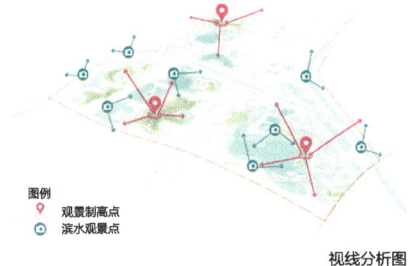

图例
观景制高点
滨水观景点

视线分析图

节点二
Nodes Design Two

策略一：重构生态水网

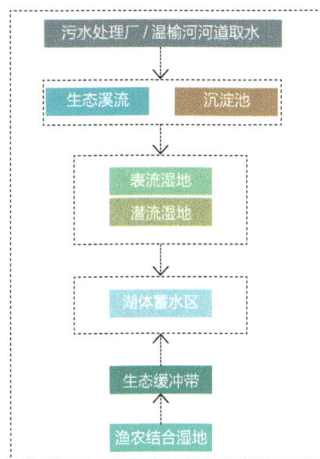

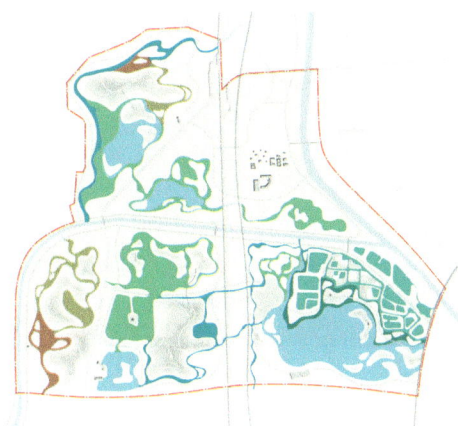

| 污水处理厂 / 温榆河河道取水 |
| 生态溪流 · 沉淀池 |
| 表流湿地 / 潜流湿地 |
| 湖体蓄水区 |
| 生态缓冲带 |
| 渔农结合湿地 |

未来城再生水厂

清河第二再生水厂

图例
日常补水净化流程
雨水径流
蓄洪流程

水系统功能分类图

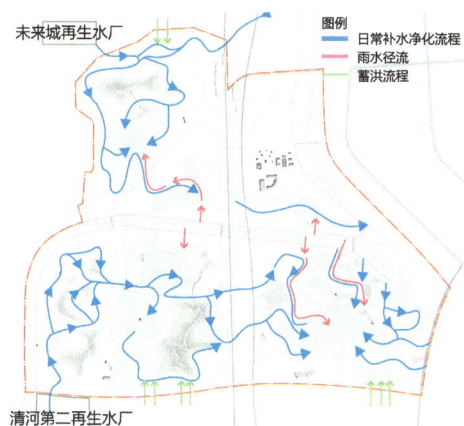

水系统流程流线图

策略二：复合功能湿地

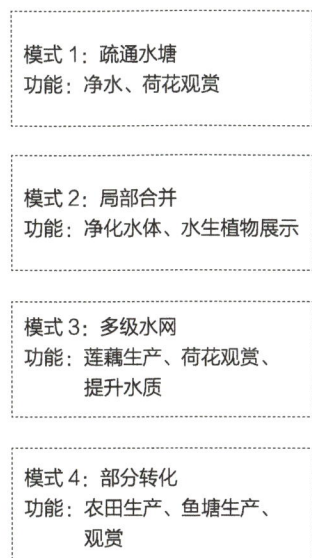

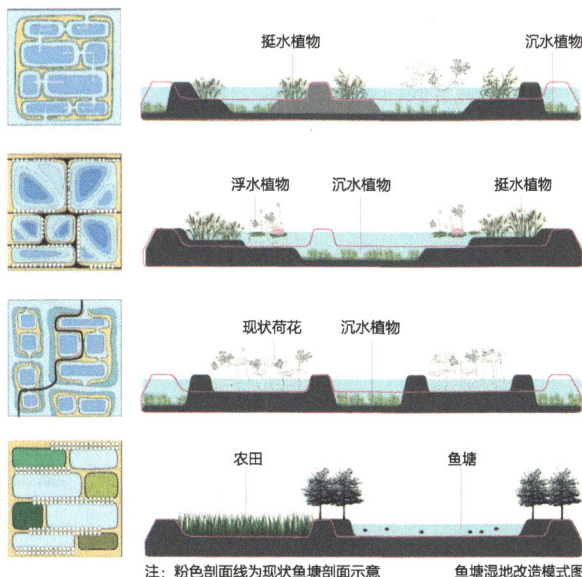

| 模式 1：疏通水塘 | 挺水植物　沉水植物 | 设计前 |
| 功能：净水、荷花观赏 | | |

| 模式 2：局部合并 | 浮水植物　沉水植物　挺水植物 | 模式 1 |
| 功能：净化水体、水生植物展示 | | 模式 4 |

| 模式 3：多级水网 | 现状荷花　沉水植物 | 模式 2　模式 3 |
| 功能：莲藕生产、荷花观赏、提升水质 | | |

| 模式 4：部分转化 | 农田　鱼塘 | |
| 功能：农田生产、鱼塘生产、观赏 | | |

注：粉色剖面线为现状鱼塘剖面示意　　鱼塘湿地改造模式图

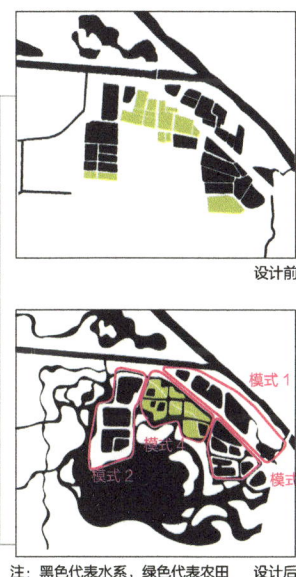

注：黑色代表水系，绿色代表农田　　设计后

节点二
Nodes Design Two

策略三：应对洪水的弹性水体

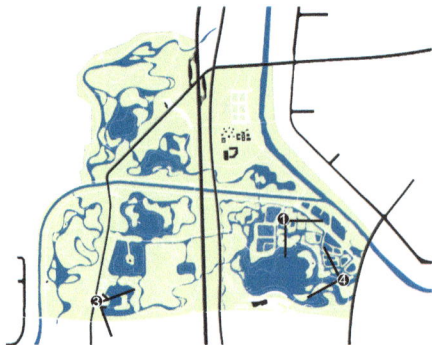

常水位

鱼塘湿地常水位效果图

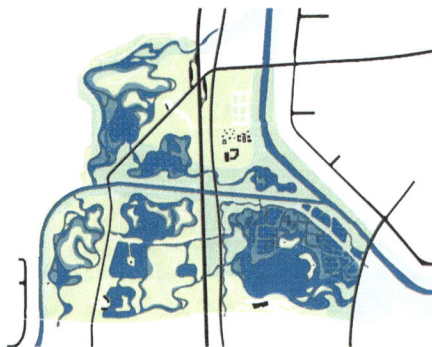

注：浅蓝色区域为蓄滞洪区规划范围　　50年一遇洪水淹没区

鱼塘湿地 50 年一遇洪水位效果图

50 年设计洪水位 28.78m
20 年设计洪水位 28.52m
正常蓄水位 27.90m

28.60　　　　　　　　　　　　　　　　　　　　　　　　28.92

现状鱼塘　　　　　　　堤顶路　　清河河道　　滨河步道

清河南北岸蓄滞洪区现状剖面

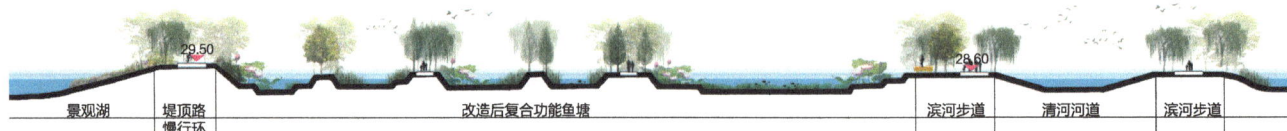

29.50　　　　　　　　　　　　　　　　　　　　　　　　28.60

景观湖　　改造后复合功能鱼塘　　滨河步道　　清河河道　　滨河步道
堤顶路
慢行环

备注：剖面垂直方向扩大 4 倍，水平方向不变

清河南北岸蓄滞洪区设计剖面

节点二
Nodes Design Two

湿地科普区沉水廊道效果图

鱼塘湿地鸟瞰图

节点三
Nodes Design Three

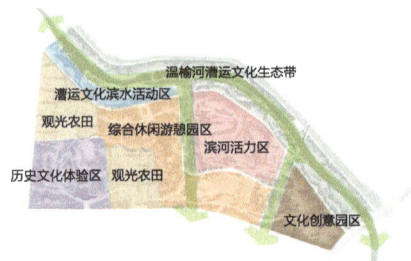

功能分区图

漕运文化　滨水空间　休闲游憩

以漕运文化为主题，彰显温榆河文化特色，满足市民休闲、娱乐
需求，融防洪、生态为一体的综合绿色空间，发展具有历史文化特色
的温榆河滨水休闲游憩公园

① 码头文化空间	② 观光农田	③ 休闲农田体验空间	④ 民俗文化区	⑤ 义仓展览区
⑥ 观光桥	⑦ 中心景观	⑧ 高尔夫球场	⑨ 交互空间	⑩ 馆驿主题活动区
⑪ 瞭望塔	⑫ 生境保护区	⑬ 滨水活动区	⑭ 主入口	⑮ 次入口

总平面图

节点三
Nodes Design Three

现状及问题

水系现状

交通现状

开阔的绿地空间

便捷的道路交通

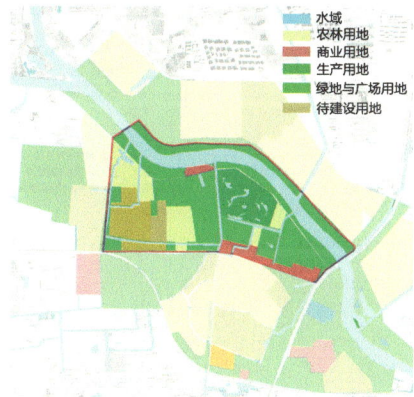

现状用地

规划后用地

大量的农林用地

悠久的漕运文化

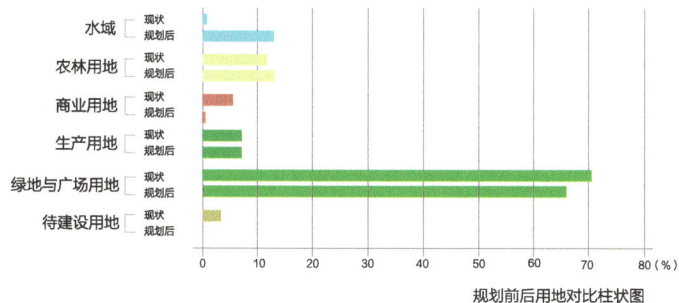

规划前后用地对比柱状图

现状：场地内绿地面积较大，拥有大量农田，存在着丰富的历史文化资源，如漕运文化、望京馆、民俗文化等，但村落已拆迁，场地周边多为高端居住区。

问题：缺乏休闲游憩空间，水质较差，河流两岸的连接性较差，场地内的历史文化记忆"褪色"。

（图片来源：百度街景地图）

节点三
Nodes Design Three

码头文化

码头文化

仓储储粮

基本农田

踩高跷

民俗文化广场

观看表演

中心文化休闲区

望京馆

创意文化驿站

历史文化 - 重构联结

挖掘漕运历史，传承文化精神，体验民俗活动，营造公共开放空间，满足休闲游憩功能，打造温榆河漕运文化带，挖掘孙河区域的漕运民俗和文化活动事件。从看 - 听 - 食 - 做 - 想 - 动等方面让居民和外来游客更好地体验漕运文化。

驳岸分析

交通分析

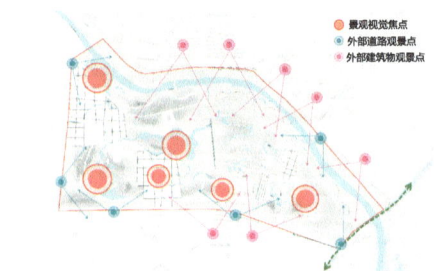

外部视线分析

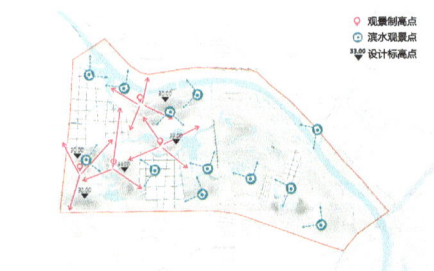

内部游览视线分析

节点三
Nodes Design Three

漕运滨河文化空间效果图

观光农田区效果图

节点四
Nodes Design Four

城市滨水活力绿带

提升轨道、道路交通的连通度，增强滨水空间的可达性。
以滨河空间、文创产业，结合湿地科普、交通及生态廊道为特色
功能，打造活力十足的城市滨水绿带。

N

0   250   500   1000m

1 休闲广场
2 亲水观景台
3 滨河道
4 艺术广场
5 湿地科普区
6 步行桥
7 空中廊道
8 文创交流区
9 生态廊道

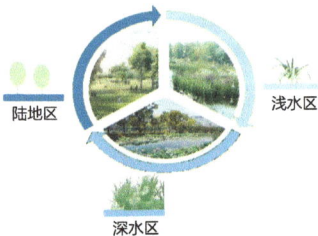

陆地区   浅水区
深水区

树中筑巢   水草中筑巢   灌丛中筑巢

陆地区   浅水区   深水区
湿地生境示意图

总平面图

节点四
Nodes Design Four

现状分析

场地特征及问题

- 温榆河两岸建设风貌差异明显。
- 交通形态复杂。立体轨道交通周边空间利用率低。
- 滨水空间缺乏活力。

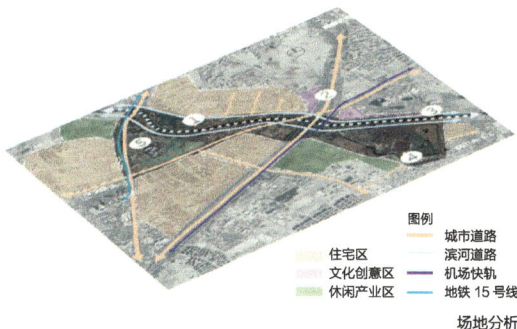

节点整体构思

- 构建滨水活力空间，增加可达性。
- 充分利用现状场地，进行生态恢复。

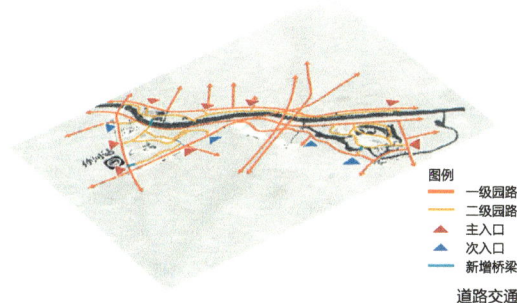

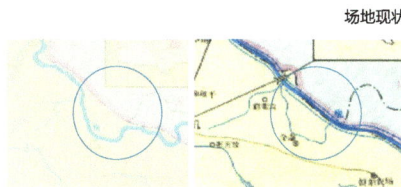

用地规划策略

- 保留优良的生态基底，适度利用滨河空间。
- 腾退废弃的工业厂房。
- 增加绿地的不同使用功能。

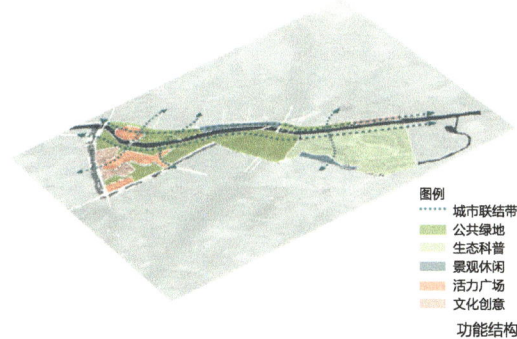

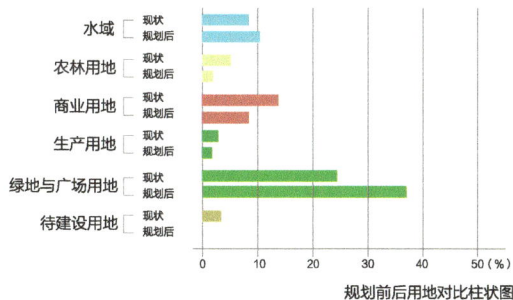

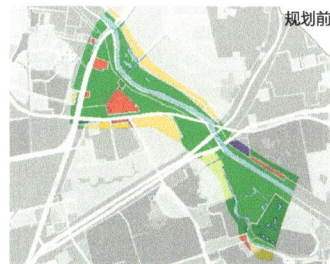

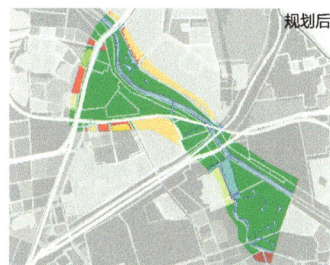

图例
住宅区　城市道路
文化创意区　滨河道路
休闲产业区　机场快轨
　　　　地铁 15 号线

场地分析

图例
一级园路
二级园路
主入口
次入口
新增桥梁

道路交通

图例
城市联结带
公共绿地
生态科普
景观休闲
活力广场
文化创意

功能结构

规划前后用地对比柱状图

河流北岸
优质的休闲文化环境

河流南岸
需改善的生态及交通环境

场地现状

场地水系变化图
（20世纪50年代）　场地水系变化图（1990年）

规划前

规划后

269

节点四
Nodes Design Four

策略一：立体空间利用

• 充分利用高架桥下立体空间。

• 提供丰富的休闲游憩与公共服务功能。

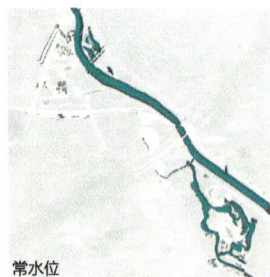

常水位

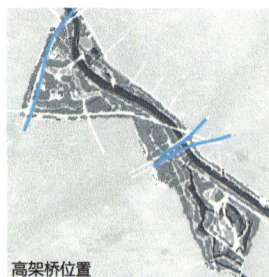

高架桥位置

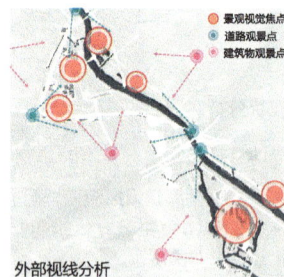

景观视觉焦点
道路观景点
建筑物观景点

外部视线分析

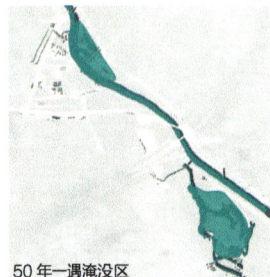

50 年一遇淹没区

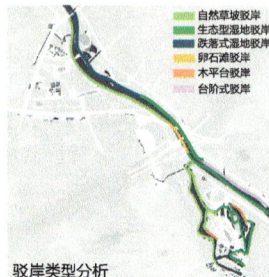

自然草坡驳岸
生态型湿地驳岸
跌港式湿地驳岸
卵石滩驳岸
木平台驳岸
台阶式驳岸

驳岸类型分析

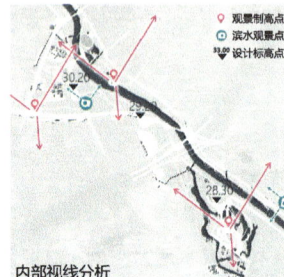

观景制高点
流水观景点
设计标高点

内部视线分析

| 雨水花园 | 休憩活动空间 | 人行道 | 车行道 | 人行道 | 城市公园开放绿地 |

A-A 剖面（设计）

剖面及效果图位置示意

轨道高架

| 闲置绿地 | 空置场地（随意停车） | 人行道 | 车行道 | 人行道 | 城市公园界面 |

A-A 剖面（现状）

节点四
Nodes Design Four

策略二：湿地生境构建

- 营造平原地区典型河湖湿地。
- 结合丰富水系综合营造季节性雨水湿地、森林湿地、溪流湿地等多样化湿地。
- 完善不同类型湿地的植物群落为各种鸟类提供觅食和栖息场所。

开放绿地空间效果图

滨河空间效果图

后记
Epilogue

2020 年冬春之际，新冠病毒肆虐，无数人经历了困难，也令各行各业经历了前所未有的考验。对于向来强调面对面、手把手教学的规划设计课程，在疫情中如何组织，成了摆在我们面前的难题。

按往年经验，教学计划在前一年末就已排好。开学前要具体落实调研等详细安排。但突发疫情使得师生无法见面，一切现场内容均无法开展，教学计划几乎全要重排。2 月 3 日清华大学全校师生同上一堂课，作出"延期开学，如期开课"的决定，因而本课程 3 位任课教师、23 名选课研究生、1 名助教博士生，迅速调整教学计划、准备相关资料、测试线上软件，踏上了 16 周线上教学的征程。

课程开始，远程教学就遇到不少难题：网络不稳定、分组如何进行、图纸细节如何讨论等。随着问题一个个解决，发现这种方式实际利弊参半：利在于，师生们全时在家，减少了外出，反倒有更多时间专注研究，因而分析深入度和成果表达的系统性有更大保证；同时弊也很明显，无法进行直接有效的现场交流，许多信息的传达和沟通不畅，这就需要更多时间来使远程交流清晰准确，因而每周三下午的课，常常要延长至晚上 8 点多。所幸，在"尊重、理解"的气氛中，教学效果不但未受影响，每个人反而都高度热情地投入其中。常在夜幕降临的时刻，课程讨论仍热烈地持续，下课时师生们感慨时间流逝飞快。但最影响教学效果的却是无法开展现场调研和访谈。尤其进入片区规划和场地设计阶段，由于无法获取现场实际印象，也无法通过与人的交流得到使用者的反馈信息，对于规划设计课不能不说是一大遗憾。但同学们几乎尽其所能地充分利用了各种资源，包括在线文献查阅、数据资料购买、云端现场调研、网络问卷调查等，极大地弥补了上述不足，也得到了相当全面和精彩的分析评价结果。

在无法组织现场调研和访谈的情况下，需要特别感谢多位外援专家的鼎力支持。北京市规划和自然资源委员会总体规划处副处长栾景亮高级工程师，在课程前期围绕《北京城市总体规划（2016—2035 年）》要点、最新国土空间规划的组织和实施、温榆河流域相关区域现状等方面作出了详细介绍。课程开始后，清华大学城市规划系党安荣教授作了《黄河流域人居环境时空特征及其演变研究方法》的主题讲座，清华同衡规划设计研究院副总规划师沈丹所长、清华大学水利水电工程系方坤老师、中国农业大学黄越博士、瓦地工程设计咨询总经理吴昊，先后介绍了北京温榆河公园规划国际竞赛、温榆河防洪规划与清河蓄滞洪区规划、北京湿地系统与鸟类生境保护等多方面的知识与信息，极大地支持了课程的开展，弥补了无法现场调研的不足。上述部分专家也在期中和期末汇报中针对流域现状分析与专题研究、概念规划、片区景观规划与节点设计等各阶段成果进行了精彩的点评，使同学们获得了来自规划管理者、实践一线规划师及水利、生态和景观等方面专业人士的宝贵意见。最后要感谢同学们在突如其来的疫情中认真、投入、高效的学习态度与辛勤工作！特别感谢课程助教博士研究生张益章，从前期 GIS 讲座到课程组织及排版编辑，付出了大量时间和心血。

本书的出版，既是对在这一特殊时期完成的教学成果的汇报展示，更是为了纪念这次难忘的经历——同所有经历新冠病毒的人们一起走过的日日夜夜！